U0338091

高有机硫煤炭微波脱硫研究

陶秀祥　陈增强　著

中国矿业大学出版社
·徐州·

内 容 提 要

本书系统总结了作者近年来在煤炭微波脱硫方面的研究工作。在充分认知煤中有机含硫基团赋存形态的基础上,从煤及其有机含硫基团、矿物质的微波响应特性入手,进行微波联合助剂脱硫试验研究,并通过脱硫过程中硫形态的变化分析和量子化学计算,揭示微波场作用下煤中有机含硫基团的迁移规律与脱除机制。全书共分7章,内容包括:绪论,煤中含硫组分的赋存机制及模型化合物构建,煤与含硫模型化合物的介电特性分析及其微波响应机制,煤及含硫模型化合物微波脱硫试验及其对煤质的影响,微波联合氧化助剂的脱硫机制及其有机硫基团的迁移规律,微波场中脱硫反应的量子化学计算与分析,煤炭微波脱硫过程中微波非热效应研究。

本书可供洁净煤技术领域的科技人员、高校教师和研究生阅读参考。

图书在版编目(C I P)数据

高有机硫煤炭微波脱硫研究/陶秀祥,陈增强著

. —徐州:中国矿业大学出版社,2021.11

ISBN 978 - 7 - 5646 - 5217 - 3

Ⅰ. ①高… Ⅱ. ①陶… ②陈… Ⅲ. ①高硫煤—脱硫

Ⅳ. ①TF111.14

中国版本图书馆 CIP 数据核字(2021)第 225553 号

书　　名	高有机硫煤炭微波脱硫研究
著　　者	陶秀祥　陈增强
责任编辑	陈　慧
出版发行	中国矿业大学出版社有限责任公司
	(江苏省徐州市解放南路　邮编221008)
营销热线	(0516)83884103　83885105
出版服务	(0516)83995789　83884920
网　　址	http://www.cumtp.com　**E-mail**:cumtpvip@cumtp.com
印　　刷	徐州中矿大印发科技有限公司
开　　本	787 mm×1092 mm　1/16　**印张** 16.75　**字数** 300 千字
版次印次	2021 年 11 月第 1 版　2021 年 11 月第 1 次印刷
定　　价	58.00 元

(图书出现印装质量问题,本社负责调换)

前　言

　　煤炭是我国的主体能源,占一次能源消费比重的 60% 左右。2020 年全国煤炭产量为 39 亿吨,焦炭和炼焦煤产量分别到 4.71 亿吨和 7.5 亿吨,有效地支撑着国民经济的平稳发展。然而,由于煤中含有硫、矿物等有害杂质,在燃烧过程中会产生严重的环境污染,同时,由于硫分高,特别是有机硫含量高,在炼焦过程中会影响焦炭、合成气及其副产品的质量,给冶金、化工等行业的工业产品带来严重影响,从而严重制约高硫炼焦煤的开发利用。因此,为了保护我国的大气和生态环境,促进煤炭工业的绿色健康发展,迫切需要加快推进高硫煤炭资源的高效清洁利用。

　　微波联合化学助剂煤炭脱硫技术是近年来发展起来的一种新型煤炭脱硫方法,在选煤领域具有巨大的发展潜力和前景。微波作为一种能量场,具有快速、均匀、选择性加热等优异特性,微波技术已广泛应用于矿物助浸、废水处理、环境工程和油砂与石油提质等领域。随着人们对生态环境的日益重视,微波技术在煤炭脱硫领域的应用引起了同行专家的高度关注。

　　自 Zavition 等人申请第一项有关煤炭微波脱硫的专利以来,人们在煤炭脱硫领域开展了大量的研究。在微波场存在的条件下,联合化学助剂、磁选、超声波场或者微生物等手段,可使煤中无机硫脱除率达到 90% 以上,有机硫脱除率达到 30%～60%。

　　煤是一种非均质混合物,由于其中的矿物质、含硫化合物及煤本体等对微波响应和吸收性能不同,而产生选择性加热,并伴随着含硫组分和化学基团的化学变化。目前,有关微波脱除煤中无机硫的作用机理认知相对较为成熟,但对煤中有机硫的脱除机理还缺乏深入的研究和认识,尤其是关于微波非热效应方面的研究鲜有报道,从而影响了煤炭微波脱硫理论的发展。特别是对于微波非热效应的认知还不成熟,一般认为微波不可能引起化学键的变化,但如果它作用在一个旧键断裂、新键生成的非稳定过程,由于这时键能被大大削弱,微波光量子有可能对它产生影响。

为了进一步弄清煤炭微波脱硫机理，作者及课题组成员在充分认知高硫煤中有机含硫基团赋存形态的基础上，从煤及其有机硫基团、矿物质的微波响应特性入手，选用类煤有机含硫模型化合物代替复杂的煤中有机含硫基团，采用理论分析、量子化学计算、现代测试分析、实验研究等多种方法与手段，开展了煤中含硫组分与硫化物赋存形态、介电响应特性及其微波联合助剂协同脱硫机制等一系列研究工作。通过对脱硫过程中硫形态的变化研究，弄清微波脱硫中有机含硫基团的迁移规律，揭示微波作用下煤中有机含硫基团的脱除机制；探究煤、有机含硫基团及其矿物质的微波响应特性，构建微波场中含硫键断裂理论评价模型，阐明微波非热效应作用下的含硫键断裂机制以及脱硫反应热力学和动力学现象，进而解析微波脱除煤中有机硫的基本原理，构建煤炭微波脱硫理论体系。这些研究工作和成果，对于丰富煤炭脱硫理论，促进煤炭高效清洁利用具有十分重要的意义和发展潜力。

本书是作者近几年研究工作的总结，并归纳和综述了国内外研究进展，同时，对该领域中所使用的现代分析测试方法和手段、量子化学计算分析均有论述。全书主要内容来自国家自然科学基金项目"基于微波非热效应作用的煤中硫迁移行为与脱除机理研究"(51274199)和高等学校博士点专项基金项目"煤中含硫基团的微波响应特性及其非热效应脱硫机理研究"(20130095110008)的研究工作和相关成果。在此期间，唐龙飞、许宁为课题的顺利完成作出了许多贡献，同时盛宇航、亢旭、曾维晨、谢茂华、杨彦成、罗来芹、郭季锋、范会东等也付出了辛勤劳动，在此表示感谢。

在写作过程中作者参考和引用了国内外诸多学者的文献和研究成果，一并列于参考文献之中，在此也向这些学者表示诚挚的感谢和敬意。

限于作者水平，目前所做的研究工作还不深入，也不成熟，难免出现错误和不当之处，敬请同人指正。

作　者

2021 年 1 月

目　　录

1　绪　　论

1.1　高硫炼焦煤微波脱硫的背景及意义

煤炭是我国的主体能源,占一次能源消费比重的 60% 左右,有效地支撑着国民经济的平稳发展。然而,煤中含有硫、矿物等有害杂质,在燃烧过程中会产生严重的环境污染[1-2],特别是 SO_2 与烟尘占全国废气中颗粒物排放量的主要比例,而酸雨影响面积约占国土面积的 30%。此外,我国是焦炭生产大国,部分矿区的煤炭硫分高,特别是有机硫含量高,在炼焦过程中硫分会进入焦炭等煤化工产品中,影响其焦炭、合成气以及碳素材料等产品的质量,给冶金、化工等行业的工业产品带来不良影响,从而严重制约高硫炼焦煤的开发利用。因此,为了保护我国的大气和生态环境,促进煤炭工业的绿色健康发展,迫切需要加快推进高硫煤炭资源的高效清洁利用。

我国的高硫煤储量较多,其中含硫量在 2% 以上的中高硫煤和高硫煤约占煤炭资源总量的 15%,主要分布在贵州、重庆、四川以及山西、山东等地区,个别煤田硫含量高达 10%。煤中的硫依据其存在形式可分为有机硫和无机硫两大类。有机硫主要以与煤中 C 原子结合而成的硫醇、噻吩、硫醚等形式存在,包含硫醇类(R—SH)、硫醚类(R—S—R)、噻吩及其衍生物、硫醌类和二硫化合物或硫蒽等[3]。无机硫主要以矿物质形态存在,包含硫化物硫和硫酸盐硫。一般来说,我国煤中硫以硫铁矿硫为主,有机硫次之,硫酸盐硫最少。在平均硫分为 2.76% 的高硫煤中,硫铁矿硫为 1.61%,有机硫为 1.04%,硫酸盐硫为 0.11%[4-5]。山西焦煤集团有些矿区煤炭的有机硫占全硫比例甚至高达 80%。

目前,煤炭脱硫的方法很多,按照煤炭燃烧过程分类分为燃前脱硫、燃烧中脱硫和燃后脱硫三种,燃前脱硫又分为物理脱硫法、化学脱硫法和生物脱硫法等。传统的物理方法工艺简单且经济,可以脱除其中 50%~80% 的黄铁矿[6-8],但不能脱除有机硫;化学脱硫法通常利用强酸强碱,或在高温、高压等苛刻的条件下,能够有效脱除煤中大部分的有机硫和无机硫,但会破坏煤的大分子结构与煤的黏结性,且成本较高[9-10];生物脱硫法反应条件温和,能耗低,脱硫效果也较好,但其稳定性较差,脱硫时间一般较长[11-12]。目前,煤炭燃前脱硫的关键在于有机硫的脱除,对于高硫炼焦煤来说尤为重要,因此,研究开发新型高效煤炭脱硫方法十分必要。

微波联合化学助剂煤炭脱硫技术是近年来发展起来的一种较为温和的新型煤炭脱硫方法,在选煤领域具有巨大的发展潜力和前景[13]。微波作为一种能量场,具有快速、均匀、选择性加热等优异特性,微波技术已广泛应用于矿物助浸[14]、废水处理[15]、环境工程[16]和油砂与石油提质[17-18]等领域。随着人们对生态环境的日益重视,微波技术在煤脱硫领域的应用引起了同行专家的高度关注[19-23]。

自 Zavition 等[24]申请第一项有关煤炭微波脱硫的专利以来,人们在煤炭微波脱硫领域开展了大量的研究。在微波场存在的条件下,采用化学助剂、磁选、超声波场或者微生物等手段,可使煤中无机硫脱除率达 90% 以上,有机硫脱除率为 30%~60%[25-26]。

煤是一种非均质混合物,由于其中的矿物质、含硫化合物及煤本体等对微波响应和吸收性能不同,而产生选择性加热,并伴随着含硫组分和化学基团的化学变化。目前,有关微波脱除煤中无机硫的作用机理认知相对较为成熟,但对煤中有机硫的脱除机理还缺乏深入研究和认识,尤其是关于微波非热效应方面的研究鲜有报道,从而影响了煤炭微波脱硫理论的发展。

因此,为了进一步弄清煤炭微波脱硫机理,作者及课题组成员在充分认知高硫煤中有机硫基团赋存形态的基础上,选用类煤有机含硫模型化合物代替复杂的煤中有机硫基团进行微波脱硫研究,通过脱硫过程中硫形态的变化研究,揭示微波脱硫中有机硫基团的迁移规律,弄清微波作用下煤中有机硫基团的脱除机制;探究有机硫基团和煤中矿物质的微波响应机制,构建微波场中含硫键断裂理论评价模型;研究微波场对含硫组分的活化效应,并探究微波非热效应作用下的含硫键断裂机制,以及脱硫反应热力学和动力学响应规律,进而解析微波脱除煤中有机硫的基本原理。

1.2 研究内容与技术路线

1.2.1 研究内容

(1) 煤中含硫组分赋存机制与模型化合物构建

研究不同赋存形态下的有机含硫组分及其硫化物的化学组成和结构,以及一些典型有机含硫组分与煤有机质本体间的作用方式与机制,解析煤中有机硫的结构特征。利用多级萃取、气-质联用与硫的 X 射线近边吸收结构分析(XANES)等手段,研究煤中含硫组分的赋存形态和嵌布特征,解析煤中有机硫的结构特点;在此基础上,选择和构建典型含硫模型化合物,作为煤炭微波脱硫机理研究的单元物质,并通过量子力学(QM)计算分析模型化合物分子的基本性质。

(2)煤与含硫模型化合物的电磁特性分析及其对微波响应机制

构建煤炭介电性质测试系统,分析煤与含硫模型化合物的介电响应特性,探索其复介电常数在不同条件下的变化规律,寻求提高含硫组分及其硫化物复介电常数途径;建立煤及含硫模型化合物或含硫组分在不同能量和频率条件下的微波电磁场特性响应模型。

(3)微波联合助剂脱硫工艺条件及其对煤质的影响

在脱硫助剂对比研究基础上,进行微波联合氧化助剂的条件与优化试验研究,分析煤样在不同条件下的脱硫效果,研究脱硫前后其表面结构和组分的变化规律,找到煤炭微波脱硫的主要影响因素及规律,并建立微波环境下的煤炭脱硫最佳工艺条件。同时,弄清各种脱硫条件对煤质的影响,阐明微波能在化学助剂催化条件下对煤与含硫组分的活化效应,揭示微波加助剂联合脱硫协同机制。

(4)微波场对含硫组分的脱除机制及其硫形态演变规律

探索含硫基团中硫化学键的断裂及硫分解离机理,弄清煤中有机硫基团的变化规律,研究微波脱硫过程中含硫组分在气相、液相和固相中的分布规律与存在形态,并通过模型化合物脱硫过程的结构与硫原子化学变迁,确定不同有机硫基团的脱硫反应路径,探究微波场条件下脱硫反应路径的变化规律。

(5)微波脱硫过程的非热效应及其反应动力学研究

基于脱硫反应过程中含硫键强度的变化情况,弄清微波非热效应作用下脱硫反应过程中含硫键的断裂机制;通过微波条件下脱硫反应的热力学和动力学分析,弄清微波场对脱硫反应热力学和动力学的影响,以及对反应活化能的作用规律,揭示非热效应的微波脱硫机理。

1.2.2　研究技术路线

(1)总体研究思路

以高有机硫炼焦煤的高效净化为目标,以煤中含硫杂质的赋存形态和能量作用机制及其对微波辐照响应机制认知为基础,以微波非热效应引发的硫形态演变和迁移规律为主线,综合运用矿物加工学、煤化学、量子化学、电磁学等多学科基础理论,采用理论分析、量子化学计算、现代测试分析、实验研究等多种方法与先进测试手段,开展煤中含硫组分与硫化物赋存形态及其化学与物理作用、含硫组分的脱除及其迁移机制与助剂催化调控研究。通过含硫模型化合物进行替代煤研究,建立煤炭微波脱硫的微观单元研究理论和方法,从而将复杂的研究对象和反应体系简化为若干单元过程。同时,通过原位分析等手段,进行煤中含硫组分形态演变规律与脱除机理等方面的系统研究,构建煤炭微波脱硫理论体系,并取得创新性研究成果。

(2)技术路线

针对高硫煤及其含硫杂质,采用原位分析、多级萃取、化学分析等方法,结合电子显微镜、光谱、能谱、热重等分析手段,解析煤中含硫杂质赋存形态及其作用机制,并通过量子化学方法,计算煤中有机硫化学键断裂、解离的能量作用机制,弄清其反应动力学,剖析微波脱硫的非热效应,从而建立微波脱硫的理论基础。

① 采用多级萃取、XPS 和 XANES 等方法,确定煤中硫的赋存形态以及分布规律,结合煤炭性质和煤中有机硫的存在形式,筛选具有代表性的不同类型煤有机含硫模型化合物。采用 XRD 对煤中矿物质的分布情况进行分析测试,确定煤中存在的主要矿物质类型。

② 采用原位负载将含硫模型化合物负载到活性炭上,以模拟含硫基团所处的煤环境。选用微波联合过氧乙酸等助剂对煤炭和含硫模型化合物进行脱硫实验,并利用 XANES 对微波脱硫后的产物进行检测分析,确定微波脱硫过程中硫形态的变化情况,弄清有机硫基团与氧化助剂的反应通道和含硫键断裂脱除机制,解析微波脱硫过程中有机硫基团的迁移变化规律。

③ 依据传输反射法和混合物介电常数等效数学计算模型,使用矢量网络分析仪对煤样、含硫模型化合物和矿物质进行介电性质测试,通过向低硫低灰煤中添加含硫模型化合物和矿物质,解释有机硫基团和矿物质对煤炭介电特性的影响规律,弄清煤与模型化合物对微波的响应机制。

④ 采用量子化学计算,对含硫模型化合物中含硫键进行计算分析,结合含硫模型化合物的介电特性分析结果,构建含硫键在微波场中断裂的理论评价模型。依据模型分析结果,解析煤炭微波脱硫中微波响应特性和氧化助剂的协同作用机制。基于微波联合过氧乙酸脱硫过程中的脱硫效果,结合煤中矿物质的介电特性分析,探究煤中矿物质的微波响应特性以及其对煤炭微波脱硫的促进作用。

⑤ 进行微波联合氧化助剂的脱硫机制及其有机硫基团的迁移规律研究,对外电场条件下有机含硫模型化合物分子的亲电反应活性、电子分布和极性变化情况进行计算分析,研究微波场对煤中有机硫基团的活化作用;依据 XANES 分析中确定的反应通道,通过反应过渡态和内禀反应坐标计算,确定含硫模型化合物与过氧乙酸的脱硫反应路径,弄清外加电场对脱硫反应路径和反应能垒的作

用规律。

　　⑥ 开展煤炭微波脱硫中的微波非热效应研究,在外加电场条件下,对脱硫反应过程中 C—S 键的拉布拉斯键级进行计算分析,研究微波场对脱硫反应过程中含硫键强度的影响情况,弄清微波场作用下的含硫键断裂机理;通过对脱硫反应的热力学和动力学过程进行计算分析,结合反应活化能的作用规律,探究微波非热效应对脱硫反应的两面性。

　　本书技术路线如图 1-1 所示。

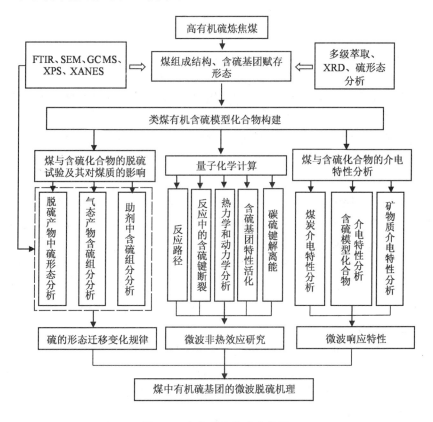

图 1-1　本书研究技术路线图

1.3　煤炭微波脱硫机理研究进展

　　微波是一种频率在 0.3～300 GHz 的电磁波,其波长为 1 mm～1 m。用于微波加热的频率有 915 MHz 和 2.45 GHz,而民用和工业应用以 2.45 GHz 较为常见。

目前,国内外关于煤炭微波脱硫的研究已有很多报道,但对于微波辐照与煤及其含硫组分相互作用的认知,以及微波能量是如何产生脱硫作用的确切原因还不十分清楚。多数学者认为微波脱硫主要利用微波的选择性加热,在对煤有机质主体结构破坏较小的情况下,脱除煤中硫分。目前,在微波化学和选煤领域,研究人员提出了两种微波脱硫机理及其作用效应[27-34]:热效应和非热效应。

1.3.1 热效应

微波热效应是指微波能量被物质吸收而转化为热能的现象,表现为微波能在物质中的总损耗[35]。在微波场的作用下,电介质的极性分子从原来杂乱无章的热运动改变为按电场方向取向的规则运动,而热运动以及分子间相互作用力的干扰和阻碍则起着类似于内摩擦的作用,将所吸收的电场能量转化为热能,使电介质的温度随之升高。

微波的热效应主要与物质本身在特定频率和温度下将电磁能转化为热能的能力有关,并且该能力可以用该物质的损耗因子 δ 来衡量[36]:

$$\tan \delta = \varepsilon''/\varepsilon' \tag{1-1}$$

式中,$\tan \delta$ 为损耗角正切;ε'' 为物质的介电常数虚部(介电损耗),表示物质将电磁能转换为热能的效率;ε' 为物质的介电常数实部,表示物质被极化的能力,其值愈大,对微波的耦合作用愈强[37]。

这种观点认为,反应速率提高的原因是单纯的热/动力学效应,也就是在微波作用于极性物质时,可以迅速达到很高温度的结果。微波照射并不影响阿伦尼乌斯公式 $k=A\exp[-E_a/(RT)]$ 中的指前因子 A 和能量项(活化能 E_a),只有温度项发生改变。

介电特性与微波能量吸收之间的关系可由麦克斯韦方程导出[31-32,38-39]:

$$P = 2\pi\varepsilon_0 f E^2 \varepsilon'' \tag{1-2}$$

式中,P 为吸收的功率,W;f 为应用频率,Hz;E 为电场强度,V/m;ε_0 为真空绝对介电常数。

从式(1-2)可看出,在给定微波频率和微波场强的条件下,煤吸收功率与其介电损耗成正比。Uslu 等[40]认为煤是一种非同质的混合物,各种组分介电损耗是不同的,在微波辐射下导致煤内部能量分布不均匀,使得煤能够被选择性地加热。

煤中硫化物由极性分子组成,是良好的微波吸收体,在微波场作用下产生偶极转向极化,导致物质内部功率的损耗,微波能转化为热能,形成微观热点从而快速活化。硫铁矿分子中 Fe—S 化学键在微波辐射高温作用下断裂后,与周围的 H、O 和 CO 相结合[41-43]，可产生含硫气体，如 H_2S、COS、SO_2，硫铁矿变成硫陨铁和硫化铁。随辐照时间增加，硫铁矿分解反应 $FeS_2 \rightarrow Fe_{1-x}S \rightarrow FeS$，从左到右不断进行。硫陨铁和硫化铁在酸中都是可溶的[44-45]，可以通过酸洗方法脱除。其中硫陨铁还是强磁性矿物，在弱磁场磁选机中很容易被脱除。

硫铁矿通常以少量微细粒形式分布在煤本体中，它吸收微波能所产生的热量易于被周围物质消耗，导致反应温度不会太高。

为了提高反应温度和加快脱硫，赵景联、Hayashi 等[46-47]采用加入介电性助剂(苛性碱)或氧化剂方法来提高介电损耗值。研究表明：在微波作用下，加入介电性碱性助剂和氧化助剂后，可大大提高体系的介电损耗值，并强烈吸收微波能量快速渗入煤内部，加快硫铁矿活化，并迅速与其反应，使脱硫反应在极短的时间内完成。

总之，微波的热效应主要基于微波对不同介电性物质的快速、选择性加热特征。

1.3.2 非热效应

目前，人们所提出的非热效应大都是基于微波电磁场与反应介质分子的直接相互作用[33,35-37,48-50]。如发生偶极分子的定向效应，或者是微波频率与分子转动频率相近，微波被极性分子吸收时，会与分子平动能发生自由交换，改变阿伦尼乌斯公式中指前因子 A 或活化能；在某些特定频段的微波能量作用下，微波引起分子振动，产生"大化学键"共振，引发煤中含硫组分的选择性解聚或通过电磁谐振效应作用，使煤中含硫键断裂。

唐伟强等[51]在对硫化胶微波脱硫过程研究中发现，微波处理时间为 10 s 和 20 s 时硫化胶的温度分别为 26 ℃和 41 ℃，此时橡胶交联键断裂，分析认为硫化胶交联网络的破坏主要来自微波的非热效应作用。

Kirkbride[52]在微波反应体系中引入了 H_2，煤与 H_2 混合后经微波辐照，最终收集到的气体有未反应的 H_2、H_2S、NH_3 和水蒸气，并证明了在微波辐照下，煤中 $Fe-S$ 键断裂，产生游离 S^{2-} 与周围的 H_2、O_2 发生反应，从而达到脱硫目的。

然而，由于微波的频率相对较低，量子能量低，因此，一般认为微波不可能引起化学键的变化。但如果微波作用在一个旧键断裂、新键生成非稳定过程时，由于此时键能被大大削弱，微波光量子有可能对化学键产生影响。

微波产生的断键作用主要是由于以下几个方面所引起：

① 微波作为一种高频的电磁波，具有波粒二象性，通过光子能量计算公式可知，微波光子的能量在 $1.988 \times 10^{-25} \sim 1.988 \times 10^{-22}$ J，可以导致分子能级

跃迁；

② 在微波产生的强电磁场中，可以导致物质分子化学键强度的变化；

③ 微波产生的高频变化的电磁场，会使物质中的偶极子不断高频转动，从而发生介电弛豫而产生热能，并增加物质分子间的相互碰撞概率，从而对化学键的断裂产生影响。

杜传梅、张明旭等[53-55]结合含硫模型化合物的介电特性测试和量子力学计算，研究了微波作用对煤炭有机硫结构特性的影响规律，结果表明：在外加电场作用下，甲苯二硫醚分子中的 S—S 键长增长，当外加电场超过一定强度时，分子键断裂；同时随外加电场的增强，甲苯二硫醚分子的总能、结合能和能隙均减小，而电偶极矩不断增强，这说明在外加电场作用下，分子的活性和极性均逐渐增强，分子变得越来越不稳定。对于电场作用下的二苯并噻吩而言，其分子体系总能、结合能和电偶极矩均增大，而能隙减小。

谢茂华[56]在煤炭微波脱硫试验中，以键解离能为中介设计了一系列试验方案，探讨微波作用下 C—S 键的理论断键时间，用以研究微波作用断键机理和煤炭脱硫反应路径。结果表明：在脱硫时间大于二苄基硫醚中 C—S 键理论断键时间时，混合煤样的脱硫率达到 66.17%，二苄基硫醚的脱除率达到 92.95%。二苄基硫醚和煤炭中的 C—S 键大部分直接断裂，生成的活性 S 原子被醋酸-双氧水混合液氧化生成溶于水的盐而被过滤脱除。

唐龙飞[57]研究认为微波场对煤中含硫基团亲电反应活性具有强化作用，可以降低含硫基团反应中间态 C—S 键的拉普拉斯键级，有利于促进 C—S 键发生断裂。外加电场对热力学和动力学量的作用效果取决于外加电场的方向和强度，显示了微波非热效应对煤炭微波脱硫作用的两面性。

张华莲等[58]以化学反应动力学原理为基础研究认为：微波对化学反应的作用一方面是对分子有效碰撞频率的影响，即在微波场中，反应分子会不断地运动或转动，从而产生转矩达到动态平衡。而这些反应分子的高频运动会导致相撞"分子对"的整体运动和两个分子相对于其共同质心的运动，其中后者会大大提高分子间的有效碰撞频率，从而加快反应速度。同时，还从场和能量的角度出发，结合实验，提出了两个微波作用的宏观统计动力学方程和活化能计算模型。其中对活化能计算模型的分析表明，微波作用有助于降低分子活化能。

Xie 等[59]认为许多有机反应物不能直接吸收微波，但可将高强度短脉冲微波辐射聚焦到含有某种物质固体催化剂床表面上。由于表面金属位点与微波能的强烈作用，微波能将被转换成热能，从而使某些表面点位选择性地被快速加热至很高温度。实质上是微波首先作用于催化剂或载体，使其迅速升温而产生活性点位，当反应物与其接触时就可发生催化反应。李丽川[60]提出：当微波的能量恰好与极性分子的转动能级相匹配时,微波能就可被极性分子迅速吸收,从而与平均动能发生自由交换,使反应活化能降低,进而使反应活性大大提高。

Singh 等[61-62]认为,煤中的原子比是决定微波脱硫效果的重要因素。特别是硫酸盐硫脱硫效果与 C/O 有关,而硫化物硫则与 C/O 和氢密度有关,还与煤中 N 原子含量有关。

关于非热效应,目前还存在许多争议[63-68],特别是因为微波场中物料温度测量不精确,其研究结果让人们质疑,对此讨论比较激烈,仍未有定论。在煤炭微波脱硫领域,还鲜有人就此展开研究。

目前,洁净煤技术领域的研究人员还是倾向于微波介电加热特性而引发的微波热效应,例如微波能量促进黄铁矿的原位热解以及溶剂过热、脱硫助剂局部过热等[69-71]。煤炭微波脱硫效果不仅与采用的方法有关,而且与煤中含硫杂质的物理化学结构密切相关。

1.3.3 量子化学计算在煤炭研究中的应用

20 世纪 20 年代末,科学家开始用量子力学方法处理化学问题。随着量子化学理论的发展和计算机处理技术的进步,到 20 世纪 80 年代,量子化学的处理对象已经从中小分子发展到较大分子、重原子体系,到 90 年代,研究对象已经发展到固体表面吸附、溶液中的化学反应、生物大分子等[72-74]。

国内外学者借助量子化学软件研究了氧化作用[75-76]、脱硫[77]、热解[78-79]、反应机理[80-81]、外场作用[82]和煤中含硫官能团[83]。近年来的研究表明,量子化学计算方法对于煤的结构、物理性质、反应机理和反应活性,都能提供系统而可信的解释,并作出一些指导实践的预测,使得其化学反应的探讨比较方便地从分子水平进入反应机理层次。基于量子力学的模拟称为计算量子化学,其计算结果最为可靠,但计算量较大而处理的体系较小,通常用于处理 100 个原子左右的小分子体系,可以准确预测体系的结构及化学键、分子轨道和化学反应机理,能够从深层次上合理解释脱硫现象。

(1) 含硫模型化合物热解

在对煤结构模型进行筛选的基础上,人们从量子化学的角度对煤的大分子结构模型及有代表性的小分子模型化合物的微观结构参数进行了计算,从而了解煤热解时不同化学键的性质。王宝俊等[84]采用量子化学理论计算了煤的稳定性、发热量和燃烧反应热力学函数等热化学性质。苯硫酚和噻吩相比,苯硫酚热解所需要的活化能较小,可知煤中的噻吩类结构较硫醇类结构稳定[85-86]。几种模型化合物的热稳定性排序为:噻吩 B 自由基>噻吩 A 自由基>二甲基硫醚>苯硫醇>二甲基二硫醚[87]。

（2）外加电场的量子化学计算

施加适当的电场，能够提高水和咪唑系统中的质子交换膜的质子交换效率。外电场可以降低 ZnO 纳米管吸附甲醛的禁带宽度和吸附能，并且随着电场增大效果也明显[88]。

以 6－311＋g(2df) 为基函数，采用密度泛函 B3P86 的方法研究了外电场作用下氮化铝（AlN）基态分子的几何结构、HOMO 能级、LUMO 能级、能隙及谐振频率。结果表明，外电场的大小和方向对 AlN 分子基态的这些性质有明显影响：在所加的电场范围内，随着外电场的增大，分子键长减小，谐振频率增大，总能量升高，在 0.02 a.u. 时能量达到最大，此后继续增大电场强度，系统总能量则开始降低；能隙在外电场强度增大的过程中则始终处于减小趋势[89]。

杜传梅等[90]研究表明，加入外电场时苯硫醇热解反应所需跨越能垒明显变小，且随电场强度增大能垒减小；考虑溶剂化作用时，反应所需能量变小，随着溶剂介电常数值的增大，反应能量势垒变大。外电场作用并没有改变降解路径，但降解过程中各中间体及过渡态的结构及性能都发生了变化，随着外加电场的加入，二甲基二硫醚和二苯并噻吩的裂解活化能降低。这从理论上说明，微波除了具有热效应外还存在一种并非由温度引起的非热效应。

唐龙飞等[91]研究了微波联合过氧乙酸脱除煤中噻吩硫的方法，选择二苯并噻吩作为煤中噻吩硫的模型化合物，用 XANES 分析测定了硫形态分布的变化。结果表明，处理后 67％ 的噻吩硫被氧化，而大部分氧化产物（亚砜或砜）残留在煤基体中。量子化学计算结果表明，在外加电场作用下，氧化反应过程中 C—S 键的强度会降低。另外，外加电场对噻吩的氧化有很大的促进作用。这些结果也证实了氧化助剂和微波场在脱除煤中噻吩硫时具有协同作用。

（3）反应机理的量子化学计算

Zhang 等[92]采用密度泛函理论研究了自由基 C_2H_5S 和自由基 HO_2 之间的反应，找到了 8 个反应路径并确定了其中最佳的路径以及主要的生成产物。Feng 等[93]对 6 种煤显微组分分子模型进行计算，发现煤的液化能力与煤的比表面积无关，而与平均孔径以及键的断裂能密切相关。Saheb 等[94]对 COS 和 H、OH 以及 O(^{3}P) 之间的反应进行计算，获得的反应速率与实验获得的相符，且 COS 和 H 原子的反应速率最快。离子液体与含硫模型化合物（二苯并噻吩、二苯二硫醚、二苯基硫醚）相互作用顺序为二苯并噻吩＞二苯二硫醚＞二苯基硫醚，这与实验结果一致[95]。离子液体与二苯并噻吩砜的相互作用能强于二苯并噻吩，这是前者的极性更强的原因[96]。

卞贺[72]对含硫化合物（甲硫醇、二甲基硫醚、噻吩）与过氧化氢和过氧乙酸的反应机理进行了量子化学研究，结果表明，三类反应具有相似性，主要经历了

O对S的进攻、H转移以及O—O键断裂的过程,噻吩的活化能大于其余两者,说明噻吩氧化脱出最困难。当氧化剂由过氧化氢换为过氧乙酸时,第一步反应的活化能皆得到大幅度的降低,这说明过氧乙酸的氧化脱硫效果更好,这也体现了乙酸在双氧水体系中所起的催化作用,而且不论是反应的过渡态还是反应历程都具有相似性,说明两者同属于双氧水氧化体系。

含硫化合物硫原子所带电荷密度与反应常数线性相关[97],硫原子的电子密度越高,含硫模型化合物被氧化越多[98]。从乙硫醇与含铁离子液体的反应中相应的前线分子轨道和电荷分布来分析反应机理,得到的结果与之前的实验室结果相吻合[99]。

1.3.4 煤中硫的迁移规律

煤中硫主要以噻吩类、砜(亚砜)类、硫醇(硫醚)以及硫酸盐类矿物质的形式存在。典型高硫煤的无机硫含量较低,有机硫赋存类型为硫醇硫醚类、噻吩类、亚砜类,以噻吩硫为主,随着密度增大,煤样中硫醇硫醚类含量下降,噻吩类含量呈增加趋势,亚砜类含量先降低后增大。通过硝酸酸洗和微波辐照处理,高硫煤的无机硫可全部脱除,有机硫部分脱除,有机硫中硫醇硫醚类硫脱除效果最好,亚砜类次之,噻吩类硫脱除效果最差[96,100]。经微波辐照脱硫前后煤炭本身有机分子结构和基本性质的变化较小[101-105]。

许宁等[106]研究发现经过微波脱硫后煤的总硫及有机硫含量都出现下降,其中噻吩类硫相对含量降低,亚砜类硫相对含量有所增加,硫酸盐类硫相对含量显著增加,煤中硫元素有向氧化态转化的趋势。崔才喜等[107]采用正丙醇通过渗透和萃取作用来脱除煤中的有机硫,使煤中大分子裂解,即各小分子硫化物从煤的大分子中断裂(即硫化物中的R和R′减小),使硫醇、硫醚和含硫化合物等有所减少。张明旭等[55]研究发现,当加入外电场时,分子的活性增强,分子越来越不稳定。另外,随着外电场的加入,分子中各基团的谐振频率有所改变,向低频移动。在氧化剂的作用下,硫醇(醚)为二价硫中两个单键与其他基团或者氢原子构成的链状结构易断裂;亚砜为硫与氧构成双键与其他有机基团构成的链状结构;噻吩为五元杂环化合物,硫原子的一对孤对电子与两个双键共轭,性质较稳定。有机硫脱除中C—S键的断裂很关键,硫醇硫醚、亚砜、砜类及硫氧化物等有机硫的键能较低,相对容易脱除。芳构化的噻吩类硫中的C—S键比较稳定,难以脱除。

唐龙飞[57]讨论了微波脱硫过程中煤中有机硫基团的形态变化机制,结果表明:在微波联合助剂的煤炭脱硫过程中,煤中含硫基团中的低价态硫原子逐渐被氧化为高价态硫原子。煤中的部分低价态硫和亚砜被氧化为高氧化态的砜类、磺酸盐/硫酸盐类；噻吩类主要以杂环硫的形式存在于煤大分子结构中，因传质效应的限制导致其氧化效果不佳，而且部分有机硫基团的氧化产物停留在砜类，难以被进一步转化为可溶性物质。

杨彦成等[108]利用 XPS 分析了微波脱硫前后高硫烟煤中 S、C、O 的化学形态。微波辐照前硫醇(硫醚)和噻吩含量分别为 17.900% 和 62.160%，当碱溶液辅助辐照后，它们的含量分别降到 4.644% 和 49.483%。相反，以砜(亚砜)和硫酸盐形式存在的硫分别由原来的 7.516% 和 12.416% 增加到 14.697% 和 31.176%。这种增加可能是由于含硫物质的迁移和脱硫添加剂的氧化作用。辐照后，煤中C—H和C—C基团的相对含量降低，C=O 和 COO—基团的相对含量增加，表明有机碳被氧化成更高的价态，这些变化会导致脱硫煤的结焦性降低。

唐龙飞等[109]为阐明微波场与过氧乙酸在煤脱硫过程中的作用机理，在分子水平上进行了研究，选择二苯硫醚作为煤的硫模型化合物。利用 XANES 和 GC/MS 确定了其氧化反应路径，采用透射-反射法分析了被测物质的介电性能。计算了它们在不同外加电场作用下的 C—S 键解离能(BDE)、键解离时间(BDT)和脱硫反应的内禀反应坐标。结果表明，500 W 微波处理 120 s 后，大部分二苯硫醚被氧化成相应的亚砜和砜，脱硫率为 22.37%。随着氧化程度的加深，微波对硫基团的吸收效率提高，其 C—S 的 BDEs 降低，从而导致其 C—S 的 BDTs 的减少。另外，外加电场降低了 C—S 的 BDTs 和脱硫反应的势垒。这些结果证实了在外加微波场作用下，过氧乙酸促进了煤中含硫键的断裂和硫基的脱硫反应，有利于煤中含硫基团的有效脱除。同时，还考察了微波作用下过氧乙酸对苄基硫醚和二硫醚的脱除机理[110]。结果表明，处理后的样品中硫醚容易氧化成相应的亚砜或砜。尽管苄基硫醚比二硫醚更容易氧化，但二硫醚由于 S—S 键的断裂概率更高，更容易去除。煤中硫醚中的硫原子是亲电反应的活性中心。当硫原子被氧化时，其键解离能显著减小，硫醚分子的偶极矩增大。这些结果表明，微波处理下适度氧化和选择性氧化可提高煤中硫醚的脱除效率。

1.4 煤炭微波脱硫技术研究进展

煤炭微波脱硫技术是近年来发展起来的一种新型煤温和净化脱硫方法，在洁净煤技术领域具有巨大的潜力和发展前景。随着人们对环境问题的日益重视，微波技术在洁净煤技术领域的应用引起了同行专家的高度关注[42,111-113]。

1.4.1　微波直接脱硫法

微波直接脱硫法是将煤直接在微波下辐射,利用微波选择性快速加热作用,使煤中含硫矿物受热分解,从而达到脱硫目的。

微波最早应用于煤炭脱硫是 Zavition 等[24]的一项专利,该专利指出:将原煤在频率为 2.45 GHz、功率为 500 W 的微波场中辐照 40~60 s,煤中无机硫分解,释放出 H_2S 和 SO_2 气体,并在煤表面生成单质硫,脱硫率达到 50%。Kirkbride[52]在微波反应体系中引入了 H_2,煤与 H_2 混合后经微波辐照,最终收集到的气体有未反应的 H_2、H_2S、NH_3 和水蒸气,并证明了在微波辐照下,煤中Fe—S键断裂,产生游离 S^{2-} 与周围的 H_2、O_2 发生反应,从而达到脱硫目的。

对于不同煤种,因含硫量和存在形式的不同,微波处理后脱硫效果也不一样。微波直接脱硫的工艺条件温和、操作简单,但主要脱除煤中的无机硫,而对于有机硫的脱除作用很小。

1.4.2　微波预处理磁选脱硫法

煤中的有机质表现出抗磁性,在外磁场的作用下可与顺磁性黄铁矿分离。微波预处理磁选脱硫法是利用微波有选择地加热煤中黄铁矿的特性,从而激励黄铁矿快速热解,转化成磁黄铁矿和陨硫铁,以增强黄铁矿的磁性,再通过磁选脱除。所以微波预处理脱硫法适用于含黄铁矿为主的煤炭脱硫。

穆斯堡尔谱分析表明[114-115]:微波预处理磁选脱硫后,全部磁黄铁矿携带的部分非磁性的黄铁矿、硫酸亚铁和陨硫铁均被脱除。其作用原理翁斯灏等认为是:微波选择性介质加热产生的局部高温,导致煤中黄铁矿与其相邻的其他煤反应组分在煤粒内部进行原位热化学反应;同时黄铁矿经微波辐照后,其电子结构、自旋状态、成键性质均有明显变化。在原位热反应过程中,微波电场的极化作用降低了黄铁矿的反应活化能,增加了反应物之间的碰撞概率;此外,微波电磁辐射所产生的局部高温加剧了黄铁矿周围的煤大分子的热振动,导致煤有机质边缘基团以及连接煤结构单元的桥键键合的 H、O 及 CO 的断裂脱落,从而引起黄铁矿与其邻近的煤有机质键合的 H、O、CO 之间发生热化学反应,可产生含硫气体,同时还能促进反应 $FeS_2 \rightarrow Fe_{1-x}S \rightarrow FeS$ 不断向右进行,但由于 FeS 呈现反磁性,所以应适当控制辐照时间,使磁黄铁矿产率最大时可获得最佳脱硫率。

用 2.45 GHz、1 200 W 的微波预处理两种煤样 2~10 min,然后用 0.5 T 的磁场进行磁选后发现:两种煤的脱硫率均随辐照时间的增加而升高,当辐照时间超过 8 min 时,脱硫率变化平缓,这与翁斯灏的观点一致;此外,低有机硫含量的煤比高有机硫含量的煤脱硫率高,这说明微波预处理磁选法更适用于无机黄铁矿的脱除[116]。

用 2.45 GHz、850 W 的微波预处理阿什卡莱煤后,在 2 T 的磁选机中分选脱硫发现黄铁矿含量降低了 37.46%;当在原煤中加入 5% 的磁铁矿后发现分选后黄铁矿含量降低了 55.11%,脱硫效果显著,这是由于磁铁矿对微波有良好的吸收性,能吸收大量微波能转化为热能,促进黄铁矿向磁黄铁矿的转化,同时磁选后灰分降低 21.54%,发热量升高 20.39%[42]。Lovás 等[117]的研究表明:微波预处理有利于菱铁矿的磁选提质回收,当辐照时间为 15 min 时获得了理想的菱铁精矿品位和回收率。Waters 等[43]研究了微波辐照对黄铁矿磁性的影响,结果表明:在 2.45 GHz、1 900 W 的微波场中辐照 120 s 后磁选,黄铁矿回收率从 8%(干式磁选)和 25%(湿式磁选)升高到 80% 以上,这说明微波辐照有利于诱导生成磁性更强的物质,提高黄铁矿的磁化强度。

1.4.3　微波联合助剂化学脱硫法

微波化学脱硫法是将微波辐照与化学处理相结合的脱硫方法。按所用化学试剂的不同可分为微波联合酸、微波联合碱、微波联合氧化剂和微波联合还原助剂四类。

（1）微波联合酸脱硫法

微波辐照与酸洗相结合的脱硫方法是利用微波能有效改进煤的浸出动力学特征。煤样经微波辐照后,其中大部分无机硫与煤基质分离,并转化为可溶于酸的物质,然后用酸洗脱除。

王杰等[118]对鱼田堡煤和东林煤进行微波辐照和稀盐酸酸洗后脱硫率分别达到 68% 和 55.5%,研究发现:微波辐照后生成了易溶于稀盐酸的 $Fe_{1-x}S$ 和 FeS,经酸洗后 $Fe_{1-x}S$ 和 FeS 被脱除,但尚有部分 FeS_2 存在。赵庆玲等[119]在含氧约为 1% 的 N_2 气氛下,将煤样经 2.45 GHz、1.5 kW 的微波能辐照 100 s,然后在浓度为 5% 的稀盐酸溶液中煮沸 30 min,无机硫脱除率达到 97%。分析认为:浸有酸溶液的煤炭在微波辐照下硫醚键更容易断裂,硫、铁原子之间的离子浓度增加,形成的 Fe—S 化合物在酸中溶解,致使有机硫被脱除。蔡川川等[120]利用 XPS 研究了微波和硝酸处理对山西高硫炼焦煤形态硫的影响,结果表明:微波和酸洗处理后,全硫脱除率为 38.8%,硫醇硫醚类硫脱除率为 45.1%,噻吩类硫脱除率为 20%,亚砜类硫脱除率为 29%,无机硫基本全部脱除。

（2）微波联合碱脱硫法

微波联合碱脱硫法是将熔融强碱或强碱溶液与原煤混合,经微波辐射后,用水或稀酸洗去已转化为可溶状态的硫。

早在 1979 年，Zavitsanos 等[121]的研究发现，70～150 μm 的煤样与碱混合，在微波下辐照 30～60 s 后，经水洗能脱除 97% 左右的黄铁矿硫和少部分有机硫。Waanders 等[122]将南非煤和 300 g/L 的 NaOH 溶液以 1∶3 质量比混合，在 650 W 的微波场中辐照 10 min 后，脱硫率达到 40%，挥发分减小了 14%，热值略有降低，这表明微波联合碱脱硫法对煤质会造成负面影响。Mukherjee 等[123]将两种阿萨姆煤分别与 NaOH 和 KOH(1∶1)混合溶液混合，进行微波辐照后用盐酸洗涤，能脱除全部的无机硫和 25% 左右的有机硫，同时煤样灰分降低 50%～54%，脱硫降灰效果显著。

盛宇航等[124]研究了微波功率、辐照时间、煤炭粒度、NaOH 浓度和固液比对脱硫效果的影响，结果表明，在最优试验条件下，即微波功率 800 W、辐照时间 7 min、煤炭粒度－0.125 mm、NaOH 浓度 300 g/L、固液比 4∶1 时，脱硫率为 52.85%。许宁等[125]采用 6 mol/L 的 NaOH 溶液做浸提剂，在功率 1 000 W 的微波场中辐照 5 min 后脱硫率可达 21.5%，然后通过 XANES 分析发现，脱硫后噻吩类和硫醇(—SH)类硫含量明显降低，而氧化态的亚砜和硫酸盐含量明显升高，说明煤中含硫基团向硫氧化态转化。杨筱康等[126-127]研究了微波联合 NaOH 脱硫法的介电响应，结果表明：NaOH 溶液介电损耗很大，煤样介电损耗很小，煤样中加入 NaOH 溶液可大大提高煤样的介电损耗，增强试样吸收微波的能力；以 NaOH 溶液为浸提剂，用 2.45 GHz 的微波辐照 60 s 后，可脱除全硫的 70%～80%，其中无机硫 90% 以上、有机硫 30%～70%。

（3）微波联合氧化剂脱硫法

煤样氧化处理的同时进行微波辐照，将加速煤中无机硫和有机硫向可溶性硫化物的转化。赵景联等[128]对微波联合过氧乙酸脱硫法进行了单因素条件优化试验，当微波功率 850 W、辐照时间 20 min、煤与氧化剂配比 3 g/50 mL、HAc 与 H_2O_2 体积比为 1∶1 时，脱硫率可达到 60.8%；同时对有机硫脱除机理探讨认为：过氧乙酸中产生的氢氧正离子(OH^+)，具有极强的亲电子性，可选择性地与负电中心反应，煤中硫原子常以负二价存在，这类硫原子含有两个孤对电子，负电性很强，可与 OH^+ 离子反应，使煤中的硫醇硫、硫化物硫等氧化为可溶形态，同时黄铁矿硫也能被 OH^+ 氧化为硫酸盐和甲基磺酸，从而达到脱硫目的。

将塔巴斯煤经微波辐照后用过氧乙酸在 25 ℃、55 ℃ 和 85 ℃ 下洗涤，在不同的微波功率和辐照时间、过氧乙酸反应时间和温度以及煤炭粒度下，黄铁矿硫、有机硫和全硫脱硫率分别在 26%～91%、2.6%～38.4% 和 17%～65%，同时通过红外光谱分析处理前后煤样发现黄铁矿峰变化显著，而煤炭有机质没有发生变化[44]。Chehreh 等[25]将原煤在微波下辐照 90 min，在 55 ℃ 的过氧乙酸溶液中洗涤后,黄铁矿硫和有机硫脱除率分别达到 92.6％和 40.46％。

（4）微波联合还原助剂脱硫法

用 HI 溶液浸渍原煤后,在 H_2 气氛下微波辐照 10 min,最终硫以 H_2S 和单质硫的形式排出,黄铁矿硫脱除率高达 99％,有机硫脱除率可达 64.7％[129]。以褐煤为研究对象,采用 HI 作为还原剂,随着 HI 酸浓度的增加,所有煤样的脱硫程度都增加。经微波脱硫后的褐煤用 FTIR 分析发现,HI 能使硫醚、硫醇类有机硫官能团从煤大分子结构中断裂出来,从而达到微波脱硫的目的。

唐龙飞等[130]研究了微波联合还原助剂脱硫法对煤性质的影响。其以叔丁醇钾-硅烷体系为还原助剂,利用 TGA、FTIR 和 XPS 研究了高有机硫煤脱硫后的特性变化。结果表明,有机硫脱除率达 60％以上,而煤样热值略有下降,煤大分子结构中的芳烃破坏较小。处理后,脂肪碳形成低分子碎片,导致热重分析的质量损失增加。XPS 结果表明,还原处理后部分含氧基团被还原。煤质的变化主要归因于支链断裂、氧化碳原子的还原和还原脱硫过程中的副反应。

唐龙飞等[131]还研究了叔丁醇钾/硅烷对高有机硫煤中噻吩硫进行还原脱硫的有效方法。在还原助剂与煤的硫摩尔比（15）、处理时间（80 min）、温度（215 ℃）的优化条件下,新峪煤和古县原煤有机硫的最大降幅分别为 65.8％和 64.2％。XPS 分析结果表明,在不破坏煤的大分子结构的前提下,脱除了原煤表面 80％以上的硫醇、硫醚和噻吩。由于还原脱硫反应中间产物的水解和氧化作用,处理后的煤样表面硫主要以磺酸盐和砜的形式存在。

1.4.4 复合能量场脱硫

超声和微波作为温和的脱硫手段,在添加助剂条件下都具有一定的脱硫作用,而且二者结合起来具有协同作用,可取得更好的脱硫效果。

Royaei 等[18]采用微波与超声波联合,向煤中加入 HF 或 HNO_3,脱硫效果结果表明:微波与超声波联合＞单独超声波＞单独微波,在脱硫过程中 95％的灰分都被脱除了。

米杰等[132]采用超声波和微波联合的复合能量场,在氧化体系下进行了脱除煤中有机硫的试验研究。试验中预先将煤样进行脱除无机硫的处理。随着微波功率和作用时间的加长,有机硫的脱除率均呈现增加的趋势,但是在相同的操作条件下,不同煤样中有机硫的脱除率存在较大差异,这可能是由于不同煤种中有机硫的形态各异,脱除的难易程度不同。

在超声波和微波的作用时间均为 30 min,HAc 和 H_2O_2 体积比 1∶1 的条件下进行的脱硫实验发现,先超声波后微波的脱硫率比先微波后超声波的脱硫率高,这是由于超声波的溶胀作用使煤粒径变大,结构变得蓬松,孔径变大,使得氧化剂容易进入煤的大分子结构中,增加煤与氧化剂的接触面积和反应概率,从而增加了脱硫率[133]。

唐龙飞等[134]探讨了超声波和微波处理在煤脱硫过程中的协同作用。采用超声波(US)、微波(MV)、微波与超声波(MV-US)和超声波与微波(US-MV)处理新峪煤样,测定了煤样的硫含量、表面性质和硫形态变化。结果表明这些手段对煤的脱硫有促进作用,作用效果排序为:US-MV>MV-US>MV>US。研究发现由于 US 的物理作用,煤样的表面性质得到了改善,有利于后续 MV 处理中含硫基团的进一步氧化。采用 US 和 MV 联合处理,可以深度氧化煤中的有机硫。这些结果证实了 US 和 MV 处理的协同效应。

曾维晨[135]采用微波与超声波联合脱硫进行高硫炼焦煤的脱硫试验,结果表明:超声波与微波工艺条件参数对脱硫的影响交替排列,且粒度与超声波功率、时间存在交互作用,超声波与微波联合脱硫具有协同作用。在超声波情况下能够产生羟基自由基,该自由基具有强氧化性并且带有正电荷,在煤中,硫通常是以负价形式存在,C—S 键结合能力比较强,而羟基自由基·OH 与硫结合的能力要强于 C—S 键。

1.4.5 微波生物脱硫法

在生物脱硫研究中,二苯并噻吩(DBT)生物降解途径如图 1-2 所示。在该脱硫过程中,DBT 通过氧化并发生 C—S 裂解转化为 2-2(-羟基苯基)苯亚磺酸盐(HPBS)和 2-羟基联苯(2-HBP),并在加氧酶(Dsz C,Dsz A)、还原酶(Dsz D)和脱硫酶(Dsz B)催化作用下,噻吩环中的硫原子最终转移至硫酸根。因此,为了从噻吩中除去硫原子而不破坏煤的大分子结构,必须选择性地断开噻吩环的C—S 键[136-138]。

微生物脱硫存在反应周期长的缺点,将微波技术应用于微生物煤炭脱硫中有望解决这一问题。程刚等[139]研究了煤粉粒度、煤浆浓度、初始 pH 值、嗜酸氧化亚铁硫杆菌接种量、微波辐照时间、脱硫周期等因素对微波预处理和微生物联合脱硫效果的影响,结果表明:微波技术应用于微生物煤炭脱硫可以大大缩短微生物脱硫周期,为开发新脱硫工艺提供了参考。叶云辉等[140]系统考察了煤粉粒度、煤浆浓度及初始 pH 值对微波辅助白腐真菌脱硫效果的影响,同时还总结了脱硫过程中硫化物的转化规律。研究结果表明,微波辐照作用能够缩短脱硫周期,提高有机硫的脱除率,煤炭中全硫、无机硫和有机硫的脱除率分别达到52.06%、51.61%和54.22%。

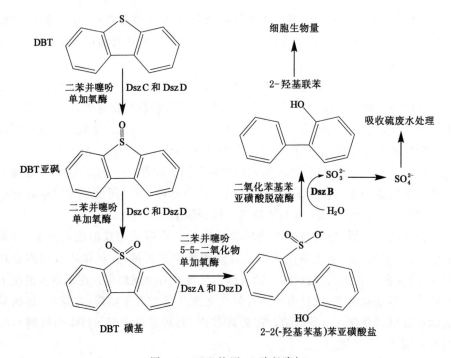

图 1-2　DBT 按照 4S 路径降解

1.5　煤炭介电特性研究进展

介电特性是指电介质在电场作用下,表现出对电能的储蓄和损耗的性质,通常用复介电常数来衡量,其中介电常数实部表征电介质在交变电场中发生电介质极化储存电能的能力;介电常数虚部表征电位移和极化强度对电场响应的滞后部分,反映电场能量被物质转化为热能的损耗程度。

1.5.1　介电特性测试的理论方法

按照测量原理的不同,煤的介电特性测试方法大致可分为:传输反射法、同轴探针法、谐振腔法、自由空间法等[141-145]。这些测试方法通常结合矢量网络分析仪进行测量。其中传输反射法、同轴探针法、自由空间法可以进行微波宽频测量,但对低损耗介质测试精度较低。谐振腔法的原理是将样品放入谐振腔中,利用有无样品时谐振腔的谐振频率和品质因数的变化计算出样品的复介电常数,它对样品损耗的灵敏度高,尤其适合于低损耗介质的测试,但测试往往在某一个频率点进行。自由空间法主要适合高频段对高损材料的测量,可以满足非均匀物质在高温条件、非接触测量条件下的测试,但样品边缘会发生衍射效应与喇叭天线的多重反射问题,样品制作要求严格。传输反射法是将介质样品放置在一段均匀波导或同轴线内,仅需对测试样品安装一次,并对样品进行散射参数的测试来确定复介电参数。

在测试过程中,矢量网络分析仪产生的电磁波会在空气与被测样品的交界面(A 和 B)处发生多次反射和透射,从而在被测样品中产生微波损耗。假设空气与被测样品交界面 A 处的单次反射系数为 Γ,则交界面 B 处的单次反射系数为 $-\Gamma$,中间 A、B 两界面间的传输系数为 T,V_1 为入射电压,经过多次反射和散射后交界面 A 处总反射电压为 V_R,总反射参数为 S_{11},交界面 B 处总的透射电压为 V_T,总透射参数为 S_{21}。根据 NRW 传输反射计算原理,通过矢量网络分析仪测出被测样品的散射参数 S_{11} 和 S_{21},就可以计算出空气与被测样品交界面处的单次反射系数 Γ 和被测样品的传输系数 T,进而计算出被测样品的复磁导率 μ_r 和复介电常数 ε_r。由于煤及其典型含硫模型化合物具有较高损耗,同时待测频段很宽,因此选用网络参数法中的传输反射法开展介电测试。

1.5.2 煤质、矿物质及含硫组分对介电特性的影响与微波响应特性

煤炭作为一种非同质的混合物,其介电性质受变质程度、水分、矿物组成,以及测试温度与频率等因素的影响。Marland 等[146] 的研究结果证明了这一点,他们采用圆柱形谐振腔法测量了英国煤的介电性质,测量频率为 0.615 GHz、1.413 GHz、2.216 GHz,温度范围为 40～180 ℃,结果表明:检测温度在 80～180 ℃时,水分的蒸发使得煤介电常数 ε' 和介质损耗因子 ε'' 降低;随煤阶(干燥无矿物质基)的升高,煤的 ε' 和 ε'' 也升高;而对于未干燥的含水煤样,低阶煤和高阶煤的 ε' 和 ε'' 较大,中阶煤的 ε' 和 ε'' 较小;石英、云母、方解石、白云石、高岭土的介电常数低于中阶煤,黄铁矿的介电常数和介质损耗因子均高于煤炭;随测试频率的变化,ε' 和 ε'' 也有一定的变化。

同时由于煤化学成分、矿物分布不均一,并存在孔隙大小、形状和分布等结构构造特征的差异,各相的介电性质差异很大,从而使其介电性质的准确测量比较困难,不同学者测试结果往往也有所出入。

(1)煤变质程度和含水量对煤介电性质的影响

煤炭介电性质与其自身变质程度和水分有很大的关系。Forniés-Marquina 等[147] 利用时域反射计(TDR)在室温下测量一系列煤种在频率为 DC-5 GHz 范围内的介电性质,结果表明:不同煤化程度煤的介电常数有较大的差异,低变质程度煤的介电常数较高,随煤化程度的增加,介电常数逐渐减小,到中等变质程度的烟煤静态介电常数最低,之后随煤化程度的进一步加深,介电常数又开始增

加,到无烟煤阶段介电常数迅速增加;同时煤的介电常数随水分的增加而增加。褚建萍[148]通过对 8 种不同煤化程度煤的介电常数的研究也得到了相似的结果。Chatterjee 等[149]采用网络分析仪,以同轴空气线为测试夹具,测试了 6 种不同变质程度的煤在 2 450 MHz 下的介电性质,结果表明:收到基煤样的介电常数和介电损耗随煤变质程度的升高而降低,若将煤样干燥后,则所有煤样的介电常数和介电损耗基本相同。Misra[150]等研究了不同变质程度阿尔贡煤的介电常数,结果表明:随着煤变质程度的升高,煤的介电常数降低,同时水分也不断减小。徐龙君等[151]采用微扰法在微波谐振腔器中测试白皎无烟煤的介电常数,结果表明:白皎无烟煤的介电常数和介质损失角正切 tan δ 均随碳原子的摩尔分数的升高而增大。

万琼芝[152]采用并联谐振法测试了几十组煤样和岩样,结果表明:电阻率随变质程度的增高而减小,当碳含量大于 90% 后,电阻率直线下降,变得很小;干燥煤样的介电常数,从褐煤到年轻无烟煤变化不大,之后随煤阶升高急剧增加;随水分的增加,电阻率普遍下降,介电常数则不断增加,并且随煤阶的升高,变化幅度逐渐减小。Balanis 等[153]采用双通道干涉仪测试了 4 种不同煤阶烟煤和 1 种无烟煤的介电常数和电导率,结果表明:水分的增加会提高煤的电导率和介电常数,并且无烟煤的电导率和介电常数均高于烟煤。孟磊[154]采用阻抗测量仪(LCR)在低频段(0~120 kHz)测试了来自 3 个矿区的无烟煤、贫瘦煤和气肥煤的介电常数和电导率,结果表明:随变质程度的升高,电阻率下降,介电常数增加;水分对介电常数和电阻率的影响规律与变质程度相似。徐宏武[155]采用并联谐振法测试煤样和岩样的电性参数,结果表明:煤含水量的增加使得介电常数也增加,并且对空隙率大的低阶煤的介电常数影响最为显著;外水会使煤的电阻率降低,而内水与煤的变质程度有关。肖金凯[156-157]利用谐振腔微扰法对 100 多种天然矿物介电性质进行测试,结果表明:内水对矿物介电性质影响不大,吸附水严重影响矿物岩石的介电特性。

(2)测试条件对煤介电性质的影响

煤的介电性质还与测试温度和频率有关。蔡川川等[158-159]采用传输发射法,室温下在 0.2~18 GHz 频率范围内,分别测试了 3 种炼焦煤的介电常数 ε' 和介电损耗 ε'',结果表明:3 种炼焦煤的 ε' 和 ε'' 随频率变化的曲线均出现了若干峰值,这是由于煤中不同的极性结构在不同频率处发生极化响应造成的;随频率的上升,新峪原煤的 ε' 略有下降,ε'' 则先减小后增加,并在 15.619 GHz 处达到最大值 0.462,而新阳和新柳煤的 ε' 整体呈现上升趋势,ε'' 则随频率的升高先增加后减小再增大,并在 17.463 GHz 处取得最大值 2.053。万琼芝[152]和徐宏武[155]的研究表明:在常温到 120 ℃范围内,随温度的升高,煤的电阻率增大,而介电常数减小。这是由于加热使水分损失,并使在外加电场中极化的某些带电质点、不带电质点和水溶性极性分子的热动能增大,破坏了极化作用;煤层电阻率的大小与测试频率成反比,测试频率越高电阻率越小,同时煤层电阻率还存在各向异性。Li 等[160]通过研究温度对阳泉煤介电性质的影响也得到了相似的结论。

Peng 等[161]采用谐振腔微扰法,分别研究了 915 MHz 和 2 450 MHz 频率下,从室温到 900 ℃,美国西弗吉尼亚一种高挥发分烟煤(V_d＝30.25%)介电性质的变化,结果表明:在 500 ℃ 以下煤的介电性质变化不大;500 ℃ 以上,相对介电常数和介电损耗发生了显著的升高。Boykov 等[162]在低频(20 kHz～10 MHz)和高频(200 MHz～3 GHz)下分别采用阻抗分析仪和网络分析仪对煤系岩石的介电性质进行了研究,结果表明:煤系岩石的介电常数随测量频率的升高而降低。Hakala 等[163]研究表明:相对介电常数和介质损耗因子均随频率的增加而减小,在高频段保持不变;在 200 ℃ 以上,相对介电常数随温度的升高而增加,介质损耗因子保持不变。冯秀梅等[164]采用波导型传输反射法测量系统(HP8722ES 矢量网络分析仪)测试了无烟煤和烟煤的介电常数 ε' 和介质损耗因子 ε'',测试频段为 2～18 GHz,测试温度为 25 ℃,结果表明:无烟煤和烟煤均属于电阻型吸波材料,在 2～18 GHz 微波频段内,无烟煤的 ε' 随频率的增加而减小,ε'' 随频率增加先增大后有所减小;烟煤的 ε' 和 ε'' 随频率变化不明显,并且均小于无烟煤。

由于煤自身组成结构和加热过程中反应的复杂性,测试频率和温度对煤介电性质的影响比较复杂,这使得不同学者的测试结果有所不同。

(3) 矿物质对煤介电性质的影响

煤的介电性质还与矿物质、孔隙度等因素有关。章新喜、高孟华等[165-166]利用自制三电极电容器在 20 ℃ 下检测了煤中伴生矿物质的介电常数,结果表明:石膏、石英、方解石的介电常数较小,分别为 5.17、4.65 和 7.54,而高岭石、黏土矿、黄铁矿的介电常数则很高,分别为 34.27、36.27 和 46.92。

Marland 等[146]的研究表明:石英、云母、方解石、白云石、高岭土的介电常数低于中阶煤,而黄铁矿的介电常数则高于煤炭。徐龙君等[151]的研究表明:煤中方解石和石英等矿物质的介电常数均小于无烟煤,且其在煤中含量较大,从而降低煤的介电常数,而黄铁矿的介电常数高于无烟煤,但由于其含量少而对煤的介电常数影响较小;同时煤的介电常数还随孔隙体积的增加而增加。蔡川川等[158-159]采用传输发射法,室温下在 0.2～18 GHz 频率范围内,测试了添加有不同量矿物质的焦煤煤样,结果表明:高岭石和石英的 ε' 和 ε'' 均比煤样大,它的添加会使煤的 ε' 和 ε'' 增大,方解石的 ε' 和 ε'' 与煤样基本一致;并且煤炭粒度、密度、灰分都与矿物质含量有关,它们都对煤的介电性质有影响。

(4) 煤及其含硫模型化合物对微波的响应特性

陶秀祥等[167]利用矢量网络分析仪测定了煤和含硫模型化合物及其与纯净煤混合物的介电性能。结果表明,对于结构相似的模型化合物,含硫模型化合物的介电性能高于不含硫模型化合物。随着测试频率的增加,模型化合物的介电常数变化较小,而介电损耗因子和损耗因子变化很大,在 $2\sim2.5$ GHz 和 $4.5\sim5$ GHz 处有两个峰值。这些特征峰也出现在相应的混合物中,表明在特定的微波辐射频率下,可以实现煤中有机硫官能团的选择性加热。此外,根据介电测试结果和 C—S 键解离能计算了模型化合物的 C—S 键解离时间。硫醚和噻吩类硫经氧化成亚砜和砜后,其 C—S 键解离时间显著降低,说明适度的氧化预处理有利于在微波作用下打断煤中的 C—S 键。

谢茂华[56]利用传输反射法测试三种山西炼焦煤的介电特性,研究结果表明,煤样的 ε'、ε'' 和 $\tan\delta$ 的大小顺序为:潞安原煤>古县精煤>新峪精煤,且峰值出现的显著程度也呈现相同的趋势。

2 煤中含硫组分的赋存机制及模型化合物构建

研究中所用的煤样主要为山西高有机硫炼焦煤,对煤样特性进行了相关分析,并通过 XANES 分析、XPS 分析、扫描电镜结合能量色散谱仪以及 XRD 分析研究了煤中含硫组分的赋存机制。对高有机硫煤进行密度分级纯化和分级萃取,最终得到 16 份萃出物和 16 份萃余产物,以此获得 9 种有机硫小分子,并依据这些含硫小分子的结构以及 XANES 和 XPS 分析结果,选取了 11 种类煤模型化合物作为研究对象。计算分析了几种含硫模型化合物分子的分子性质(含硫键键长、偶极矩、硫原子的 Hirshfeld 电荷、分子 HOMO 和静电势分布等)。

2.1 煤样的工业分析与组成分析

煤样分别为采自山西新峪、古县和圪堆的三种炼焦精煤,分别用符号 XY、GX 和 GD 表示。

2.1.1 煤样的工业分析和元素分析

对煤样进行工业和元素分析,结果如表 2-1 所列。作为精煤产品,煤样灰分都在 10% 以内,挥发分小于 21%。元素分析结果中,XY、GX 和 GD 煤样的硫分分别为 2.65%、2.52% 和 2.45%,属中高硫炼焦煤精煤。

表 2-1 煤样的工业分析和元素分析

煤样	工业分析/%				元素分析/%				
	M_{ad}	A_{ad}	V_{ad}	FC_{ad}	C_{ad}	H_{ad}	N_{ad}	S_{ad}	O_{ad}
XY	0.62	9.77	19.39	70.22	86.79	4.49	1.38	2.65	4.92
GX	0.56	9.16	20.49	69.79	86.88	4.68	1.32	2.52	4.78
GD	0.42	9.64	19.73	70.22	78.48	4.86	1.24	2.45	2.91

2.1.2 煤样的形态硫分析

按照国标对煤样的形态硫组成进行了分析测试,结果见表 2-2。三种炼焦煤精煤的形态硫都是以有机硫为主,分别占到总硫分的 89.35％、75.00％ 和 81.09％;其次是黄铁矿硫,分别占煤样中总硫分的 9.72％、18.87％ 和 17.65％;硫盐酸硫含量较少,分别占总硫分的 0.93％、6.13％ 和 1.26％。这主要是由于所取煤样为精煤产品,煤样中的无机硫通过传统的分选加工,大部分已经得到脱除,但是有机硫因其嵌构在煤的分子结构中,传统的煤炭分选加工难以将其脱除,使得即使是精煤产品,其硫分也高于 2％,达不到相关煤炭使用标准,难以直接利用。

表 2-2 煤样的形态硫分析

煤样	$S_{s,d}/\%$	$S_{p,d}/\%$	$S_{o,d}/\%$	$S_{t,d}/\%$
XY	0.02	0.21	1.93	2.16
GX	0.13	0.40	1.59	2.12
GD	0.03	0.42	1.93	2.38

2.1.3 煤样的粒度分析

煤样的粒度分析结果见表 2-3。煤样的硫含量随相应粒级的减小而呈现微小的增大趋势。这一现象主要是因为煤样硫分以有机硫为主,粒级较小时灰分也较小,煤中有机质含量较高,硫分也就较大。煤样粒度大时,灰分也增高,有机质含量相对降低,有机硫的含量也相对减少,从而使得煤样中总硫分出现降低。总的来看,三种煤样各粒度级别中硫元素含量的分布还是比较均衡的。

表 2-3 煤样粒度分析数据表

煤种	粒级/mm	产率/%	$A_d/\%$	$S_{t,d}/\%$
	0.5～0.25	8.04	8.33	2.36
XY	0.25～0.125	25.38	7.14	2.47
	0.125～0.074	41.17	6.68	2.57
	−0.074	22.02	6.39	2.58

表 2-3(续)

煤种	粒级/mm	产率/%	A_d/%	$S_{t,d}$/%
GX	0.5～0.25	30.62	12.06	2.28
	0.25～0.125	43.35	8.81	2.33
	0.125～0.074	13.05	8.77	2.33
	−0.074	12.99	8.69	2.35
GD	0.5～0.25	1.96	14.74	2.32
	0.25～0.125	17.63	11.47	2.48
	0.125～0.074	34.50	9.19	2.54
	−0.074	45.91	8.10	2.41

2.1.4 煤样的傅立叶红外光谱分析

傅立叶变换红外光谱(FTIR)被广泛用于煤中有机官能团的测试研究,其也可以用于检测煤中含硫基团。本书采用美国 Thermo Scientific 公司生产的 Nicolet 380 型傅立叶变换红外光谱分析仪对 XY 和 GX 煤样进行了检测,测试参数为:扫描范围为 4 000～400 cm^{-1},分辨率为 4 cm^{-1},扫描次数为 32,测试结果见图 2-1。

由图 2-1 可以看出,在～3 300 cm^{-1}、2 850 cm^{-1}、1 570 cm^{-1} 和 1 300～1 000 cm^{-1} 区域的峰分别归属于煤中的羟基、脂肪族 C—H、芳香族 C＝C 和 C—O 基团的吸收带。可以发现两种煤中这四种基团的峰有些类似,羟基基团峰的高度较低,脂肪族 C—H、芳香族 C＝C 和 C—O 峰位明显,芳香类基团峰位最高,这是由于煤样为炼焦煤,变质程度较高,说明脂肪族基团含量较低,由此推测煤中的有机硫可能多以芳香族形式存在于煤大分子结构中。同时发现,归属于 O＝S＝O(1 330～1 125 cm^{-1}),S＝O(1 060～1 030 cm^{-1})和 C—S(730～600 cm^{-1})位置的峰非常弱,几乎不能辨识。归结其原因是它们的相对含量太低,而且对红外光具有较强吸收能力的含氧基团峰会将含硫基团峰覆盖。但是在图中可以观察到 425 cm^{-1} 位置处的黄铁矿。

2.1.5 煤样的 XRD 光谱分析及黄铁矿的嵌布特性分析

XY、GD 原煤的矿物质分析结果如图 2-2 所示,煤中存在的矿物质主要有高岭石、硅酸盐等黏土类矿物质,还存在黄铁矿、硫化锌等硫化物。这些矿物的存在会对脱硫有一定的影响。

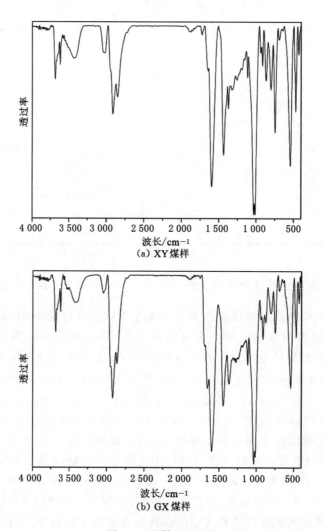

（a）XY 煤样

（b）GX 煤样

图 2-1　原煤 FTIR 图

　　XY 煤样扫描电镜图如图 2-3 所示。扫描电镜分析表明,煤样品表面凹凸不平,表面粘连的细小颗粒较多,推测为黏土类矿物,有些粘连呈典型的假六方片状可能为高岭石,粘连球约为 0.3 μm 小颗粒,可能为非晶态的 $TiO_2 \cdot nH_2O$。XY 煤 EDS 分析结果如图 2-4 所示。由图可见,除了 C、H 元素外,还含有 O、Si、Al、Fe、S、Ti 等元素,样品中的 S 元素分布较均匀,说明硫与煤基质结合紧密,Fe 元素也呈细粒分布,如果以硫化铁存在,往往很难被完全解离,给脱硫增加了难度。

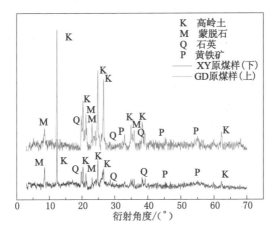

图 2-2　XY、GD 原煤 X 射线衍射图

图 2-3　XY 煤样扫描电镜图

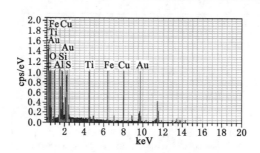

图 2-4　XY 煤 EDS 分析

2.2　煤中含硫组分的赋存形态分析

　　构建模型的基础是对煤中有机硫的存在形式,以及硫原子所在的周边结构有足够的认识。为达到这一目的,先对高有机硫煤进行密度分级纯化,然后取有机硫含量高的部分为原料进行分组分级萃取,以此来获得煤中有机硫小分子,并依据这些含硫小分子的结构,重新构建类煤含硫模型化合物。同时,结合 XPS 和 XANES 对所选用的两种高硫煤样进行分析,来确定其中的硫形态分布规律,并进行含硫模型化合物的构建。

2.2.1　煤中有机硫的萃取

　　图 2-5 为 XY 煤全组分分离试验流程,图 2-6 为 XY 煤分级萃取试验流程。

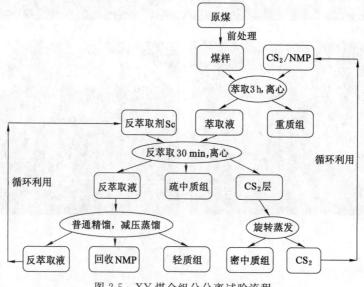

图 2-5　XY 煤全组分分离试验流程

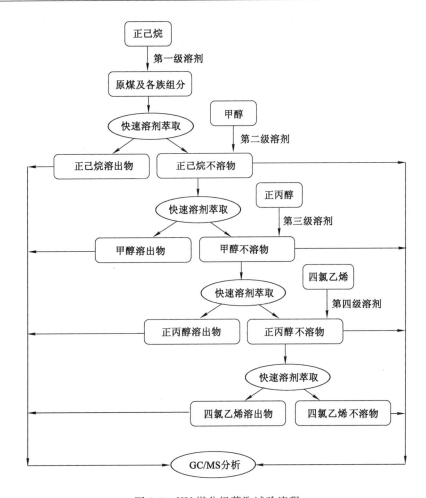

图 2-6　XY 煤分级萃取试验流程

从实验流程可知,对于每一个萃取样,分级萃取完成后都可以得到四份萃出物以及四份萃余产物。所以,对于四个族组分来说,最终能得到 16 份萃出物和 16 份萃余产物。萃出物的 GC/MS 分析,数据量大,处理困难,现仅列出检出含硫化合物的萃出物的 GC/MS 分析结果,如表 2-4 至表 2-7 所列。

表 2-4　重质组正己烷萃出物 GC/MS 检测结果

化合物	分子式	化合物	分子式
2,6-二甲基十萘氢	$C_{12}H_{22}$	十八烷	$C_{18}H_{38}$
2,3-二甲基十萘氢	$C_{12}H_{22}$	3-甲基二苯并噻吩	$C_{13}H_{10}S$

表 2-4(续)

化合物	分子式	化合物	分子式
1,5-二甲基十萘氢	$C_{12}H_{22}$	十九烷	$C_{19}H_4O$
1,1-二甲基十萘氢	$C_{12}H_{22}$	4-甲基二苯并噻吩	$C_{13}H_{10}S$
1-甲基环十一碳烯	$C_{12}H_{22}$	1-甲基菲	$C_{15}H_{12}$
1,6-二甲基十萘氢	$C_{12}H_{22}$	4,9-二甲基萘并[2,3-b]噻吩	$C_{14}H_{12}S$
十六烷	$C_{16}H_{34}$	二十烷	$C_{20}H_{42}$
4-甲基二苯并呋喃	$C_{13}H_{10}O$	4,6-二甲基二苯并噻吩	$C_{14}H_{12}S$
2,6,10,14-四甲基十七烷	$C_{21}H_{44}$	环八硫	S_8
十七烷	$C_{17}H_{36}$	二十三烷	$C_{23}H_{48}$
9-甲基-9H-芴	$C_{14}H_{12}$	酞酸单-(2-乙基己基)-酯	$C_{16}H_{22}O_4$

表 2-5   疏中质组正己烷萃出物 GC/MS 检测结果

化合物	分子式	化合物	分子式
1,6-二甲基萘	$C_{12}H_{12}$	十九烷	$C_{19}H_4O$
2,4-二叔丁基苯酚	$C_{14}H_{22}O$	3-甲基二苯并噻吩	$C_{13}H_{10}S$
2,3,6-三甲基萘	$C_{13}H_{14}$	9-甲基蒽	$C_{15}H_{12}$
十六烷	$C_{16}H_{34}$	十七碳-1-烯	$C_{17}H_{34}$
十七烷	$C_{17}H_{36}$	二十烷	$C_{20}H_{42}$
二十三烷-1-醇	$C_{23}H_{48}O$	环八硫	S_8
十八烷	$C_{18}H_{38}$	二十二烷	$C_{22}H_{46}$
酞酸二异丁基质	$C_{16}H_{22}O_4$	酞酸二辛基酯	$C_{24}H_{38}O_4$

表 2-6   疏中质组正丙醇萃出物 GC/MS 检测结果

化合物	分子式	化合物	分子式
1,1-二丙氧基丙烷	$C_9H_{20}O_2$	1-甲基-2-乙烯基环己烷	C_9H_{16}
2-甲基戊酸	$C_6H_{12}O_2$	草酸二丙基酯	$C_8H_{14}O_4$
二甲基亚砜	C_2H_6OS	1,2,3,4,5-五甲基苯	$C_{11}H_{16}$
亚硫酸二丙基酯	$C_6H_{14}O_3S$	2,4,5-三甲基苯酚	$C_9H_{12}O$
3-甲基-3-乙烯基环己酮	$C_9H_{14}O$	环八硫	S_8
2,3,4,5-四甲基环戊-2-烯酮	$C_9H_{14}O$		

表 2-7　重中质组正己烷萃出物 GC/MS 检测结果

化合物	分子式	化合物	分子式
环庚基甲醇	$C_8H_{16}O$	十七碳-1-烯	$C_{17}H_{34}$
2,6-二甲基十氢萘	$C_{12}H_{22}$	二苯并噻吩	$C_{12}H_8S$
2,3-二甲基十氢萘	$C_{12}H_{22}$	菲	$C_{14}H_{10}$
1,5-二甲基十氢萘	$C_{12}H_{22}$	3-甲基二苯并噻吩	$C_{13}H_{10}S$
4,9-二甲基萘并[1,2-d]噻吩	$C_{14}H_{12}S$	4-甲基二苯并噻吩	$C_{13}H_{10}S$
1,1-二甲基十氢萘	$C_{12}H_{22}$	3-甲基苯硫酚	C_7H_8S
1,6-二甲基十氢萘	$C_{12}H_{22}$	9-甲基蒽	$C_{15}H_{12}$
1,6-二甲基萘	$C_{12}H_{22}$	酞酸二丁基酯	$C_{16}H_{22}O_4$
2,4-二叔丁基苯酚	$C_{14}H_{22}O$	2-乙基蒽	$C_{16}H_{14}$
1,6,7-三甲基萘	$C_{13}H_{14}$	环八硫	S_8

　　在高硫焦煤的分组分级萃取中,各组分的甲醇萃取物均没有检出含硫有机小分子,甚至该级萃取物在 GC/MS 检测中均未出现显著信号。这一现象意味着甲醇对新峪高硫煤的各组分溶解度都有限,对应溶出物的浓度达不到检测最低限。煤在常用的非极性或弱极性溶剂中萃取时,由化学键合及物理缔合构成的煤的基本网络结构一般不会受到破坏,能够溶解出来的仅仅是游离或者包络于基本网络结构中的烃类、非烃类及少部分沥青质,这部分化合物的相对分子质量一般只有几百或更低,很难有较大分子质量的化合物被萃取出来。

　　重质组的正己烷萃出物中鉴定出 4 种含硫化合物及 1 种单质硫,分别为 3-甲基二苯并噻吩、4-甲基二苯并噻吩、4,9-二甲基萘并[2,3-b]噻吩、4,6-二甲基二苯并噻吩和环八硫的硫单质。对于疏中质组,正己烷萃出物中含硫物鉴定出 3-甲基二苯并噻吩、环八硫,正丙醇萃出物中鉴定出二甲基亚砜、亚硫酸二丙基酯和环八硫。重中质组的正己烷萃出物中鉴定出 4-甲基二苯并噻吩、3-甲基二苯并噻吩、3-甲基苯硫酚、4,9-二甲基萘并[1,2-d]噻吩、二苯并噻吩和环八硫。

　　至此,得到 XY 高硫煤各组分分级萃取出的含硫化合物,它们依次是二苯并噻吩、二甲基亚砜、3-甲基二苯并噻吩、4-甲基二苯并噻吩、4,9-二甲基萘并[2,3-b]噻吩、4,6-二甲基二苯并噻吩、3-甲基苯硫酚、4,9-二甲基萘并[1,2-d]噻吩和亚硫酸二丙基酯。尽管在上述各萃出物中都鉴定出单质硫,但由于本研究主要针对的是煤中有机硫的脱除问题,故在后续研究中不将其列入考虑范围。可见,XY 高硫煤中的有机硫主要以噻吩、亚砜、硫醇等形式存在,以噻吩硫的种类最多。XY 煤萃取出的有机含硫小分子化合物的结构如图 2-7 所示。

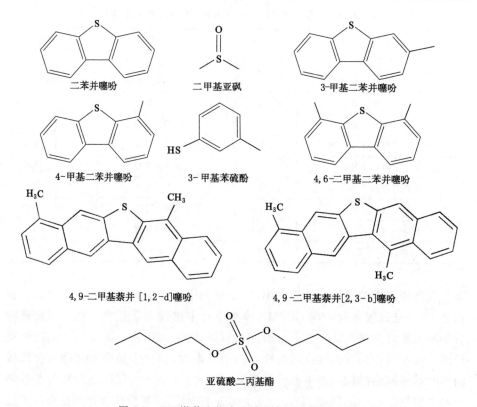

二苯并噻吩　　　　二甲基亚砜　　　　3-甲基二苯并噻吩

4-甲基二苯并噻吩　　3-甲基苯硫酚　　　4,6-二甲基二苯并噻吩

4,9-二甲基萘并 [1,2-d]噻吩　　　　4,9-二甲基萘并[2,3-b]噻吩

亚硫酸二丙基酯

图 2-7　XY 煤萃出物中含硫小分子物质的结构

2.2.2　煤样中硫的 XPS 分析

采用 ESCALAB250Xi 型 X-射线光电子能谱仪,在超高真空扫描模式下,以单色化 Al $K\alpha(h_v=1\,486.6$ eV)为阳极靶,对煤样表面的 C、O、S、N 和 Si 元素进行扫描分析。

在煤中硫的 XPS 分析中,煤中硫的赋存形态通常包括黄铁矿、硫醇/硫醚类、噻吩类、亚砜类、砜类和硫酸盐类,而在 XPS 谱图中不同赋存形态硫的结合能大小不同。可以使用 XPS peak 4.1 软件根据各形态硫吸收峰的结合能位置,来拟合确定煤样中各形态硫的相对含量。为了使拟合结果更加准确,使用两个峰来表示每一种硫形态,即 2P3/2 和 2P1/2 劈裂峰。限定各形态硫(黄铁矿/硫醇/硫醚类、噻吩类、亚砜类、砜类和硫酸盐类)所对应的峰位分别为:162.1～163.6 eV、164.0～164.4 eV、165.0～166.0 eV、167.0～168.3 eV 和 >168.4 eV[168]。拟合结果见图 2-8,各硫化物特征峰对应的结合能位置及拟合结果如表 2-8 所列。

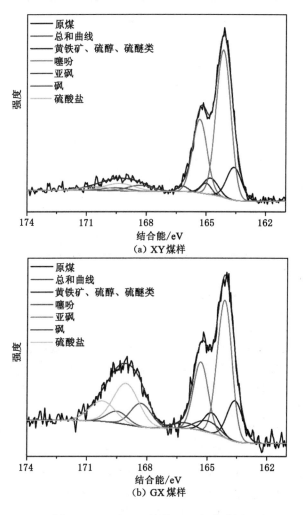

图 2-8　XY 和 GX 精煤 XPS 拟合谱图

　　对于形态硫的相对含量,可以发现 XY 和 GX 煤中含量最多的形态硫均为噻吩类,分别占总硫分的 69％ 和 45％,即主要以芳香类杂环硫的形式存在,其次是黄铁矿/硫醇/硫醚类。因为所选煤样为烟煤,变质程度较高,依据前面的红外分析结果,煤的大分子结构中脂肪类基团含量少,主要是芳香类,所以大部分硫原子存在于芳香环中。对于氧化态的硫形态(亚砜、砜和硫酸盐类),XY 煤的含量为 15％,GX 煤的含量为 40％,由此说明 GX 煤中硫的氧化程度明显高于XY 煤。

表 2-8　不同形态硫的峰位置及拟合结果

峰位置/eV	相对含量/%		归属硫形态
	XY	GX	
163.60	15.75	14.46	黄铁矿/硫醇/硫醚类
164.78			
164.15	69.03	45.48	噻吩类
165.33			
165.00	3.53	5.78	亚砜类
166.18			
168.30	4.68	10.78	砜类
169.48			
169.59	7.01	23.50	硫酸盐类
170.77			

2.2.3　煤样中硫的 XANES 分析

（1）XANES 分析

借助 X 射线吸收近边结构光谱（XANES），对不同氧化态硫原子中电子从 s 能级跃迁到 p 能级的能量变化情况进行测定，可以确定有机硫的形态分布[169]。在中科院北京高能物理研究所对煤样进行了 XANES 光谱测试，利用的是该所中能软 X 射线 4B-7A 试验站。

XANES 的测试条件为：同步辐射光在经 Si(111)平面双晶单色器处理后，获得测试试验站 4B-7A 所需的能量 2.1~6.0 keV；整个测试系统处于超真空状态，以尽可能减少空气中的气体分子对 X 射线的吸收；考虑到硫元素的吸收能量，设置测试过程中的扫描能量范围为 2.46~2.50 keV，为了更好地观测样品吸收边的特性，其中 2.46~2.49 keV 能量段的扫描步长为 0.2 eV，2.49~2.52 keV能量段的扫描步长为 0.6 eV。测试模式的选择：采用全电子产额模式检测硫含量较高的含硫模型化合物，而在荧光信号模式下测定硫含量较低的煤炭等样品。另外，由于同步辐射储存环能量存在损耗，需要定期补充，入射能量有所波动，导致不同时间检测到的样品能量峰出现偏移，所以需要相对比较稳定的硫酸锌吸收峰作为基准进行能量校正。

煤中的硫价态主要包括−1，0，+2，+4，+5，+6 这几种，因此硫原子可以通过其价电子层轨道与其他原子以不同方式成键[170]。图 2-9 是根据相关文献选取具有代表性的含硫物质的 XANES 谱图，表 2-9 是各含硫物质吸收边的峰位。

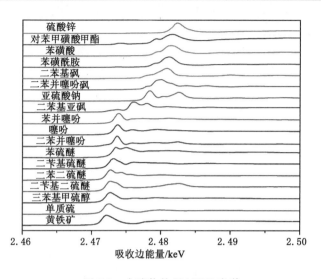

图 2-9 含硫物的 XANES 光谱

表 2-9 含硫物 XANES 光谱吸收边能量

含硫标准物	化学结构	硫价态	吸收边能量/keV
黄铁矿	FeS$_2$	−1	2 472.2
单质硫	S	0	2 472.6
三苯基甲硫醇		0	2 472.6
二苄基二硫醚		0	2 472.6
二苯二硫醚		0	2 472.8
二苄基硫醚		0	2 473.2

表 2-9(续)

含硫标准物	化学结构	硫价态	吸收边能量/keV
苯硫醚		0	2 473.6
二苯并噻吩		0	2 473.6
噻吩		0	2 473.8
苯并噻吩		0	2 473.8
二苯基亚砜		+2	2 476.0
亚硫酸钠		+4	2 478.4
二苯并噻吩砜		+4	2 480.0
二苯基砜		+4	2 480.8
苯磺酰胺		+4	2 481.2

表 2-9(续)

含硫标准物	化学结构	硫价态	吸收边能量/keV
苯磺酸		+5	2 481.4
对苯甲磺酸甲酯		+5	2 481.6
硫酸锌		+6	2 482.4

　　分析发现随着硫原子氧化态的升高,对应的最大吸收峰的峰位(吸收边能量)逐渐向高能量偏移。利用这个吸收边迁移的特点,根据煤中硫 XANES 光谱可以获得脱硫过程中煤样中硫化学形态的变化大体规律。

　　(2) XANES 光谱数据处理方法

　　通过拟合煤中硫的 XANES 光谱,可以进行煤中硫赋存形态的定量分析。煤中硫形态主要包括以下几类:黄铁矿、单质硫、硫醚硫醇类、噻吩类、亚砜类、砜类、磺酸盐/硫酸盐类。

　　目前,比较成熟的两种拟合方法分别是线性拟合和高斯函数拟合[172-174]。其中 LCF 是通过测试多种纯的标准含硫模型化合物,以获得 XANES 谱图作为标准谱图来拟合待测样品。该方法对硫形态的拟合结果更加客观且能呈现更加详细的硫形态分布,但是需要选择具有代表性且稳定的标准物。因为煤中有机硫基团存在形式复杂,具有代表性的纯有机含硫标准物较难选择,所以该方法在分析煤炭样品时误差较大,而在待测样品中各形态硫的标准物质易于获取的情况下,LCF 方法优势明显。对于 GCF 拟合方法,原则上以一个相应的从 s-p 电子跃迁能量为中心的高斯函数来拟合一种硫形态,而一个或多个宽的高斯峰则用来表示共振散射,以反映此形态硫的平均结合环境。另外通过添加一个反正切函数来表示光电子向连续介质的转变。有研究表明该方法的拟合效果对形态的内在复杂性和可变性不敏感[175],尤其是在含硫标准物难以获取的情况下,GCF 方法较好。因此对于硫形态较为复杂的煤炭样品,采用 GCF 方法来拟合分析硫形态分布更为合适[176]。

Ravel 等开发的 Athena 软件可以很好地对 XANES 进行线性拟合分析和高斯函数拟合分析[177]，而且已有研究者使用该软件对煤炭中硫的 XANES 谱图进行拟合分析[178-179]。本研究使用的 Athena 软件版本为 Windows 0.9.20。为了确保 XANES 数据的统一性和可比性，拟合之前对测试获得的数据进行归一化处理。

根据之前对含硫物 XANES 谱图的分析结果，将煤中硫形态分为以下 7 种：黄铁矿、硫醇/二硫醚类、硫醚类、噻吩类、亚砜类、砜类、磺酸盐类和硫酸盐类，其对应的高斯函数如表 2-10 所列。其中因为磺酸盐和硫酸盐的高斯峰重合，对拟合结果进行统计时多将其归为一类。而反正切函数则通过调试后验证，当选择其中心位置为 2 474.5 eV 时，拟合结果最好。对于 XY 和 GX 煤样 XANES 谱图，最终的硫形态拟合结果见表 2-11 和图 2-10。

表 2-10　XANES 形态硫拟合函数

函数类型	函数峰位置/eV	归属硫形态
Arctangent	2 474.5	
Gaussian1	2 472.2	黄铁矿
Gaussian2	2 472.6	硫醇/二硫醚类
Gaussian3	2 473.2	硫醚类
Gaussian4	2 474.0	噻吩类
Gaussian5	2 476.0	亚砜类
Gaussian6	2 480.0	砜类
Gaussian7	2 481.4	磺酸盐类
Gaussian8	2 482.4	硫酸盐类

表 2-11　XANES 拟合形态硫分布结果

煤样	煤中各种形态硫的相对含量/%						
	黄铁矿	硫醇/二硫醚类	硫醚类	噻吩类	亚砜类	砜类	磺酸盐/硫酸盐类
XY	2.05	1.30	4.47	55.12	13.78	3.17	20.11
GX	4.14	1.18	3.10	50.96	9.90	4.87	25.85

XY 和 GX 煤样的 XANES 谱图，主要存在三个峰：第一个为在 2 474.0 eV 位置的峰，归属于低价态硫(价态 −1 和 0，黄铁矿、硫醇/硫醚和噻吩类)；第二个为 2 476.0 eV 位置的峰，归属于低氧化态硫(价态 +2，亚砜类)；第三个为 2 480.0~2 482.4 eV 位置的峰，归属于高氧化态硫(价态 +4、+5 和 +6，砜类、磺酸盐和硫酸盐类)。可以发现所选择的两种煤样中的硫主要是低价态硫(约

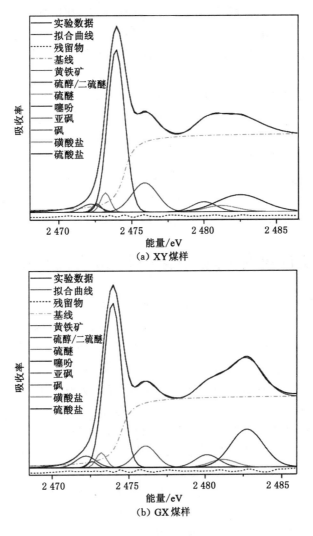

图 2-10 煤样的 XANES 拟合谱图

60%),其次是高氧化态硫(约30%)和低氧化态硫(约10%)。

　　细分来看,对于低价态硫,噻吩类含量最多,占总硫的50%以上,即噻吩硫是 XY 和 GX 的最主要硫形态,这与 XPS 分析结果相类似;硫醇/二硫醚和硫醚类含量均低于5%。对于氧化态硫,以磺酸盐/硫酸盐类形态存在的硫含量较多,占总硫的20%以上;其次是亚砜类,占比10%左右;砜类的含量均低于5%。

　　对于黄铁矿硫,其拟合结果值远低于之前煤质分析中化学方法确定的黄铁矿含量,这是由于 XANES 对煤中黄铁矿的测试偏差较大——在准备测试样品过程中需要将煤样充分研磨,而黄铁矿颗粒硬度较大,研磨处理后其颗粒依然较大,在往导电胶带上黏样品粉末时,大颗粒黄铁矿样品易脱落。由于本书研究煤中有机硫赋存形态的变化,所以采用前面的有机硫含量对脱硫前后的 XANES 分析结果进行了矫正。

与 XPS 拟合结果相比时,发现 XY 煤的 XANES 拟合结果在氧化形态硫上的相对含量有所升高,而低价态硫含量有所降低。两种分析结果皆表明煤中有机硫的主要形态为噻吩硫。相对而言,对于煤中的硫形态测试,XANES 分析要优于 XPS,一是 XPS 更加侧重于表面分析(2.4 nm),而 XANES 分析中测试深度要大于 XPS 测试,能更全面地获得煤样表面和一定深度硫形态的平均信息;二是 XANES 能够更加详细地分析确定硫形态分布。因此本书接下来对于脱硫处理过程中硫形态的分析主要采用 XANES。

2.3   类煤有机含硫模型化合物的筛选与构建

根据煤样各组分分级萃取出的含硫化合物,以及煤样中硫的 XPS 和 XANES 分析结果,XY、GX 和 GD 煤样中的有机硫大部分以噻吩的形式存在,一部分以硫醇、硫醚的形态存在,小部分以砜、亚砜的形式存在。

为了简化煤炭脱硫的研究系统,根据煤炭中硫形态的分析结果,我们选取了几种具有代表性的类煤含硫模型化合物代替"煤有机硫基团"作为脱硫研究对象。含硫模型化合物的选择,需要考虑有机硫基团在煤基质中的化学结构组成,还要顾及有机硫基团赋存形态的种类,尽可能接近其在煤中的真实存在形式,从而可以利用不同类型含硫模型化合物代替煤中有机硫基团,对微波脱硫进行多角度的分析研究。根据之前的硫形态分析结果以及相关文献,我们选取了 13 种含硫模型化合物:三苯基甲硫醇作为硫醇类含硫模型化合物,二苄基硫醚和苯硫醚作为硫醚类含硫模型化合物,二苯二硫醚作为二硫醚类含硫模型化合物,二苯并噻吩作为噻吩类含硫模型化合物,二苯基亚砜、二苯砜、正丁基砜以及二苯并噻吩砜作为对应的亚砜、砜类含硫模型化合物,苯磺酸作为磺酸盐/硫酸盐类含硫模型化合物,同时选取了三苯基甲醇、联苄和二苯并呋喃作为与含硫模型化合物结构相似的不含硫模型化合物进行对比试验。

2.4   小结

(1) XY、GX 和 GD 煤的总硫分别为 2.16%、2.12% 和 2.38%,属于中高硫煤。煤中的硫分均以有机硫为主,分别占总硫分的 89.35%、75.00% 和

81.09％；其次是黄铁矿硫，分别占煤样中总硫分的 9.72％、18.87％和 17.65％；硫酸盐硫含量较少，分别占总硫分的 0.93％、6.13％和 1.26％。FTIR 谱图显示，因变质程度较高，XY 和 GX 煤中的脂肪族基团含量较少，而芳香族基团较多。

（2）XRD 分析结果表明：煤中矿物质主要为高岭石和绿泥石相结合的黏土矿物；原煤中除含黏土物外，还含有石英和黄铁矿。因此，选取具有代表性的高岭石、蒙脱石、石英和黄铁矿作为后续矿物质介电特性测试的对象。

（3）对 XY 煤以正己烷、甲醇、正丙醇、四氯乙烯为萃取剂分别对各组分进行逐级萃取。萃出物的 GC/MS 分析表明，煤中的有机硫包括二苯并噻吩、二甲基亚砜、3-甲基二苯并噻吩、4-甲基二苯并噻吩、环八硫、4,9-二甲基二萘并 [2,3-b]噻吩、4,6-二甲基苯并噻吩、3-甲基苯硫酚、4,9-二甲基萘并[1,2-d]噻吩和亚硫酸二丙基酯。

（4）煤中硫 XPS 谱图的双峰拟合结果表明，XY 和 GX 煤中硫形态含量为噻吩＞黄铁矿/硫醇/硫醚＞硫酸盐＞砜＞亚砜，其中噻吩的相对含量分别为 69％和 45％；煤中硫 XANES 谱图的高斯函数峰拟合结果显示，XY 和 GX 煤中硫形态含量为噻吩＞磺酸盐/硫酸盐＞亚砜/砜＞硫醇/二硫醚＞黄铁矿，其中噻吩硫的相对含量分别为 55％和 51％。由于 XY 和 GX 煤变质程度较高，芳香族基团偏多，所以存在于芳香结构中而属于噻吩类的硫含量较多。

（5）为了尽可能符合煤中有机硫的真实存在形式，依据煤中硫赋存形态分析结果，结合煤炭的化学结构组成，选取了具有代表性的硫醇类、硫醚类、噻吩类、亚砜、砜类和磺酸盐/硫酸盐类等 13 种类煤模型化合物作为研究对象。

3　煤与含硫模型化合物的介电特性分析及其微波响应机制

　　本章建立了以矢量网络分析仪为核心的煤炭介电性质测试系统;优化了测试工艺参数,待测样品与石蜡体积比为 4∶3,压片长度 d 为 7 mm±0.2 mm;对 XY 和 GX 两种煤样、煤中典型矿物质(黄铁矿、高岭石、伊利石、蒙脱石、方解石和石英)以及所选取的 11 种模型化合物进行了介电性质测试;并通过向低灰低硫精煤添加不同质量百分数的模型化合物,研究了模型化合物对煤样介电特性的影响规律;结合计算出的含硫键的键解离能建立了微波场中含硫键的理论断裂时间预测模型。

3.1　样品压片制备与测试方法的建立

3.1.1　压片制备方法

(1) 压片模具

　　本研究采用矢量网络分析仪作为介电性质测试工具,需要将被测样品制备成圆环状模片,其测试模具如图 3-1 和图 3-2 所示。

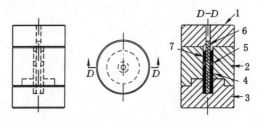

图 3-1　模具示意图

　　如图 3-1 所示,整个模具由位于最上部的压头(1),中部的外套筒(2),最底

图 3-2　模具图

部的底座(3),以及位于中心的内套筒(4)、高度调节环(5)和模具芯(6)组成。将整个模具组装后,在模具中心形成一个圆环柱状的空腔 7,即可用于填装试样并压片。

(2)压片方法

由于煤炭是散状颗粒物料,所以单独压片会在模片中产生很多裂隙并填充空气,从而影响煤炭介电性质测试的准确性。为了减小压片对样品介电性质测试造成的影响,通过添加固体石蜡来填充煤炭颗粒间的间隙。具体压片过程如图 3-3 所示。待测样品如图 3-4 所示。

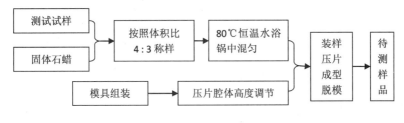

图 3-3　制样流程图

3.1.2　介电性质测试方法的建立

(1)传输反射法基本理论

介电性质的测试方法大致包括传输反射法、同轴探针法、谐振腔法和自由空间法等。其中传输反射法与其他测试方法相比,适合于中等及较高介电损耗材料的检测,可以实现宽频域测试,能满足煤炭介电性质随频率变化的测试要求;同时还具有操作简单、测试精度高、测量速度快、样品用量少等优点。

本研究所采用的矢量网络分析仪是以同轴空气线为测试夹具,其基本原理

图 3-4 待测样品

就是传输反射法基本理论。测试夹具传输反射图如图 3-5 所示[180-181]。

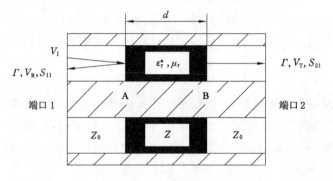

图 3-5 同轴空气线传输反射图

如图 3-5 所示,在测试过程中,长度为 d、复介电常数为 ε_r^*、复磁导率为 μ_r、特性阻抗为 Z 的圆环柱状被测样品安放于同轴空气线夹具的中部,然后将测试夹具与矢量网络分析仪相连,形成一个闭合的测试系统。在测试系统传输空隙部分充满了特性阻抗为 Z_0 的空气。

在测试过程中,矢量网络分析仪所发生的不同频率的电磁波会在空气与被测样品的交界面处发生多次反射和透射,从而在被测样品中产生微波损耗。如图 3-5 所示,假设空气与被测样品交界面 A 处的单次反射系数为 Γ,则界面 B 处的单次反射系数为 $-\Gamma$,中间 A、B 两界面间的传输系数为 T。对于 V_I 的入射电压经过多次反射和散射后交界面 A 处总的反射电压为 V_R,总的反射参数为 S_{11},交界面 B 处总的透射电压为 V_T,总的透射参数为 S_{21}。根据 NRW 传输反射理论算法,以上变量之间存在如下关系:

$$V_R = S_{11}V_I \tag{3-1}$$

$$V_T = S_{21}V_I \tag{3-2}$$

$$V_R = \Gamma - \left[\Gamma(1-\Gamma^2)T^2 + \Gamma^3(1-\Gamma^2)T^4 + \cdots + \Gamma^{2n-3}(1-\Gamma^2)T^{2(n-1)} + \cdots\right]$$

$$= \Gamma - \frac{1-\Gamma^2}{\Gamma}\sum_{n=1}^{\infty}(\Gamma^{2n}T^{2n}) \tag{3-3}$$

$$V_T = (1-\Gamma^2)T + \Gamma^2(1-\Gamma^2)T^3 + \Gamma^4(1-\Gamma^2)T^5 + \cdots +$$

$$\Gamma^{2n-2}(1-\Gamma^2)T^{2n-1} + \cdots$$

$$= (1-\Gamma^2)T\sum_{n=1}^{\infty}(\Gamma^{2n-2}T^{2n-2}) \tag{3-4}$$

假设入射电压 $V_I = 1$，则将上面 4 个等式化简可得：

$$S_{11} = V_R = \frac{\Gamma(1-\Gamma^2)}{1-\Gamma^2 T^2} \tag{3-5}$$

$$S_{21} = V_T = \frac{T(1-\Gamma^2)}{1-\Gamma^2 T^2} \tag{3-6}$$

通过联立式(3-5)和式(3-6)可解得 Γ 和 T：

$$\Gamma = K \pm \sqrt{K^2-1} \ (|\Gamma| \leqslant 1) \tag{3-7}$$

$$T = \frac{(S_{11}+S_{21})-\Gamma}{1-(S_{11}+S_{21})\Gamma} \tag{3-8}$$

式中：

$$K = \frac{S_{11}^2 - S_{21}^2 + 1}{2S_{11}} \tag{3-9}$$

由式(3-7)和式(3-8)可知，T 和 Γ 可以通过检测散射参数 S_{11} 和 S_{21} 计算得到，同时 T 和 Γ 还可以表示为：

$$T = e^{-\gamma d} \tag{3-10}$$

$$\Gamma = \frac{Z-Z_0}{Z+Z_0} \tag{3-11}$$

式中：

$$\gamma = j\frac{2\pi}{\lambda_0}\sqrt{\varepsilon_r^* \mu_r - \left(\frac{\lambda_0}{\lambda_c}\right)^2} \tag{3-12}$$

$$Z = \frac{c\mu_r\mu_0}{\sqrt{\varepsilon_r^* \mu_r - \left(\frac{\lambda_0}{\lambda_c}\right)^2}} \tag{3-13}$$

$$Z_0 = \frac{c\mu_0}{\sqrt{1 - \left(\frac{\lambda_0}{\lambda_c}\right)^2}} \tag{3-14}$$

式中，γ 为被测样品段的传播常数；λ_0 为电磁波在空气中的波长；λ_c 为波导传输线的截止波长；μ_0 为真空磁导率。

由此可见，通过单次传输系数 T 和单次反射系数 Γ 两种不同的计算方法将矢量网络分析仪所测得的两个散射参数 S_{11} 和 S_{21} 与被测样品的复磁导率 μ_r 和复介电常数 ε_r^* 直接联系起来，然后通过式（3-7）、式（3-8）、式（3-10）、式（3-11）可得：

$$\mu_r = \frac{1+\Gamma}{\Lambda(1-\Gamma)\sqrt{\frac{1}{\lambda_0^2}-\frac{1}{\lambda_c^2}}} \tag{3-15}$$

$$\varepsilon_r^* = \frac{\left(\frac{1}{\Lambda^2}+\frac{1}{\lambda_c^2}\right)\lambda_0^2}{\mu_r} \tag{3-16}$$

式中：

$$\frac{1}{\Lambda^2} = \frac{\varepsilon_r^*\mu_r}{\lambda_0^2}-\frac{1}{\lambda_c^2} = -\left(\frac{1}{2\pi d}\ln\frac{1}{T}\right)^2 \tag{3-17}$$

由式（3-15）、式（3-16）可知，若已知 T 和 Γ 则可以计算出复磁导率 μ_r 和复介电常数 ε_r^*。

综上所述，根据 NRW 传输反射计算原理，通过矢量网络分析仪测出被测样品的散射参数 S_{11} 和 S_{21}，就可以计算出空气与被测样品分界面处的单次反射系数 Γ 和被测样品的传输系数 T，进而计算出被测样品的复磁导率 μ_r 和复介电常数 ε_r^*。

（2）介电性质测试系统的建立

测试所采用的设备是 Agilent E5071C 矢量网络分析仪（如图 3-6 所示），测试频率范围为 9 kHz～6.5 GHz；对应校准件为 Agilent 85031B（如图 3-7 所示），包括开路器、短路器和负载；测试夹具为 7 mm 同轴空气线（如图 3-8 所示），其中同轴空气线中心导体直径为 3.04 mm，特性阻抗为 50 Ω。具体连接如图 3-9 和图 3-10 所示。

图 3-6　矢量网络分析仪

图 3-7   校准件   图 3-8   同轴空气线

图 3-9   测试夹具连接图

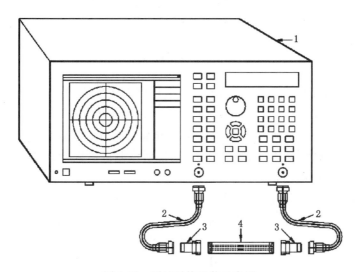

图 3-10   测试系统组装示意图

如图 3-10 所示,整个测试系统的连接首先是将同轴电缆(2)一头连接在矢量网络分析仪(1)上,另一头与转换接头(3)相连,然后将待测样品放置于同轴空气线(4)中部,并将空气线两端与转换接头相连,从而形成一个闭合的测试回路。

图 3-11 为经校准的矢量网络分析仪测试空气和石蜡介电性质时所得数据。

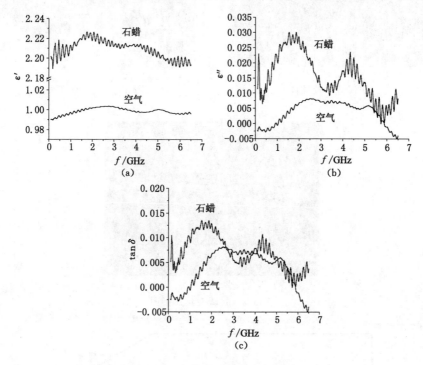

图 3-11 空气和石蜡的介电性质

由图 3-11 可知,在 100 MHz~6.5 GHz 测试频率范围内,空气的介电常数实部平均值为 0.998 5,算术平均误差为 0.002 5,与黄志洵[182]在 25 ℃所测得的介电常数实部 ε'=1.000 555 基本吻合;介电常数虚部和损耗角正切的平均值均为 0.003 7,算术平均误差为 0.003 3。这说明该测试系统经校准后具有较高的测试精度和可靠性。

同时,由图 3-11 可知,在压片过程中添加的石蜡的介电常数实部介于 2.189 6~2.226 5;介电常数虚部和损耗角正切分别介于 0~0.03 和 0~0.013 5,并且在 1.8 GHz 和 4.5 GHz 处出现了两个较强的峰值,因此在压片测试过程中会严重影响样品介电性质的测试。所以需要将测试数据通过理论计算排除石蜡的干扰,以获得真实的样品介电性质信息。

(3)测试方法的建立

① 混合物样品介电常数等效数学模型的建立

在测试过程中,矢量网络分析仪所得数据直接反映的是整个测试样品器件的介电性质,而由于在压片过程中引入了石蜡,导致测试结果不能直接反映样品本身的介电性质。因此需要借助混合非均匀体系介电性质的理论计算方法来求解样品本身的复介电常数,排除石蜡的干扰以获得样品本身的介电特性。

根据非均匀体系介电性质理论将测试器件简化为图 3-12 所示的球壳颗粒,将压片后所得到的测试器件视为半径为 r、复介电常数为 ε_i^* 的样品颗粒,表面覆盖了一层厚度为 $(R-r)$、复介电常数为 ε_s^* 的石蜡。则将 Maxwell-Wagner[183] 方程变形后即可得到球壳粒子的表观复介电常数 ε^*:

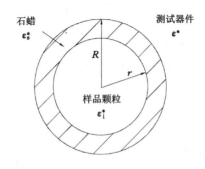

图 3-12　待测样品模型图

$$\varepsilon^* = \varepsilon_s^* \left[2(1-\Phi)\varepsilon_s^* + (1+2\Phi)\varepsilon_i^* \right] / \left[(2+\Phi)\varepsilon_s^* + (1-\Phi)\varepsilon_i^* \right]$$

(3-18)

式中,$\Phi = (r/R)^3$,表示球壳粒子内样品颗粒所占的体积分数;$\varepsilon^* = \varepsilon' - i\varepsilon''$;
$\varepsilon_s^* = \varepsilon_s' - i\varepsilon_s''$;$\varepsilon_i^* = \varepsilon_i' - i\varepsilon_i''$。

将上式实部、虚部分离,联立解方程,经多次变量代换之后即可得到样品颗粒的介电常数实部 ε_i' 和介电常数虚部 ε_i''。

$$\varepsilon_i' = (B \times D - A \times C)/(A^2 + B^2)$$

(3-19)

$$\varepsilon_i'' = -(B \times C + A \times D)/(A^2 + B^2)$$

(3-20)

式中:

$$A = (1-\Phi)\varepsilon' - (1+2\Phi)\varepsilon_s'$$

(3-21)

$$B = (1+2\Phi)\varepsilon_s'' - (1-\Phi)\varepsilon''$$

(3-22)

$$C = (2+\Phi)(\varepsilon'\varepsilon_s' - \varepsilon''\varepsilon_s'') - 2(1-\Phi)(\varepsilon_s'^2 - \varepsilon_s''^2)$$

(3-23)

$$D = (2+\Phi)(\varepsilon'\varepsilon_s'' + \varepsilon''\varepsilon_s') - 2(1-\Phi)\varepsilon_s'\varepsilon_s''$$

(3-24)

由式(3-19)~式(3-24)可知,若已知测试器件内样品颗粒所占的体积分数

Φ,然后通过矢量网络分析测试出整个测试器件的介电常数 ε^* 和石蜡的介电常数 ε_s^*,则可计算出测试样品颗粒的介电常数 ε_i^*。

② 石英介电常数的测试

为了验证上述模型的准确性,本书用普通工程石英作为测试对象。在石英与石蜡体积比 $\Phi=4:3$ 的条件下,将石英与石蜡混合物压成长度为 7 mm±0.2 mm 的待测样品进行测试,然后将矢量网络分析仪所测得的数据利用上述模型计算出石英本身的复介电常数,其测试结果如图 3-13 所示。

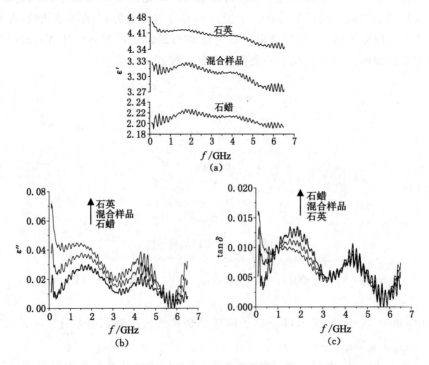

图 3-13　石英的介电性质

由图 3-13 可知,石英介电常数实部 ε' 随频率的增大有所下降,介电常数虚部 ε'' 和损耗角正切 $\tan\delta$ 均在 1.8 GHz 和 4.5 GHz 处出现峰值,这与介电常数实部减小的位置相近,符合微波段材料的介电响应特性。同时从总体来看,试样测试结果在小于 1 GHz 和大于 6 GHz 之间的数据波动性较大,这主要是由于矢量网络分析仪在进行宽频段测试时,其系统内部进行校正时无法同时满足整个频段的精确性,从而导致在低频段和高频段测量误差较大,因此在数据处理过程中只选取 1~6 GHz 之间的数据。

在 1~6 GHz 之间,石英与石蜡以体积比 $\Phi=4:3$ 混合后所测得的介电常数

实部 ε' 介于 3.270 5~3.327,平均值为 3.304 9,最大相对误差为 1.04%（<1.5%）；介电常数虚部 ε'' 介于 0~0.038,平均值为 0.022 3；损耗角正切 $\tan\delta$ 介于0~0.011 4,平均值为 0.006 7。通过模型公式计算出的石英样品的介电常数实部 ε' 介于 4.345 3~4.424 9,平均值为 4.395 2,最大相对误差为 1.14%（<1.5%）；介电常数虚部 ε'' 介于 0~0.044 9,平均值为 0.027 2；损耗角正切 $\tan\delta$ 介于 0~0.010 2,平均值为 0.006 2。石英是分子晶体,其复介电常数 $\varepsilon^* = 3.9-i0.000\,1$,且在微波频段基本不随频率发生变化。但由于工程石英中通常含有长石、云母和黏土矿物等杂质,因此,工程石英的介电常数实部 ε' 通常介于 4.17~4.53。

通过文献数据与模型公式计算获得的数据比较可知,本研究所采用的测试方法和计算模型具有较高的可靠性。

③ 样品与石蜡体积比对介电常数的影响

由于在压片过程中所选取的测试样品与石蜡的体积比 Φ 是模型公式计算过程中的一个重要参数,为了保证模型计算公式具有较高的准确性,必须对体积比 Φ 进行优化。本研究以石英为测试对象,选取石英与石蜡体积比分别为 4∶3、1∶1、2∶3 和 1∶2,混合均匀后压成 7 mm±0.2 mm 的待测样品进行测试,其测试结果如图 3-14 所示。

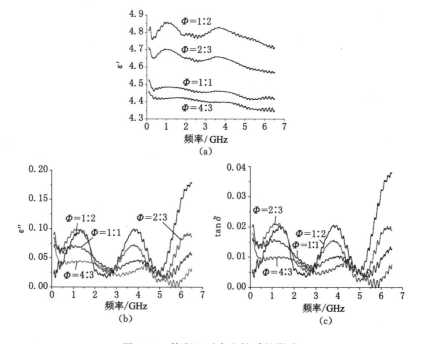

图 3-14 体积比对介电性质的影响

如图 3-14 所示,从数值上看,石英的介电常数实部 ε'、介电常数虚部 ε'' 和损耗角正切 $\tan\delta$ 均随石英比例的增大而不断降低,当 $\Phi=4:3$ 时,ε' 介于 $4.345\,3\sim$ $4.424\,9$,符合文献中的石英介电常数实部 $\varepsilon'=4.17\sim4.53$。这主要是由于在 75 ℃ 恒温水浴锅中进行样品混合时,如果石英与石蜡体积比 Φ 较小,则石蜡溶化后无法将样品混合均匀,导致压片过程中液态石蜡的流失,会使测得的数据比模型公式换算后的数值大。当然,如果石英比例过大,会使样品混合不均匀,使得压片后的测试器件内部存在裂隙,从而影响样品介电性质的测试。

同时从图 3-14 的曲线变化规律来看,随体积比 Φ 的增大,ε' 随频率的增加不断降低,当 $\Phi=4:3$ 时,ε' 的变化规律非常符合材料介电常数实部 ε' 随频率增加而降低的一般规律,同时 ε'' 和 $\tan\delta$ 的峰值出现位置也与 ε' 减小的位置重合,符合材料的介电弛豫理论。

综上所述,最终选取样品与石蜡体积比 $\Phi=4:3$ 进行压片测试。

④ 测试样品长度对介电常数的影响

从矢量网络分析仪的测试原理可以看出,待测样品器件的长度 d 作为仪器内部计算复介电常数必不可少的参数,对样品复介电常数测试的准确性有较大的影响。本研究仍然以石英为测试对象,选取石英与石蜡体积比 $\Phi=4:3$,二者充分混匀后压制出不同长度 d 的待测样品进行测试。测试结果如图 3-15 所示。

如图 3-15 所示,当待测试样长度 $d=3.14$ mm 时,介电常数实部 ε' 随频率

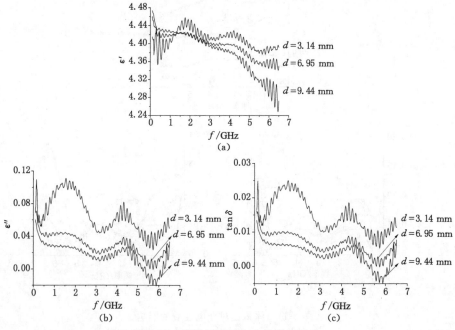

图 3-15 样品长度对介电性质的影响

的增大呈先升高后减小的趋势,并出现两个较大的峰值,不符合微波频段材料的介电常数实部变化规律,同时 3 条曲线均存在较多毛刺。这主要是由于矢量网络分析仪是通过检测待测器件两个表面的散射参数来换算出样品的复介电常数,从而导致待测器件两表面的平整性和待测器件与同轴空气线夹具接触的紧密性对样品复介电常数的测试准确性有着重要的影响。所以,如果待测试样长度 d 越小,则器件表面平整性和器件与夹具接触紧密性对复介电常数的测试影响就越显著。可见,待测试样的长度 d 不宜太短。

当待测试样长度 $d=9.44$ mm 时,介电常数实部 ε' 呈显著下降趋势,ε'、ε'' 和 $\tan\delta$ 均小于 $d=6.95$ mm 时,且 ε'' 和 $\tan\delta$ 均出现了负值。这主要是由于待测试样长度过长,矢量网络分析仪所发生的微波无法穿透试样,使得测试结果明显减小,甚至出现负值,影响测试准确性。

在待测试样长度 $d=6.95$ mm 时,测试结果符合石英的介电常数变化范围和介电弛豫理论,所以本研究最终选取压片长度 $d=7$ mm±0.2 mm。

3.2　煤样与模型化合物的介电性质研究

煤炭是一种非同质的混合物,在高硫炼焦煤脱硫过程中引入微波场,主要是为了利用微波对煤炭中不同组分加热速度的不同来实现硫分的选择性脱除,而研究煤炭的介电响应特性有助于揭示煤炭选择性加热原理,从而指导煤中硫分的选择性脱除。

3.2.1　三种煤样的介电响应特性

在煤样介电性质测试参数优化和测试方法建立的基础上,首先对新峪精煤、古县精煤和潞安原煤三种样品的介电性质进行测试。对测试后所得数据以测试频率 f 为横坐标,三种煤样的介电常数实部 ε'、介电常数虚部 ε'' 和损耗角正切 $\tan\delta$ 为纵坐标作图,得到图 3-16 所示的测试结果。

由图 3-16 可知,在 100 MHz~3 GHz 范围内,三种煤样的介电常数实部 ε' 均随频率的升高迅速减小;在 3~6.5 GHz 范围内,三种煤样的介电常数实部 ε' 均随频率的升高缓慢降低。新峪精煤的介电常数虚部 ε'' 和损耗角正切 $\tan\delta$ 分别介于 0.04~0.13 和 0.01~0.04,在 1.2~1.6 GHz 和 4.3~4.8 GHz 之间分别出现两个显著的峰值;古县精煤的 ε'' 和 $\tan\delta$ 分别介于 0.1~0.2 和 0.03~0.05,也在 1.2~1.6 GHz 和 4.3~4.8 GHz 之间出现峰值,但没有新峪精煤显著;潞安原煤的 ε'' 和 $\tan\delta$ 分别介于 0.25~0.5 和 0.05~0.09,在 1.2 GHz 附近和 4.3~4.8 GHz 之间出现两个微弱的峰值。

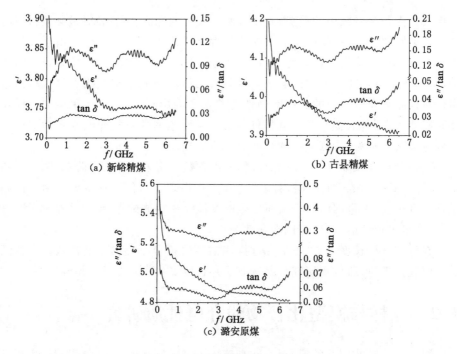

图 3-16　三种煤样的介电性质

　　总体来看,三种煤样的 ε'、ε'' 和 $\tan\delta$ 的大小关系为:潞安原煤>古县精煤>新峪精煤,且峰值出现的显著程度也呈现相同的趋势。其原因可能是三种煤样灰分中矿物质类别基本相同,且煤炭大分子中的硫赋存形态也相同,只是含量有所差别,从而使得三种煤样介电性质总体变化规律相似。另外,潞安原煤灰分最大,且含大量黄铁矿,使得其介电性质明显高于另外两种精煤;古县精煤灰分和硫酸盐硫均高于新峪精煤,使得其介电性质也高于新峪精煤。

3.2.2　不同性质煤样的介电响应特性

　　分别对新峪精煤、古县精煤和潞安原煤进行破碎、筛分和小浮沉得到不同粒度级和密度级煤样,对不同粒度级和密度级煤样介电响应特性进行了研究。同时还制取不同含水量的煤样,探索水分对煤炭介电性质的影响规律。

　　(1)不同粒度级煤样的介电性质分析

　　将新峪精煤、古县精煤和潞安原煤破碎后分别获得 0.5~0.25 mm、0.25~0.125 mm、0.125~0.074 mm 和 -0.074 mm 粒级煤样,并进行介电性质测试。三个煤样的测试结果分别如图 3-17、图 3-18、图 3-19 所示。

　　如图 3-17 所示,结合新峪精煤不同粒度级的工业分析可知,从总体来看,随

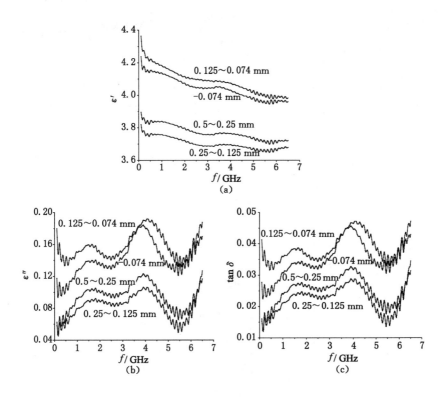

图 3-17 不同粒度级新峪精煤的介电响应特性

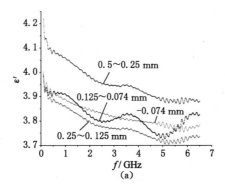

图 3-18 不同粒度级古县精煤的介电响应特性

着粒度级的减小,各粒度级煤样的水分变化不大,灰分不断减小,硫分先减小后增加,介电常数实部 ε' 随测试频率的增大不断减小,介电常数虚部 ε'' 和损耗角正

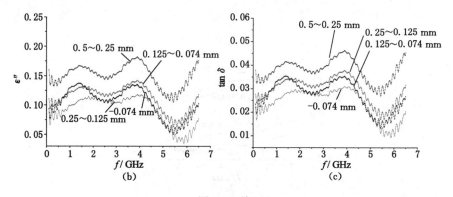

图 3-18(续)

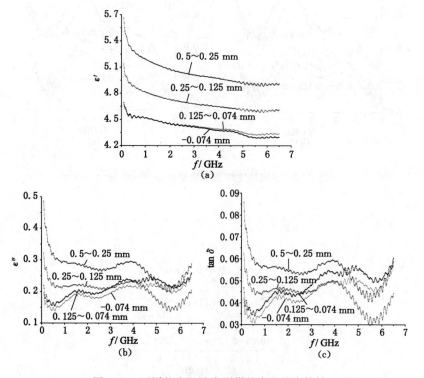

图 3-19　不同粒度级潞安原煤的介电响应特性

切 $\tan\delta$ 随频率的变化均在 1.6 GHz 和 4 GHz 附近出现峰值。对于各粒度级而言,由于 0.125~0.074 mm 和－0.074 mm 粒度级煤样的硫分基本相同,均高于另外两个粒度级,使得这两个粒度级的 ε'、ε'' 和 $\tan\delta$ 均高于其他两个粒度级,其中又由于 0.125~0.074 mm 粒度级灰分大于－0.074 mm 粒度级,使得0.125~

0.074 mm 粒度级的 ε'、ε'' 和 $\tan\delta$ 大于 -0.074 mm 粒度级;对于 0.5~0.25 mm 和 0.25~0.125 mm 两个粒度级,由于 0.5~0.25 mm 粒度级灰分比 0.25~ 0.125 mm 粒度级灰分高出 1.19 个百分点,而 0.25~0.125 mm 粒度级硫分比 0.5~0.25 mm 粒度级仅高出 0.09 个百分点,所以导致 0.5~0.25 mm 粒度级 的 ε'、ε'' 和 $\tan\delta$ 均高于 0.25~0.125 mm 粒度级。

如图 3-18 所示,结合古县精煤不同粒度级的工业分析可知,总体而言,各粒 度级的介电常数实部 ε' 随测试频率的增加而减小,介电常数虚部 ε'' 和损耗角正 切 $\tan\delta$ 随频率的变化在 1.5 GHz 和 3.9 GHz 附近出现峰值。对于各粒度级而 言,由于其水分和硫分均相差不大,0.5~0.25 mm 粒度级的灰分明显高于其他 三个粒度级。这使得 0.5~0.25 mm 的介电常数实部 ε'、介电常数虚部 ε'' 和损 耗角正切 $\tan\delta$ 明显高于其他三个粒度级,而其他三个粒度级的 ε'、ε'' 和 $\tan\delta$ 值 基本相近。

如图 3-19 所示,结合潞安原煤不同粒度级的工业分析可知,由于各粒度级 的灰分较高,介电性质变化规律受灰分影响显著。0.5~0.25 mm 和 0.25~ 0.125 mm 粒度级灰分较大,且前者大于后者,因此 0.5~0.25 mm 粒度级的 ε'、 ε'' 和 $\tan\delta$ 均大于 0.25~0.125 mm 粒度级,且在 1.6 GHz 和 4 GHz 附近出现两 个峰值。而 0.125~0.074 mm 和 -0.074 mm 这两个粒度级煤样的灰分相差不 大,且均明显低于另外两个粒度级,使得这两个粒度级的 ε'、ε'' 和 $\tan\delta$ 值基本相 近,且小于 0.25~0.125 mm 粒度级;同时由于 0.125~0.074 mm 和 -0.074 mm 粒度级煤样灰分较小,使得这两个粒度级的 ε'' 和 $\tan\delta$ 的出峰位置与前两个 粒度级有所差异,分别在 1.6 GHz、3.7 GHz 和 4.8 GHz 附近出现三个峰值。

综上所述,由于受各个粒度级灰分、硫分等自身性质差异的影响,使得各粒 度级的介电响应特性有所差异,并且在灰分和硫分具有相同的变化梯度时,硫分 变化对煤炭介电性质影响比灰分变化对煤炭介电性质的影响更为显著。

(2) 不同密度级煤样的介电性质分析

将三种煤样进行小浮沉试验后制取不同密度级煤样进行介电性质测试,研 究不同密度级煤样的介电响应特性。其测试结果分别如图 3-20、图 3-21、 图 3-22 所示。

如图 3-20、图 3-21、图 3-22 所示,结合三种炼焦煤不同密度级煤样的工业分 析可知,随着密度级的增大,灰分不断增加,且变化梯度也越来越大;而硫分相对 较小,且随密度级的升高变化相对较小。这使得各密度级的介电响应特性受灰 分变化的影响较为显著,总体来说,三种炼焦煤的 ε'、ε'' 和 $\tan\delta$ 随密度的升高不 断增大,特别是新峪精煤,随密度的增加,其 ε'' 和 $\tan\delta$ 在 4 GHz 附近出现的峰 值越来越明显,但原因尚不明确。

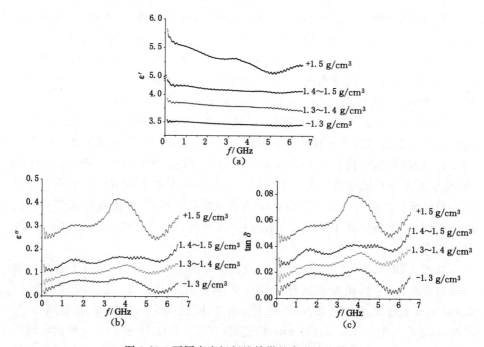

图 3-20　不同密度级新峪精煤的介电响应特性

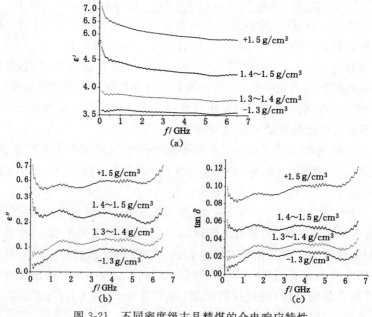

图 3-21　不同密度级古县精煤的介电响应特性

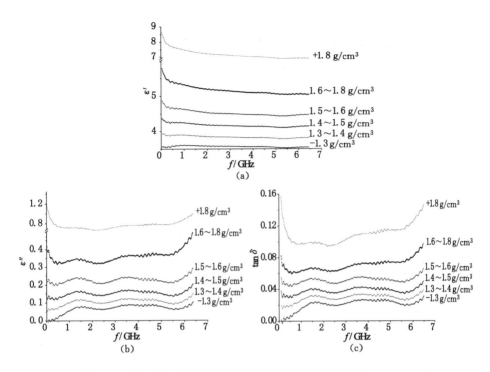

图 3-22 不同密度级潞安原煤的介电响应特性

（3）不同含水量煤样的介电性质分析

通过对三种煤样添加一定量水后制取不同含水量的煤样进行介电性质测试，研究水分对煤炭介电性质的影响，测试结果分别如图 3-23、图 3-24、图 3-25 所示。

如图 3-23、图 3-24、图 3-25 所示，水分显著影响煤炭的介电响应特性，在测试频率 100 MHz～6.5 GHz 范围内，水分小于 20% 的情况下，三种炼焦煤 ε'、ε'' 和 $\tan\delta$ 均随水分的增加而升高，但随频率变化不显著，没有出现明显不同的 ε'' 和 $\tan\delta$ 峰位和峰值。这是由于水自身介电损耗较大，从而增加了煤炭在微波场中的介电损耗，影响了其吸收微波的能力。

3.2.3 模型化合物对煤炭微波响应特性的影响

为了研究模型化合物对煤炭介电性质的影响规律，本书以河南泉店－1.3 g/cm³ 的低灰低硫精煤为基准煤，再添加不同质量分数的模型化合物，检测其介电性质的变化规律。

（1）添加矿物质对煤炭微波响应特性的影响

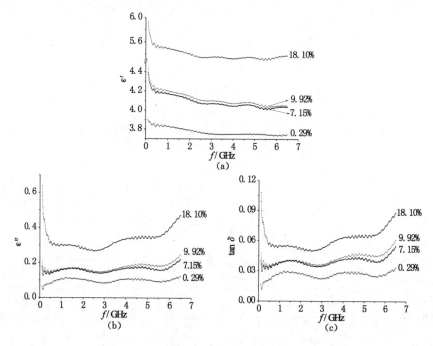

图 3-23　不同含水量新峪精煤的介电响应特性

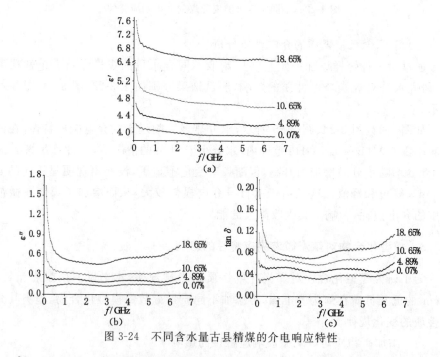

图 3-24　不同含水量古县精煤的介电响应特性

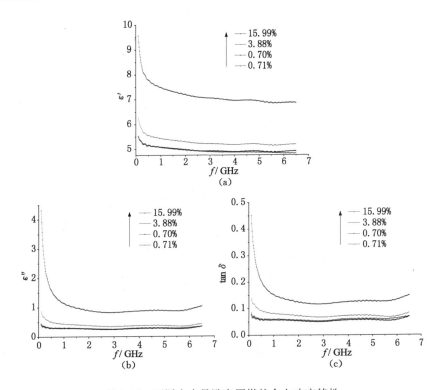

图 3-25 不同含水量潞安原煤的介电响应特性

向河南泉店—1.3 g/cm³ 低灰低硫精煤中分别添加质量分数为 3%、10% 和 20% 的黄铁矿、高岭石、伊利石、蒙脱石、方解石或石英,混匀研磨至—0.074 mm 粒级,然后与石蜡按体积比 4∶3 做混合压片后,测试并换算介电性质。测试结果如图 3-26～图 3-31 所示。

如图 3-26～图 3-31 所示,在测试的频率 100 MHz～6.5 GHz 范围内,这 6 种矿物的 ε' 值均明显高于泉店精煤,这说明矿物在测试频率范围内的微波场中储存微波的能力明显高于泉店精煤;随着矿物质添加质量的增加,混合样品的 ε' 不断升高,说明向煤中添加 ε' 较高的矿物质有利于提高煤炭储存微波的能力。方解石和石英的 ε'' 和 $\tan\delta$ 小于泉店精煤,高岭石、伊利石、蒙脱石和黄铁矿的 ε'' 和 $\tan\delta$ 大于泉店精煤。方解石、石英、高岭石和伊利石这四种矿物质,在试验所添加的范围内,测试频率为 100 MHz～4 GHz 时,随添加质量的增加,混合样品的 ε'' 和 $\tan\delta$ 没有明显升高或降低;在 4～6.5 GHz 频率范围内,添加质量分数 3% 的这四种矿物质,混合样品的 ε'' 和 $\tan\delta$ 均有明显升高,而后随矿物质添加质量的增加变化较小。这说明在微波频率 100 MHz～4 GHz 范围内,煤炭中

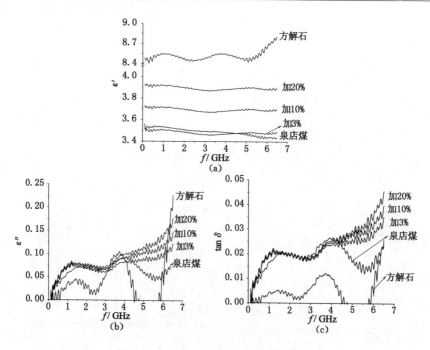

图 3-26 添加方解石的介电响应特性

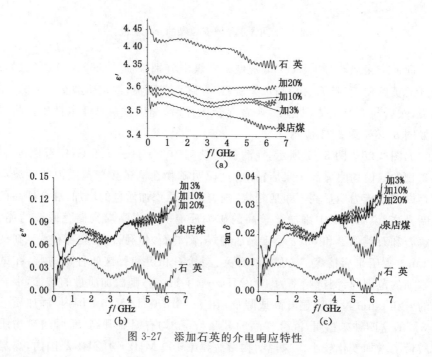

图 3-27 添加石英的介电响应特性

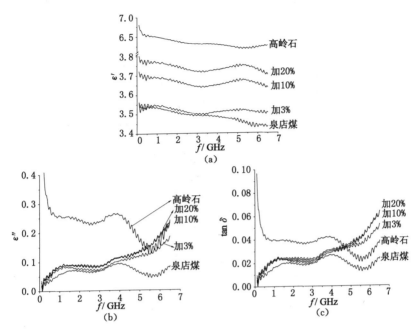

图 3-28 添加高岭石的介电响应特性

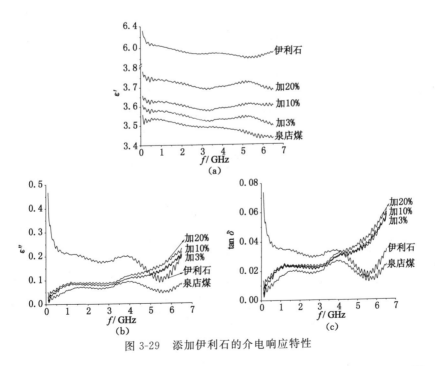

图 3-29 添加伊利石的介电响应特性

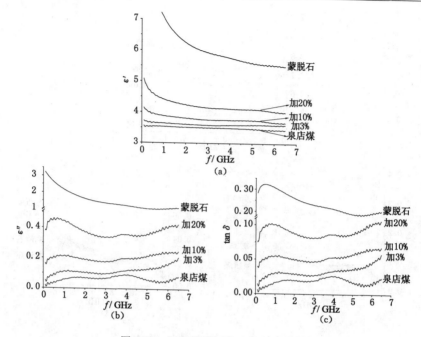

图 3-30　添加蒙脱石的介电响应特性

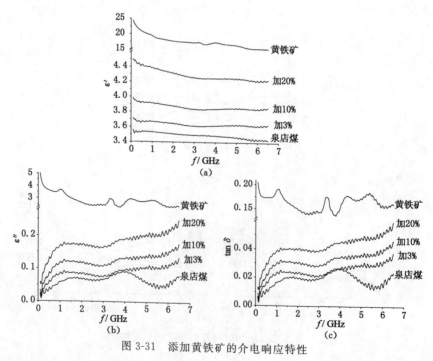

图 3-31　添加黄铁矿的介电响应特性

含有质量百分数小于 20％的这四种矿物质对煤炭将微波能转化为热能没有较大的影响；而在 4～6.5 GHz 频率范围内，煤炭中只要含有少量的这四种矿物质即可显著提升煤炭将微波能转化为热能的能力。对于蒙脱石和黄铁矿而言，由于其 ε'' 和 $\tan\delta$ 显著大于泉店精煤，所以混合样品的 ε'' 和 $\tan\delta$ 随这两种矿物质添加质量的增加显著增大，因此，煤炭中含有这两种矿物质会显著提升煤炭将微波能转化为热能的能力，从而加快煤炭微波加热的速度。

综上所述，可以推断煤炭中含有介电常数实部大于煤基质的矿物质能显著提升煤炭储存微波的能力，但并不一定能提升煤炭的加热速度；而如果煤炭中含有一定量的介电常数虚部和损耗角正切显著大于煤基质的矿物质则能显著提升煤炭在微波场中的加热速度。

（2）有机硫模型化合物对煤炭微波响应特性的影响

与研究矿物质对煤炭介电性质影响规律的方法相似，向泉店－1.3 g/cm³ 密度级精煤中分别添加质量百分数为 3％、6％和 10％的有机含硫模型化合物，再进行介电性质测试。

① 添加硫醇、硫醚后的介电性质分析

泉店精煤中添加三苯基甲硫醇、二苄基硫醚或二苯二硫醚后的介电性质测试结果分别如图 3-32、图 3-33 和图 3-34 所示。

如图 3-32、图 3-33 和图 3-34 所示，三种模型化合物的 ε'、ε'' 和 $\tan\delta$ 值均小于泉店精煤，这可能是由于这三种模型化合物的分子量显著小于煤炭大分子，且煤炭内部孔隙发达，从而产生大量界面极化而导致 ε'、ε'' 和 $\tan\delta$ 较高。同时与泉店精煤相比，三种模型化合物的 ε'' 和 $\tan\delta$ 均有自己的特征峰位。

当向泉店精煤中添加三苯基甲硫醇或二苄基硫醚时，随模型化合物添加量的增加，混合样品的 ε' 不断减小，变化显著；同时，ε'' 和 $\tan\delta$ 在测试频率范围内明显出现了所添加模型化合物的特征峰，在 4.5～6.5 GHz 范围内所添加的这两种模型化合物对混合样品的 ε'' 和 $\tan\delta$ 还有所提升，但混合样品的 ε'' 和 $\tan\delta$ 随模型化合物添加量的增加变化较小。

当向泉店精煤中添加质量为 3％和 6％的二苯二硫醚时，混合样品的 ε' 基本没有变化，当添加质量达到 10％时 ε' 显著降低；ε'' 和 $\tan\delta$ 值则介于泉店精煤和二苯二硫醚，并且总体呈现泉店精煤和二苯二硫醚的特征峰，但随添加二苯二硫醚质量的增加变化较小。

② 添加砜、亚砜和噻吩后的介电性质分析

向泉店精煤中添加正丁砜、二苯砜、二苯基亚砜、二苯并噻吩砜和二苯并噻吩后进行介电性质测试的结果分别如图 3-35～图 3-39 所示。

如图 3-35 所示，正丁砜的 ε' 小于泉店精煤，ε'' 和 $\tan\delta$ 略大于泉店精煤。当

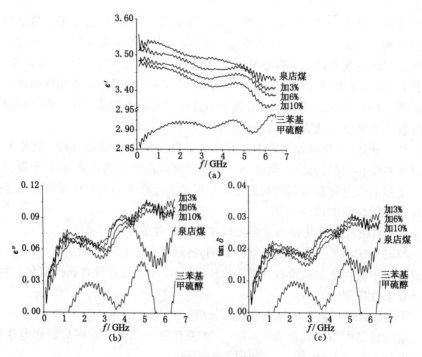

图 3-32　添加三苯基甲硫醇的介电响应特性

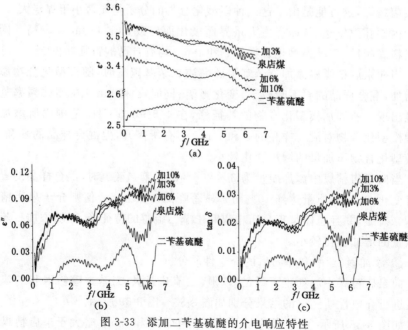

图 3-33　添加二苄基硫醚的介电响应特性

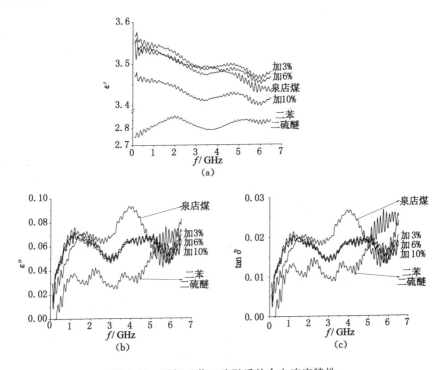

图 3-34 添加二苯二硫醚后的介电响应特性

向泉店精煤中添加正丁砜后,随着正丁砜添加质量的增加,混合样品的 ε' 不断减小,变化显著;而 ε'' 和 $\tan\delta$ 有所增大,变化较小,并且在 4.0～6.5 GHz 频率范围内混合样品的 ε'' 和 $\tan\delta$ 均大于泉店精煤和正丁砜。同时混合样品的 ε'' 和 $\tan\delta$ 曲线还具有泉店精煤和正丁砜的特征峰。

如图 3-36 所示,二苯砜的 ε' 小于泉店精煤;ε'' 和 $\tan\delta$ 在 100 MHz～4.9 GHz频率范围内小于泉店精煤,而在 4.9～6.5 GHz 频率范围内大于泉店精煤。随二苯砜添加质量的增加,混合样品的 ε' 不断降低;ε'' 和 $\tan\delta$ 则先增大后降低,并且在 4.9～6.5 GHz 范围内,混合样品的 ε'' 和 $\tan\delta$ 始终大于泉店精煤。同时与泉店精煤相比,混合样品的 ε'' 和 $\tan\delta$ 曲线也同时体现出泉店精煤和二苯砜的特征峰。

如图 3-37 所示,二苯基亚砜的 ε'、ε'' 和 $\tan\delta$ 均小于泉店精煤。当向泉店精煤中添加二苯基亚砜时,混合样品的 ε'、ε'' 和 $\tan\delta$ 随频率变化规律和二苯基亚砜基本相似。随二苯基亚砜添加质量的增大,混合样品的 ε' 先降低后增大,数值基本介于泉店精煤和二苯基亚砜;而 ε'' 和 $\tan\delta$ 基本没有变化,并且值介于泉店精煤和二苯基亚砜之间,特征峰位与二苯基亚砜基本重合。

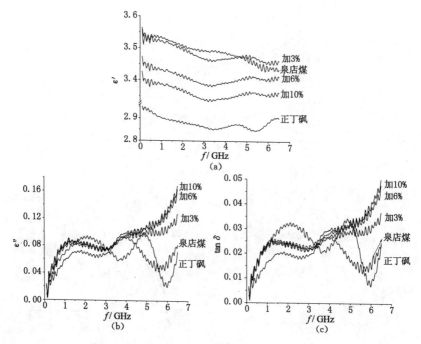

图 3-35　添加正丁砜后的介电响应特性

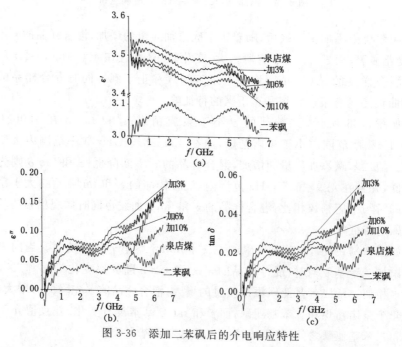

图 3-36　添加二苯砜后的介电响应特性

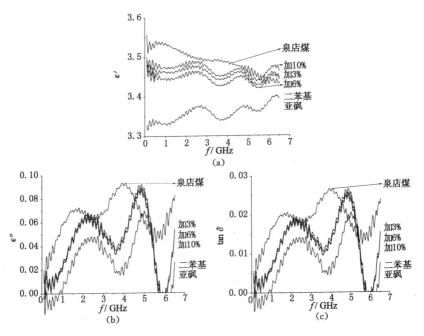

图 3-37　添加二苯基亚砜后的介电响应特性

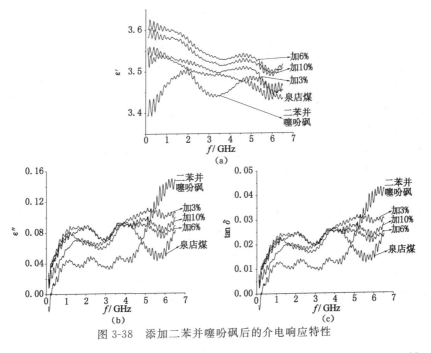

图 3-38　添加二苯并噻吩砜后的介电响应特性

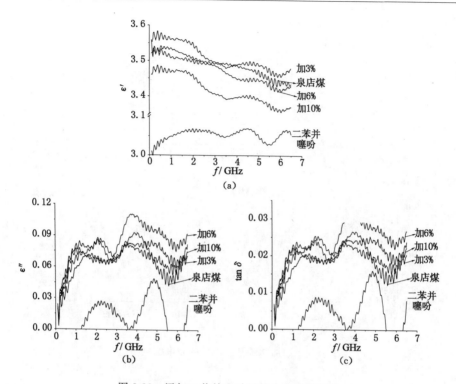

图 3-39　添加二苯并噻吩后的介电响应特性

由图 3-38 可知,二苯并噻吩砜的 ε' 略小于泉店精煤;ε'' 和 $\tan\delta$ 在 100 MHz~4.9 GHz 频率范围内小于泉店精煤,而在 4.9~6.5 GHz 频率范围内大于泉店精煤。当向泉店精煤中添加二苯并噻吩砜后,混合样品的 ε' 先升高后降低,数值均大于泉店精煤和二苯并噻吩砜;ε'' 和 $\tan\delta$ 均大于泉店精煤,并且出现二苯并噻吩砜的特征峰。随着二苯并噻吩砜添加质量的增加,在 100 MHz~4 GHz 频率范围内,混合样品的 ε'' 和 $\tan\delta$ 先升高后有所下降;而在 4~6.5 GHz 频率范围内,混合样品的 ε'' 和 $\tan\delta$ 先降低后有所增大。

如图 3-39 所示,二苯并噻吩的 ε'、ε'' 和 $\tan\delta$ 均小于泉店精煤。当二苯并噻吩添加质量为 3% 或 6% 时,混合样品的 ε' 与泉店精煤基本相同;添加 10% 时,混合样品的 ε' 显著降低。同时,随着二苯并噻吩添加质量的增加,混合样品的 ε'' 和 $\tan\delta$ 与泉店精煤相比总体大小没有发生显著变化,只是 ε'' 和 $\tan\delta$ 峰值发生了一些强弱变化,即混合样品的 ε'' 和 $\tan\delta$ 特征峰位中与泉店精煤相重合的峰位被削弱,而与二苯并噻吩砜相重合的峰位则越来越明显。

综上所述,所选取的大部分含硫模型化合物的 ε'、ε'' 和 $\tan\delta$ 均明显小于泉店精煤,分析主要是由于所选取的含硫模型化合物是纯物质,而煤炭是复杂的混合相,并且内部存在很多孔隙,且煤炭大分子中还含有大量的极性基团,因此煤炭在微波场中很容易产生界面极化和取向极化而存储和转化微波能。同时,含硫模型化合物与泉店精煤的 ε'' 和 $\tan\delta$ 峰位还存在明显的差别。

当向泉店精煤中添加含硫模型化合物后,混合样品的 ε' 通常会发生较显著的变化,而 ε'' 和 $\tan\delta$ 基本与泉店精煤相差不大,只是混合样品的 ε'' 和 $\tan\delta$ 明显出现了相应含硫模型化合物的特征峰。因此对于高有机硫的炼焦煤,可以通过选取对应含硫模型化合物的 ε'' 特征峰所对应频率下的微波辐照进行选择性脱硫。

3.2.4　微波场中模型化合物含硫键理论断裂时间的计算

化学反应的实质就是旧化学键断裂与新化学键生成的过程。因此,要想脱除赋存在煤炭大分子结构中的有机硫,就必须在一定的环境下使煤炭大分子结构中的 C—S 键断裂,并将从煤炭大分子结构中断裂下来含有不成键电子的活性含 S 自由基在脱硫助剂中迅速反应生成无机盐,然后通过过滤洗涤来实现硫的脱除。为了研究不同含硫模型化合物在微波联合醋酸-双氧水环境中的微波加热效应,本试验以含硫模型化合物中 C—S 键断裂的键解离能来表征不同含硫模型化合物中的 C—S 键强弱,与含硫模型化合物在微波场中吸收热量进行对比来预测不同含硫模型化合物的脱硫时间。

（1）键解离能评价模型

化学键的键解离能（DBE,也称键裂能）是指在标准条件下,共价键断裂前后生成原子或自由基的生成热代数和。这意味着在共价键键解离能测试过程中,需要检测反应中间态自由基的生成热,其测试相当困难。因此,共价键的键解离能通常采用经验或半经验计算方法。

通过查阅文献,本研究采用张国义[184]提出的经验公式:

$$BDE = 87.72 \left(\frac{N}{r}\right)^{\frac{2}{3}} \frac{1}{r} \left(1 - \frac{m}{18.587\,4}\right) + K\,(x_A - x_B)^2 \qquad (3\text{-}25)$$

式中,BDE 为 A—B 键的键解离能,kcal/mol;N 为 A 与 B 相连的两原子之间的价电子数之和;r 为键长,Å;m 为 A 与 B 相连的两原子之间的有效不成键电子数之和;K 为经验常数,不含 O、F 原子的键,$K = 13.0$;x_A、x_B 分别为 A、B 两原子或两基团的电负性。

由式(3-25)可知,结合张国义计算原子电负性和不成键电子数之和的经验公式,可以计算出本书所选择的含硫模型化合物中所含 C—S 键的键解离能。计算结果如表 3-1 所列。

表 3-1　C—S 键解离能计算表

模型化合物	r	N	x_C	x_S	m	BDE/(kcal/mol)
三苯基甲硫醇	1.82	10	2.55	2.54	12.44	49.67
二苯二硫醚	1.82	10	2.55	2.58	9.56	72.93
二苄基硫醚	1.82	10	2.43	2.58	10.93	62.13
二苯基亚砜	1.82	10	2.55	2.64	8.70	79.91
二苯砜	1.82	10	2.55	2.71	7.48	90.05
二苯并噻吩砜	1.82	10	2.55	2.71	7.48	89.98
正丁砜	1.82	10	2.43	2.71	8.00	86.49
二苯并噻吩	1.82	10	2.55	2.58	9.94	69.82

由表 3-1 可知,根据张国义所提出的经验公式计算得到 8 种含硫模型化合物 C—S 键断裂的 BDE,其大小顺序为:二苯砜>二苯并噻吩砜>正丁砜>二苯基亚砜>二苯二硫醚>二苯并噻吩>二苄基硫醚>三苯基甲硫醇。这说明二苯砜、二苯并噻吩砜和正丁砜中的 C—S 键断裂所需能量大,不容易断裂,但由介电性质测试可知,这三种模型化合物的 ε'' 和 $\tan\delta$ 较大,因此在微波场中这三种含硫模型化合物中所含的 C—S 键也可能在短时间内断裂而实现脱硫;三苯基甲硫醇、二苄基硫醚和二苯并噻吩中所含 C—S 键断裂所需能量较小,相对而言容易断裂,但由介电性质测试可知,这三种模型化合物的 ε'' 和 $\tan\delta$ 均较小,在微波场中可能需要长时间的辐照加热才能使 C—S 键断裂而实现脱硫。

因此,当使用这 8 种模型化合物在微波场中进行脱硫试验时,除了要考虑模型化合物中 C—S 键解离能外,还要考虑模型化合物在微波场中吸收微波能的能力,即模型化合物的介电损耗。

(2) 含硫模型化合物所含 C—S 键解离能和理论断键时间的计算

为了计算含硫模型化合物理论断键脱硫时间,在计算 C—S 键 BDE 的同时,还需要计算出含硫模型化合物在微波场中吸收的热能。通过查阅文献可知,单位体积的物质在微波场中所吸收的微波功率可用下式计算得到

$$p = 55.63 \times 10^{-12} f E^2 \varepsilon'' \tag{3-26}$$

式中,p 为单位体积物质所吸收的微波功率,W/m^3;f 为微波频率,Hz(2.45 GHz);E 为微波电场强度有效值,V/m。

其中,所采用的微波炉微波发生矩形波导阻抗 $Z = 377\ \Omega$,波导尺寸为 $a = 86.36\ mm$,$b = 43.18\ mm$;试验过程中选取的微波辐照功率为 1 000 W。则微波场中的有效电场强度可用下式计算得到:

· 72 ·

$$E = \frac{\sqrt{PZ}}{b} \times 1\,000 \tag{3-27}$$

式中，P 为微波辐照功率，W。通过代入数据可知，当微波功率为 1 000 W 时，微波场中等效电场强度 $E = 14\,219.62$ V/m。

通过上述公式，并结合前期含硫模型化合物介电性质的测试，可以计算出不同含硫模型化合物中所含 C—S 键的键解离能和单位体积介质吸收的微波能，然后通过下式即可计算得到含硫模型化合物在微波场中的 C—S 键断裂所需时间

$$BDT = 4.186 \frac{BDE \cdot \rho}{60M \cdot P} \times 10^9 \tag{3-28}$$

式中，BDT 为模型化合物中 C—S 键理论断裂时间，min；BDE 为 C—S 键解离能，kcal/mol；ρ 为含硫模型化合物的密度，g/cm³；M 为模型化合物的相对分子质量。

对所选取的有机含硫模型化合物碳硫键的理论断裂时间计算结果如表 3-2 所列。

表 3-2　C—S 键理论断裂时间计算表

参　数	三苯基甲硫醇	二苯二硫醚	二苄基硫醚
微波功率 P/W	1 000	1 000	1 000
微波频率 f/Hz	2.45×10^9	2.45×10^9	2.45×10^9
2.45 GHz 下介电常数虚部 ε''	0.035 88	0.037 27	0.021 12
模型化合物密度 ρ/(g/cm³)	1.119	1.353	1.088
相对分子质量 M	276.4	218.34	214.33
电场强度 E/(V/m)	14 219.62	14 219.62	14 219.62
单位体积损耗功率 p/(W/m³)	988 869.09	1 027 075.18	582 083.34
键解离能 BDE/(kcal/mol)	49.67	72.93	62.13
理论断键时间 BDT/min	14.19	30.70	37.80

表 3-2 表明，三苯基甲硫醇的键解离能最小，为 49.67 kcal/mol；在 2.45 GHz 频率下它的介电常数虚部为 0.035 88，与其他两种模型化合物相比大小居中，因此其单位体积损耗微波功率较大，为 988 869.09 W/m³；通过计算可知，其 C—S 键理论断键时间最短，为 14.19 min。二苯二硫醚的键解离能和介电常数虚部均最大，分别为 72.93 kcal/mol 和 0.037 27；通过计算可知其 C—S 键理论断键时间为 30.70 min，大小居中。二苄基硫醚的键解离能大小居中，为 62.13 kcal/mol；在 2.45 GHz 频率下的介电常数虚部 ε'' 最小，为 0.021 12；通过计算表明，其 C—S 键理论断键时间最长，为 37.80 min。

这表明从理论上来说,三苯基甲硫醇、二苯二硫醚和二苄基硫醚这三种含硫模型化物在 2.45 GHz、功率为 1 000 W 的微波场中,它们所含的 C—S 键应该分别在 14.19 min、30.70 min 和 37.80 min 内全部断裂。如果假设在整个脱硫反应过程中反应系统内存在足够的活性很强的氧化基团,能够迅速地将断裂下来的活性含硫自由基氧化,则含硫模型化合物应该在理论断键时间内完成脱硫反应。即含硫模型化合物所含 C—S 键的理论断键时间就是完成脱硫反应的最长时间。

图 3-40 列出了不同模型化合物中含硫键的断裂时间。

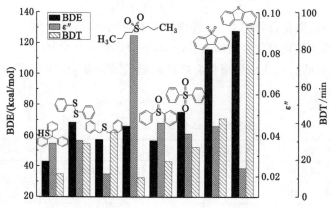

图 3-40　模型化合物中含硫键的断裂时间

图 3-40 中三个纵坐标分别是 C—S 键解离能(BDE)、含硫模型化合物的介电损耗虚部(ε'')以及 C—S 键理论断裂时间(BDT)。各含硫模型化合物中 C—S 键的 BDE 和 BDT 的大小关系分别为:对 BDE,有二苯并噻吩>二苯并噻吩砜>二苯基砜>二苯二硫醚>正丁基砜>二苄基硫醚>二苯基亚砜>三苯基甲硫醇;对 BDT,有苯并噻吩>二苯并噻吩砜>二苄基硫醚>二苯二硫醚>二苯基砜>二苯基亚砜>三苯基甲硫醇>正丁基砜。

其中,属于硫醇类的三苯基甲硫醇,因为其 C—S 键的强度较小且分子介电损耗较大,所以理论断裂时间较短,说明煤中硫醇类基团在微波场中易发生含硫键的断裂以实现有效脱除。对于硫醚类,二苯二硫醚分子中的 C—S 键解离能高于二苄基硫醚,但微波场中后者 C—S 键的断裂时间短于前者。究其原因是二苯二硫醚的介电损耗为二苄基硫醚的 1.7 倍,所以其吸收微波能并转化为热能的能力强于后者。由此可知,并不是含硫基团的强度越小,其脱除效果会越好,而主要取决于含硫基团的化学稳定性和对微波的响应特性。另外,二苯二硫醚中 S—S 键的解离能和断裂时间分别为 48.05 kcal/mol 和 20.22 min,明显低于图 3-40 中所有 C—S 键的解离能和断裂时间,所以在微波场中二硫醚分子中的 S—S 键较 C—S 键更易发生断裂。

对于亚砜和砜类,正丁基砜的介电损耗是 8 种含硫模型化合物中最大的,其将微波能转化为热能的能力最强,所以其 C—S 键的断裂时间是最短的。虽然噻吩砜的介电损耗与二苯基亚砜、二苯基砜相近,但是由于噻吩分子环状结构中 C—S 键强度较大,在微波场中难以发生断裂。对比苯硫醚氧化后得到的亚砜和砜,可以发现前者的 C—S 键解离能小于后者,而介电损耗高于后者,导致二苯基亚砜的 C—S 键断裂时间明显短于二苯基砜。

噻吩类硫是 XY 和 GX 煤中有机硫的主要成分,但其脱除效果较差。二苯并噻吩 C—S 键解离能是 8 种含硫模型化合物中最高的,而其介电损耗却仅稍微比二苄基硫醚大,导致最终二苯并噻吩中 C—S 键的断裂时间明显大于其他分子。对比二苯并噻吩,氧化后分子的介电损耗增加而 C—S 键的解离能有所降低,两方面都有利于 C—S 键的断裂,所以氧化产物二苯并噻吩砜分子中 C—S 键的断裂时间比二苯并噻吩减少了一半以上。

综上所述,对于煤中的硫醚和噻吩类含硫基团,氧化作用不仅可以降低其 C—S 键强度,而且能够显著提高其微波加热速率,从而导致其 C—S 键的断裂时间明显缩短,这就是微波联合过氧乙酸脱硫工艺中微波与氧化助剂的协同作用。同时也解释了煤中的硫醇类和二硫醚类含硫基团在微波联合氧化助剂中脱除效果最好的原因,是其含硫键在微波场中易于断裂。

3.3　小结

本章主要进行了典型高硫炼焦煤、矿物质和含硫模型化合物的介电性质测试,并定量研究了矿物质和含硫模型化合物对炼焦煤介电性质的影响规律,主要得出如下结论:

(1) 对新峪精煤、古县精煤和潞安原煤的介电性质分析结果表明,对于这三种炼焦煤,由于其所含的矿物质和煤炭大分子结构基本相似,使得其介电性质的变化规律基本相同,但由于所含矿物质和含硫组分含量有所不同,它们之间的介电性质存在一定的差异。

(2) 对不同粒度级、密度级和含水量的新峪精煤、古县精煤和潞安原煤介电性质的分析结果表明,不同粒度级煤样的介电性质受灰分和硫分影响,其中新峪精煤 $0.125 \sim 0.074$ mm 和 -0.074 mm 粒度级硫分大于 $0.5 \sim 0.25$ mm 和 $0.25 \sim 0.125$ mm 粒度级,使前者的介电常数大于后者;古县精煤和潞安原煤随粒度级的减小,灰分显著减小,而硫分变化不大,使得这两种煤的介电性质值随粒度级的减小减小；不同密度级煤样的介电性质值则均随密度级的升高而增大，这主要是由于随密度级的升高，灰分越来越大；不同含水量煤样的介电性质值随水分的增加而增大，这主要是由于水的介电常数显著大于煤炭介电常数。

（3）对矿物质和有机含硫模型化合物的介电性质分析结果表明，试验所选择矿物质介电常数实部 ε' 的大小关系为黄铁矿＞方解石＞蒙脱石＞高岭石＞伊利石＞石英，介电常数虚部 ε'' 的大小关系为黄铁矿＞蒙脱石＞高岭石＞伊利石＞方解石＞石英，损耗角正切 $\tan\delta$ 的大小关系为蒙脱石＞黄铁矿＞高岭石＞伊利石＞方解石＞石英，并且黄铁矿和蒙脱石的 ε'' 和 $\tan\delta$ 要比其他几种矿物质高出 10 倍左右，这说明黄铁矿和蒙脱石在微波场中的加热速度明显快于其他几种矿物质；除黄铁矿和蒙脱石外，不同类型的矿物质还具有各自不同的 ε'' 和 $\tan\delta$ 特征峰位。含硫模型化合物的 ε'、ε'' 和 $\tan\delta$ 均大于结构相似的不含硫模型化合物，其中二苯二硫醚、二苯并噻吩砜、二苯砜、正丁砜和二苯基亚砜的 ε'' 和 $\tan\delta$ 显著大于结构相似的不含硫模型化合物，并且前三种含硫模型化合物还有自己的特征峰位；三苯基甲硫醇、二苄基硫醚和二苯并噻吩的 ε'' 和 $\tan\delta$ 与结构相似的不含硫模型化合物相比相差不大，并且没有比较特殊的特征峰位。

（4）矿物质对煤炭介电性质影响的定量研究结果表明，试验选取的矿物质的 ε' 均大于泉店精煤，方解石和石英的 ε'' 和 $\tan\delta$ 均小于泉店精煤，高岭石、伊利石、蒙脱石和黄铁矿的 ε'' 和 $\tan\delta$ 均大于泉店精煤，且蒙脱石和黄铁矿的 ε'' 和 $\tan\delta$ 显著大于泉店精煤；当向泉店精煤中添加矿物质后，混合煤样的 ε' 均随矿物质含量的增加而增大，添加方解石、石英、高岭石和伊利石后混合样品的 ε'' 和 $\tan\delta$ 在100 MHz～4 GHz 频段变化不大，而在 4～6.5 GHz 频段有所增大；添加蒙脱石和黄铁矿后混合样品的 ε'' 和 $\tan\delta$ 均随矿物质含量的增加而增大。

（5）向泉店精煤中添加一定质量硫醇、硫醚、砜、亚砜或噻吩的研究表明，所选取的大部分含硫模型化合物的 ε'、ε'' 和 $\tan\delta$ 均明显小于泉店精煤，这主要是由于煤炭是混合物，容易发生介电极化和介电损耗；当向泉店精煤中添加含硫模型化合物后，混合样品的 ε' 通常会发生较显著的变化，而 ε'' 和 $\tan\delta$ 基本与泉店精煤相差不大，但混合样品的 ε'' 和 $\tan\delta$ 明显出现了相应含硫模型化合物的特征峰。因此，对于高有机硫的炼焦煤可以通过选取对应含硫模型化合物的 ε'' 特征峰所对应频率下的微波辐照进行选择性脱硫。

4　煤与含硫模型化合物微波脱硫试验及其对煤质的影响

4.1　微波脱硫实验系统及其脱硫效果评价方法

4.1.1　微波脱硫实验系统

　　实验室微波脱硫装置及系统组成如图 4-1 所示。微波反应装置为上海新仪微波化学科技公司生产的 MAS-Ⅱ型常压微波反应器,微波频率为 2.45 GHz,最大输出功率为 1 kW。冷凝装置在试验过程中起冷却气体的作用,气体收集袋为后续试验收集气体做准备,在收集气体时,安全阀可防止微波反应装置因气体

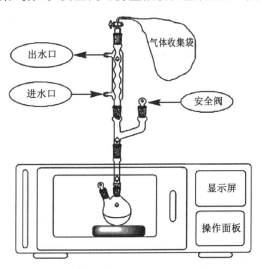

图 4-1　微波脱硫装置及系统组成

集中而爆炸。

为了更好地分析与高硫煤和含硫模型化合物的微波脱硫行为,发明了一种煤与含硫模型化合物的微波响应特性试验分析方法(专利号 ZL201510374477.0)[185],如图 4-2 所示。该方法的步骤为:① 制备粉体样品;② 粉体样品介电常数测试;③ 粉体样品介电常数数据分析和理论计算;④ 进行微波脱硫试验;⑤ 分析总结高硫煤和含硫模型化合物的微波响应特性。该方法结合实测数据和理论换算建立了煤炭微波宽频段实际介电常数测试方法,在综合现有分析手段和制样方法制备性质全面的各种粉体样品的基础上进行介电性质测试,实现了煤炭微波介电响应特性的全面研究,然后通过微波脱硫试验结合工业分析、组分测定、煤质分析、官能团和硫赋存形态检测实现了微波脱硫机理和煤质变化的全面研究,最终实现煤炭微波响应特性的全面研究。

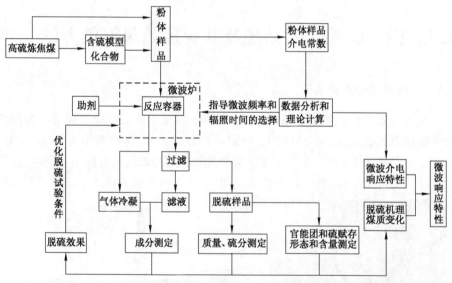

图 4-2 煤与含硫模型化合物的微波响应特性试验分析方法流程图

4.1.2 脱硫效果评价方法

为正确评价某种煤炭脱硫工艺的效果,选取合理的脱硫指标是十分重要的。煤炭脱硫效果与精煤产率有很大关系。一般来说,若 A 条件下精煤的产率比 B 条件下产率高,精煤硫分 A 较 B 低,则比较容易进行判断。但若 A 情况下精煤产率和精煤硫分都高,又或 A 情况和 B 情况脱硫效果接近,就需要选择适用的脱硫评价指标。因此,恰当地选择煤炭脱硫评价指标不仅能如实地反映脱硫试验的脱硫效果,确定最佳的试验条件,而且对于阐述煤炭脱硫机理也具有重要意义。

目前,用于煤炭脱硫效果评价的指标主要有降硫率、脱硫率和精煤中硫的分布率。相应的计算公式如下:

$$降硫率 = \frac{S_y - S_j}{S_y} \times 100 \tag{4-1}$$

$$脱硫率 = \frac{100 \times S_y - \gamma_j \times S_j}{S_y} \tag{4-2}$$

$$精煤中硫分布率 = \frac{\gamma_j \times S_j}{S_y} \tag{4-3}$$

式中,S_y 为原煤硫分,%;S_j 为精煤硫分,%;γ_j 为精煤产率,%。

由原煤炭工业部制定的《煤炭脱硫工艺效果评定方法》(MT/T 623—1996)推荐使用脱硫完善度 η_{ws} 作为煤炭脱硫工艺效果的评定指标。对这一指标,计算时需要测量的数据较多,试验量大。η_{ws} 的计算公式如下:

$$\eta_{ws} = \frac{\gamma(S_y - S_j)}{S_y(100 - A_y - S_y)} \times 100 \tag{4-4}$$

式中,A_y 为原煤灰分,%。

虽有如此多的煤炭脱硫效果评价指标,但选择指标时应结实际研究的需要。本研究的重点是不同脱硫条件下与原煤相比精煤中各形态硫的变化情况,因此,将脱硫后精煤全硫含量作为脱硫效果评价指标,同时以脱硫率为辅助指标来研究煤炭脱硫进行程度,优化最佳的脱硫工艺条件。

4.2 微波脱硫助剂的选择

目前,微波脱硫过程中使用的化学助剂很多,本书分别考察了酸性助剂(HCl)、碱性助剂(NaOH)、氧化性助剂(HAc + H_2O_2 混合溶剂)、还原性助剂(HI)和有机类助剂(正丙醇、四氢萘和四氯乙烯)条件下,微波辐照时间对 XY 和 GX 煤样脱硫效果的影响。

4.2.1 酸性助剂 HCl 条件下的微波脱硫试验

试验选用的酸性助剂 HCl 是分析纯,由于煤样在 HCl 中不能被较好地润湿,因此将两种煤样先加入 2 mL 无水乙醇润湿,然后各加入 95% 浓度的浓盐酸溶液 21 mL,混匀后放入微波中辐照,辐照时间分别为 1 min、2 min、3 min、4 min 和 5 min,反应完成后测定煤样中硫含量,其结果如图 4-3 所示。

由图 4-3 可以看出,微波联合 HCl 脱硫的效果并不明显。随着辐照时间的延长,XY 煤样含硫量基本保持不变,而 GD 煤样含硫量在辐照时间为 4 min、

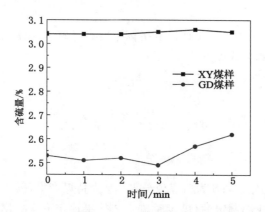

图 4-3　酸性助剂条件下煤样中硫分随微波辐照时间的变化

5 min 时反而升高。这一方面可能是由于 XY 和 GD 煤样中的硫分主要以有机硫为主,微波辐照条件下 HCl 对煤中有机硫的脱除效果本身不强;另一方面由于煤样经过微波条件下的 HCl 处理后,矿物质含量降低使得煤样灰分降低,从而使煤样中硫含量相对增加。由此可以看出酸性助剂 HCl 不适合做微波脱硫助剂。

4.2.2　碱性助剂 NaOH 条件下的微波脱硫试验

煤的复介电常数虚部 ε'' 较小,仅在微波的作用下较难脱除硫分,但是当煤样与极性较强的物质放在一起时,可以提高整体的复介电常数,提高对微波能的吸收程度。碱性水溶液是极性非常高的无机溶液,在微波辐照条件下可以快速提高煤与助剂的温度。碱性助剂中,NaOH 溶液在微波脱硫领域应用较为广泛[186],将其加入煤样时,能促进煤样对微波能的吸收,从而提高脱硫效果。

试验中将无水乙醇润湿后的煤样与 2 mol/L 的 NaOH 溶液混合均匀,放入微波反应仪中,在冷凝和非冷凝两种条件下反应,分别测定反应后煤样的含硫量,结果如图 4-4 和图 4-5 所示。

由图 4-4 可以看出,在冷凝条件下,两种煤样的含硫量随辐照时间延长下降幅度较小,其中 XY 煤在前 3 min 下降较快,3 min 之后基本不再变化,在到达第 5 min 时达到最低点 2.88%,相比于原煤样硫分 3.04%仅下降了 0.16%;GD 煤样在反应时间为 2 min 以后,含硫量就基本不变,此时硫分为 2.46%,较原煤样含硫量 2.53%只下降了 0.07%。由此,再结合原煤样形态硫分析结果可以得出结论:冷凝条件下 NaOH 溶液对煤中有机硫的脱除效果并不明显。

对图 4-5 分析可知,在非冷凝条件下,煤样的含硫量随辐照时间的延长出现剧烈下降,其中 XY 煤样在前 3 min 硫分下降非常明显,由 3.04%下降到

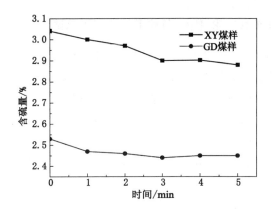

图 4-4　冷凝条件下煤中硫分随微波辐照时间的变化

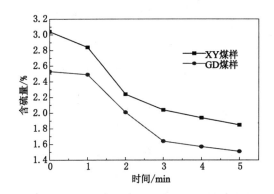

图 4-5　非冷凝条件下煤中硫分随微波辐照时间的变化

2.04％,之后下降速度趋缓;GD 煤样在前 1 min 硫分变化不大,2～3 min 之间变化幅度剧烈,由 2.01％下降到 1.64％;在第 5 min 时,XY 煤样和 GD 煤样全硫含量均到达最小值(1.85％和 1.51％),较原煤样下降幅度分别达 39.14％和 40.32％。

　　在试验操作过程中发现,冷凝条件下,煤样的微波脱硫过程一直在液体环境中进行,而在不接冷凝管时,NaOH 液体在 40 s 左右时就基本被烧干,这时反应温度迅速升高,煤样与 NaOH 混合物逐渐发出红色微光,反应在 NaOH 熔融条件下进行,反应后两煤样均呈块状颗粒。可见对于以有机硫为主的煤样,微波联合 NaOH 脱硫,只有在 NaOH 熔融的条件下才能获得较好的脱硫效果,这一结论也得到了相关报道的支持。

4.2.3 氧化性助剂 HAc 和 H₂O₂ 条件下的微波脱硫试验

取 HAc 和 H_2O_2 试剂按体积 1∶1 混合,煤样与药剂混合均匀后,放入微波仪器中反应,煤样反应后硫分测量结果如图 4-6 所示。由图 4-6 可以看出,XY 煤样在反应开始的第 1 min 里,硫分就出现显著下降,此后硫分随反应时间的延长变化不大,在反应的后期甚至出现硫分上升的趋势,第 4 min 时硫分最低(为2.64%),较原煤样下降了比例 13.16%。GD 煤样全硫在第 2 min 时即达到最低值1.92%,较原煤下降比例 24.11%。这说明 $HAc+H_2O_2$ 的混合液可以快速脱去煤中硫分。

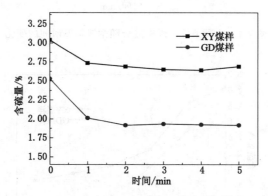

图 4-6 氧化性助剂条件下煤中硫分随微波辐照时间的变化

4.2.4 还原性助剂 HI 条件下的微波脱硫试验

以 HI 为还原性助剂,将煤样与 HI 混合均匀后反应,测定反应后煤样硫分,结果如图 4-7 所示。由图 4-7 可知,XY 煤样在反应的前 3 min 硫分改变较明显,之后变化趋于平缓,在第 5 min 时硫含量最低(2.41%),较原煤样下降了比例 20.72%;GD 煤样在反应的前 2 min 硫分下降较明显,第 5 min 时硫分达到最低(1.60%),较原煤样下降了比例 36.76%。

4.2.5 有机类助剂条件下的微波脱硫试验

取 XY 和 GD 两煤样分别与 70 mL 四氢萘、四氯乙烯和正丙醇助剂进行微波脱硫反应,反应后的煤样先用 40 mL 无水乙醇溶液冲洗,再用热的去离子水冲洗,直到洗液变清为止,干燥后测定硫分,结果如图 4-8 和图 4-9 所示。

图 4-8 是 XY 煤样在三种助剂条件下的微波脱硫情况,三种助剂对 XY 煤样脱硫效果强弱为:四氢萘>四氯乙烯>正丙醇。其中四氢萘在微波辐照 20 min 后

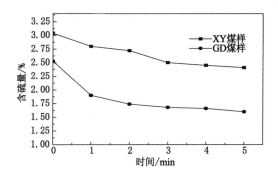

图 4-7 还原性助剂条件下煤中硫分随微波辐照时间的变化

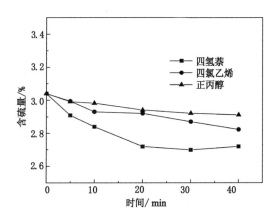

图 4-8 有机助剂条件下 XY 煤样硫分随微波辐照时间的变化

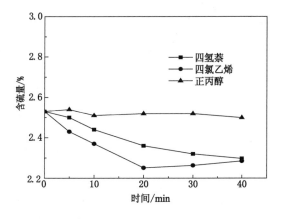

图 4-9 有机助剂条件下 GD 煤样硫分随微波辐照时间的变化

脱硫效果基本不变,最低硫分为 2.72%,较原煤样下降了比例 10.53%;正丙醇对煤样中硫分的脱除效果甚微,随着辐照时间的延长煤中硫分基本保持不变。

图 4-9 中描述了三种助剂对 GD 煤样的微波脱硫情况,依脱硫效果强弱排序为:四氯乙烯>四氢萘>正丙醇,其中四氯乙烯在微波辐照 20 min 时硫分达到最小(为 2.25%),较原煤样下降了比例 11.07%。

4.2.6 不同助剂的微波脱硫效果比较

不同助剂条件下微波辐照时间对 XY 和 GX 煤样脱硫效果的影响结果见图 4-10。

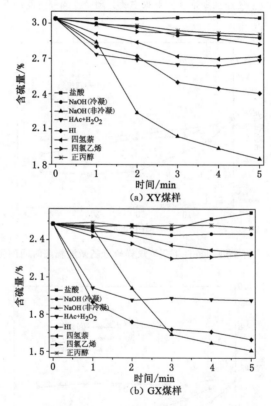

图 4-10 不同助剂下的煤样硫分随微波辐照时间的变化

由图 4-10 可见,几种助剂按脱硫效果强弱排序依次为:NaOH 非冷凝>HI>HAc 和 H_2O_2>有机类助剂>NaOH 冷凝>HCl。

其中,NaOH 非冷凝条件下煤样由于高温作用已经开始结焦成块,因此该条件对煤质的伤害比较大。NaOH 冷凝条件下,虽然观察不到煤质受到伤害,但是随着时间的延长,煤中硫分的脱除效果并不明显。因此,NaOH 助剂不适合作为高有机硫含量炼焦煤的微波脱硫助剂。

HI 助剂可以使煤中硫分在较短时间内脱除,但是在使用的过程中发现,HI 溶液非常不稳定,受到光照时 HI 溶液中的碘化氢气体就会溢出试剂,通过肉眼即可观察到试剂的颜色发生改变,同时 HI 试剂具有强腐蚀性和毒性,能灼伤皮肤,在使用过程中操作不当就会发生爆炸,危险性较高;另一方面,HI 试剂的价格较高,如果大规模地应用在煤炭微波脱硫领域,经济上并不合理。综上所述,HI 助剂也不适合被选为研究对象。

有机类助剂在使用过程中有一定的脱硫效果,但是其在脱硫过程中具有反应时间长、药剂消耗量大、脱硫成本高等缺点,也不适合作为脱硫助剂。

HCl 助剂对硫分以有机硫为主的炼焦煤来说,脱硫效果微乎其微,甚至会使煤的空干基硫分出现小幅上升,因此它也不适合作为微波助剂。

当以 HAc+H_2O_2 混合溶液为脱硫助剂时,可以使 XY、GD 煤样硫分分别下降比例达 13.16% 和 24.11%,与 NaOH 非冷凝条件下和 HI 助剂条件时脱硫效果相近,但具有反应条件稳定、可控条件多、反应时间短、助剂来源广、价格便宜等优点。因此在后续的试验中,选用 HAc 和 H_2O_2 混合助剂作为进一步研究的对象。

4.3 HAc 和 H_2O_2 条件下微波脱硫效果及煤质变化试验研究

4.3.1 HAc 和 H_2O_2 配比对微波脱硫效果及煤质的影响

试验条件:微波功率为 800 W,辐照时间为 60 s,固液比为 1∶3,助剂浓度为全助剂,煤样粒度为 0.074~0.125 mm,HAc 和 H_2O_2 配比(体积比)依次为全 HAc、5∶1、3∶1、2∶1、1∶1、1∶2、1∶3、1∶5 和全 H_2O_2。试验过程:将煤样与助剂混合均匀后放入微波反应仪中,反应结束后马上将煤样取出洗净,干燥称量后对煤样进行含硫量测定、形态硫分析、工业分析、黏结性指数 G 测定、发热量测定和含氧官能团测定。

(1)不同助剂配比对煤样含硫量、精煤回收率和脱硫率的影响

按相关规定测量 XY、GD 煤样的含硫量和精煤产率,并依照公式计算出两煤样的脱硫率,结果如图 4-11、图 4-12 所示。由图 4-11 可知,XY 和 GD 煤样的精煤产率随助剂配比的变化呈先减小后增大的趋势,当助剂配比为 1∶1 时两煤样的精煤产率均最低,分别为 95.47% 和 96.10%。两种煤样的含硫量也是在助剂配比为 1∶1 时最低,较原煤样分别下降了比例 10.86% 和 24.02%。

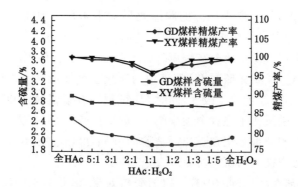

图 4-11　煤样含硫量和精煤产率随助剂配比的变化

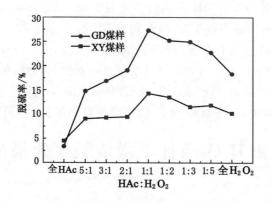

图 4-12　煤样的脱硫率随助剂配比的变化

　　观察图 4-12 可知,两煤样的脱硫率随着助剂配比的变化均出现先增高后降低的变化规律,其趋势大体与煤中硫分的变化趋势相一致,不同的是 XY 煤样在助剂配比 1：1 之后硫分变化不大,但是脱硫率却有比较明显的变化。从图中还可看出,两种煤样全 H_2O_2 条件下的脱硫率均大于全 HAc 条件下的脱硫率,说明 H_2O_2 的脱硫作用要大于 HAc。当助剂配比达到 1：1 时,XY、GD 煤样的脱硫率均达到最大值(分别为 14.2% 和 27.27%)。

　　(2) 不同助剂配比对煤样形态硫的影响

　　不同助剂配比条件下 XY、GD 煤样的形态硫分析结果如表 4-1 所列。从表 4-1 中可以看出,随着助剂配比的变化,形态硫中各组分含量都出现先下降后增高的趋势。

　　配比为 1：2 时 XY 煤样总硫分最低(为 2.70%),较原煤样下降了比例 11.18%,其中 S_s、S_p 和 S_o 下降的部分分别占总下降硫分的 23.53%、14.70% 和

61.77%。由此可以看出,微波联合 HAc 和 H_2O_2 混合助剂脱除的主要是煤中的有机硫。具体分析各形态硫变化,其中 S_s 含量均减小,当助剂的配比为 1∶1 时煤样中的 S_s 含量达到最低值(为 0.03%),较原煤样下降了比例 75%。S_p 的脱除效果比较明显,当助剂配比为 1∶1 时其含量最低(为 0.04%),下降了比例 63.64%。S_o 的含量在配比为 1∶5 时达到最小值 2.56%,相较原煤样的 2.81%,下降了比例 8.90%。从自身硫分的下降率上看 S_s 最大,其次为 S_p,而 S_o 下降得最小,说明煤样中 S_s 最容易被脱除,其次为 S_p 和 S_o。

表 4-1　不同助剂配比条件下 XY、GD 煤样形态硫分析结果

助剂配比	XY 煤形态硫含量/%				GD 煤形态硫含量/%			
	$S_{s,ad}$	$S_{p,ad}$	$S_{o,ad}$	$S_{t,ad}$	$S_{s,ad}$	$S_{p,ad}$	$S_{o,ad}$	$S_{t,ad}$
原煤	0.12	0.11	2.81	3.04	0.10	0.30	2.14	2.54
全 HAc	0.07	0.06	2.78	2.91	0.09	0.27	2.09	2.45
5∶1	0.08	0.07	2.62	2.77	0.08	0.20	1.90	2.18
3∶1	0.07	0.05	2.65	2.77	0.06	0.11	1.96	2.13
2∶1	0.05	0.04	2.67	2.76	0.05	0.07	1.96	2.08
1∶1	0.03	0.04	2.64	2.71	0.03	0.04	1.85	1.935
1∶2	0.04	0.06	2.60	2.70	0.06	0.05	1.83	1.938
1∶3	0.05	0.05	2.61	2.71	0.04	0.10	1.81	1.945
1∶5	0.06	0.07	2.56	2.69	0.05	0.13	1.81	1.97
全 H_2O_2	0.06	0.08	2.61	2.75	0.08	0.27	1.93	2.18

对于 GD 煤样,助剂配比为 1∶1 时煤样中的总硫分最低(为 1.935%),相较原煤样硫分 2.54% 下降了比例 23.82%,其中 S_s、S_p 和 S_o 下降的硫分分别占总硫分下降值的 11.57%、39.67% 和 48.76%。可以看出,GD 煤样脱除的硫分中仍以有机硫为主,但是由于 GD 原煤样中 S_p 的含量比较大,因此 S_p 占脱除硫分中的比例也变大。

具体分析 GD 煤样的形态硫变化发现,S_s 含量的变化趋势为先降低后增高,在助剂配比为 1∶1 时达到最低(0.03%),下降比例 70%;S_p 含量在助剂配比为 1∶5 时达到最低(0.05%),下降比例 83.33%,之后随着助剂中 H_2O_2 含量的增加略有上升;S_o 的含量在助剂配比为 1∶3 和 1∶5 时达到最低值(1.81%),相较原煤样下降了比例 15.42%。S_p 含量降低最多,其次为 S_s,S_o 下降得最少,说明煤样中的有机硫较无机硫难脱除。

(3) 不同助剂配比对煤样工业分析指标的影响

　　根据相关规定分别测出空气干燥基状态下 XY 和 GD 煤样水分、灰分和挥发分,再经过差减得出试验煤样的固定碳含量,具体测量结果如表 4-2 所列。

表 4-2　不同助剂配比条件下 XY、GD 煤样脱硫后工业分析结果

助剂配比	XY煤样工业分析/%				GD煤样工业分析/%			
	M_{ad}	A_{ad}	V_{ad}	FC_{ad}	M_{ad}	A_{ad}	V_{ad}	FC_{ad}
原煤	1.26	9.16	19.82	69.76	1.35	9.09	18.95	70.61
全 HAc	1.15	8.72	19.41	70.72	1.47	8.47	18.58	71.48
5:1	1.17	8.59	19.26	70.97	1.46	8.21	19.18	71.15
3:1	1.12	8.36	18.86	71.67	1.49	8.14	18.93	71.45
2:1	1.21	8.02	18.78	71.99	1.45	8.10	18.96	71.50
1:1	1.13	7.91	18.83	72.14	1.43	7.90	19.15	71.52
1:2	1.12	8.04	18.73	72.12	1.50	8.02	18.98	71.50
1:3	1.18	8.05	18.72	72.05	1.42	8.25	18.86	71.47
1:5	1.11	8.41	18.96	71.52	1.42	8.29	19.04	71.26
全 H_2O_2	1.07	9.07	18.82	71.25	1.39	8.48	18.94	71.20

　　从表 4-2 可以看出,随着助剂配比的变化,XY 和 GD 煤样的水分含量一直比较稳定,分别维持在 1.1% 和 1.45% 左右,这说明助剂的配比对空气干燥基状态下煤样水分影响不大。两煤样的灰分均随着助剂中 HAc 和 H_2O_2 含量相互均衡而变小,最低点均出现在助剂配比为 1:1 时,当助剂中 H_2O_2 含量增加时,两煤样的灰分又都增加。这与煤中硫分的变化规律相一致,说明微波辐照条件下,助剂配比为 1:1 时对煤样的作用效果最强。从煤的挥发分变化情况来看,随着助剂中 HAc 和 H_2O_2 含量变得均衡,XY 煤样的挥发分略有降低,GD 煤样的挥发分比较稳定。

　　(4) 不同助剂配比对煤样黏结性的影响

　　图 4-13 所示为煤样黏结性指数 G 随助剂配比的变化规律。由图 4-13 可见,两煤样的 G 值变化趋势一致。当助剂为全 HAc 时,两煤样的 G 值分别为 71.87 和 63.17,较原煤样稍有降低;随着助剂中 H_2O_2 的比重逐渐提高,G 值出现剧烈的下降,在助剂配比为 1:1 时,XY、GD 煤样的 G 值降到最低,分别为 19.64 和 12.25,较原煤样分别下降了比例 74.16% 和 83.45%;当 H_2O_2 的比重继续增大时,G 值又逐渐升高,当助剂全为 H_2O_2 时 XY、GD 煤样的 G 值分别为 57.31 和 62.96。与全 HAc 条件下相比,全 H_2O_2 时煤样的 G 值较小,说明 HAc 和 H_2O_2 混合溶液的氧化强度大于 H_2O_2 的氧化强度,H_2O_2 的氧化强度大于 HAc 的氧化强度。

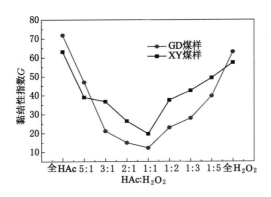

图 4-13　煤样黏结性指数 G 随助剂配比的变化

（5）不同助剂配比对煤样发热量的影响

XY、GD 煤样微波脱硫后发热量与灰分的关系如表 4-3 所列。从表 4-3 中可以看到，XY 煤脱硫后发热量总体升高，但各助剂配比下的发热量值不是单调变化。煤样的发热量与煤样中矿物质含量和煤质本身有关，当煤中矿物质含量高时，煤中黏土类矿物、碳酸盐矿物和其他矿物质在煤燃烧的过程中要发生热解反应，消耗了一部分煤燃烧产生的热量，因此当煤中灰分降低、矿物质含量减少时，一方面降低了矿物质的不利影响，一方面又使煤中有机质含量增多从而使煤的发热量升高。与此同时，煤样在微波和 HAc、H_2O_2 的联合作用下被氧化，使煤质在一定程度上被破坏，使得煤样的发热量降低。表 4-3 中 XY 煤样发热量出现这种曲折的变化规律就是煤中灰分和煤质本身变化综合作用的结果。

表 4-3　不同助剂配比对 XY、GD 煤样发热量的影响

助剂配比	发热量/(J/g)	
	XY 煤样	GD 煤样
处理前	31 073	31 891
全 HAc	31 097	31 896
5∶1	31 194	32 066
3∶1	31 139	32 003
2∶1	31 194	31 965
1∶1	31 167	31 828
1∶2	31 133	31 874
1∶3	31 112	32 109
1∶5	31 294	32 017
全 H_2O_2	31 016	31 977

分析表 4-3 中 GD 煤样的发热量数据同样可以发现,GD 煤样中灰分降低时煤样的发热量是增高的,但是当助剂配比为 1∶1 和 1∶2 时,虽然煤样的灰分降低但是煤样的发热量也降低甚至小于原煤发热量。这是因为在此配比条件下,微波对煤样的作用效果比较强烈,使煤的结构发生部分改变,这时煤质对发热量的影响成为主要影响因素,其中助剂配比为 2∶1 的煤样发热量要比配比为 1∶1 煤样发热量高就印证了这一推论。

(6) 不同助剂配比对煤样含氧官能团含量的影响

不同助剂配比条件下煤中含氧官能团含量变化情况如表 4-4 所示。从表 4-4 中可以看出,煤中各酸性含氧官能团的含量均随着助剂配比变化呈先增高后降低的趋势,XY、GD 煤样的总酸性基团含量在助剂配比为 1∶1 时达到最高(分别为 3.94 mmol/g 和 3.84 mmol/g),羧基含氧官能团含量也在助剂配比为 1∶1 时达到最高(分别为 2.79 mmol/g 和 2.51 mmol/g),酚羟基的含量分别在助剂配比为 2∶1 和 1∶1 时达到最大值(分别为 1.23 mmol/g 和 1.33 mmol/g)。煤中含氧官能团含量对煤的黏结性影响比较大,氧化后的煤黏结性都会出现不同程度的降低,因此将煤中含氧官能团含量与煤的黏结性同时考虑,才能更有意义地分析含氧官能团数据。煤中各种含氧官能团含量与黏结性指数 G 的关系分别如图 4-14、图 4-15 和图 4-16 所示。

表 4-4 不同助剂配比条件下煤中含氧官能团含量变化

助剂配比	XY 煤含氧官能团含量/(mmol/g)			GD 煤含氧官能团含量/(mmol/g)		
	总酸性基团	羧基	酚羟基	总酸性基团	羧基	酚羟基
原煤	2.28	1.51	0.77	2.30	1.52	0.78
全 HAc	2.88	1.84	1.04	2.89	1.83	1.06
5∶1	2.89	1.88	1.01	2.91	1.81	1.10
3∶1	2.94	1.89	1.05	2.94	1.91	1.03
2∶1	3.16	1.93	1.23	2.94	1.95	0.99
1∶1	3.94	2.79	1.15	3.84	2.51	1.33
1∶2	3.24	2.04	1.20	3.34	2.11	1.23
1∶3	2.93	1.86	1.07	2.92	1.91	1.00
1∶5	2.92	1.90	1.02	2.82	1.89	0.92
全 H_2O_2	2.91	1.82	1.09	2.76	1.72	1.03

从图 4-14 可以看出,煤样的黏结性指数 G 总体上均随煤样中各含氧官能团含量的增加而减小。XY、GD 煤样各含氧官能团含量与黏结性指数 G 散点图的

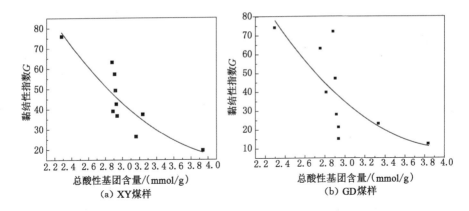

图 4-14　XY、GD 煤样不同助剂配比脱硫后总酸性基团含量与黏结性指数 G 的关系

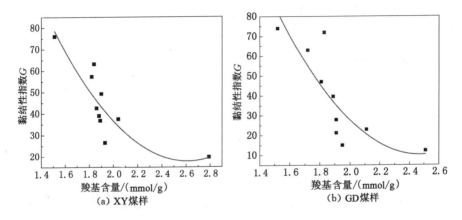

图 4-15　XY、GD 煤样不同助剂配比脱硫后羧基基团含量与黏结性指数 G 的关系

拟合方程相关性系数 R^2 分别为：总酸性基团 0.68 和 0.09、羧基基团 0.67 和 0.61、酚羟基基团 0.56 和 0.08。羧基的相关性系数 R^2 最大，说明煤样的黏结性指数 G 受羧基含量的影响比较大。

图 4-14 中还有一个特别的现象，就是总酸性基团含量相近的煤样，其黏结性指数 G 却有一定差别，产生这种现象的原因一方面可能是煤中不同类型的含氧官能团对煤的黏结性指数 G 的影响不同；另一方面，因为煤结构的复杂性，煤中除了含氧官能团之外，可能还有另外一些方面的因素也对煤的黏结性指数 G 产生一定影响，最终的结果是各个因素综合作用的结果。

综上所述，微波条件下助剂配比对脱硫效果和煤质变化的影响是比较大的，当助剂中 HAc 和 H_2O_2 的配比越均衡，助剂的氧化性越强，在微波条件下脱硫

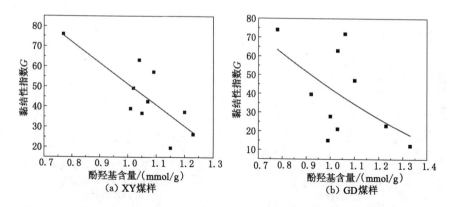

图 4-16　XY、GD 煤样不同助剂配比脱硫后酚羟基基团含量与黏结性指数 G 的关系

效果越好,但是对煤质的破坏也越明显。因此为了尽量避免煤质尤其煤的黏结性被过分破坏,在后续的研究中优化反应条件,将助剂的配比选为 1∶5。

4.3.2　微波辐照时间对脱硫效果及煤质变化的影响

试验条件:HAc 和 H_2O_2 配比为 1∶5,微波功率为 800 W,固液比为 1∶3,助剂浓度为全助剂,煤样粒度为 0.074～0.125 mm,微波辐照的时间依次为 10 s、20 s、30 s、40 s、50 s、60 s、90 s 和 120 s。

(1) 辐照时间对煤样含硫量、精煤产率和脱硫率的影响

辐照时间对 XY 和 GD 煤样的含硫量和精煤产率的影响如图 4-17 所示。从图 4-17 中可以看出,两煤样的含硫量随着微波辐照时间延长均降低,其中:XY 煤样含硫量在前 20 s 变化较大,由 3.04% 下降到 2.73%,40 s 时为 2.69%,此后变化非常小,直到 120 s 时下降到 2.61%;GD 煤样的硫分在前 30 s 变化较明显,30 s 时为 1.98%,40 s 以后变化较小,120 s 时为 1.93%,与原煤样相比下降比例 24.01%。XY 和 GD 煤样的精煤产率随时间延长一直小幅减小,这一方面可能是煤中灰分降低的结果,另一方面可能是由于长时间的微波作用使煤样中极细颗粒增多,在过滤过程中被滤掉,也可能是因为煤样中一部分有机质溶解于脱硫助剂中,最后随滤液而出。

两煤样的脱硫率变化如图 4-18 所示。由图可以看出,XY 和 GD 煤样的脱硫率随着辐照时间的延长一直处于上升趋势,XY 煤样脱硫率在 0～40 s 变化最大,90 s 以后变化趋缓;GD 煤样脱硫率在 0～30 s 变化较快,30～50 s 时变化不大,60 s 以后基本不变。由图可见,煤样脱硫率与煤样中硫分减小的趋势相比具有滞后性,这是因为煤样的产率变小,使得煤中总的硫分也降低从而脱硫率升

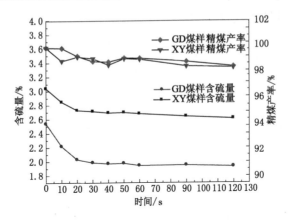

图 4-17　辐照时间对煤样含硫量和精煤产率的影响

高,当辐照时间为 120 s 时两煤样的脱硫率均达到最大值(分别为 25.07％和 15.40％)。

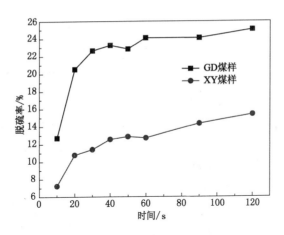

图 4-18　辐照时间对煤样脱硫率的影响

(2) 辐照时间对煤样形态硫的影响

在不同微波辐照时间下脱硫后,测量煤样中各形态硫含量,结果如表 4-5 所列。由表可知,XY 和 GD 煤样中各形态硫的含量均随着辐照时间的延长而降低。XY 煤样中 S_s 的含量在 30 s 之前降低较明显,由 0.12％降到 0.06％,之后随着时间的延长变化不大,辐照时间为 120 s 时仅比 30 s 时小 0.02 个百分点;S_p 的含量在 40 s 之后基本不再变化,40 s 时含量下降了比例 45.45％;S_o 的含量在 0~30 s 降低较快,之后随着时间的延长小幅降低,辐照时间为 120 s 时降到最低(为 2.52%),降低了比例 10.32%。XY 煤样总硫分在 40 s 时降到2.69%,120 s 时总硫分达到最小值(为 2.62%),较原煤降低了比例 13.82%,此时各形态硫(S_s、S_p 和 S_o)的降低值分别占总硫分降低值的19.05%、11.90%和 69.05%。

表 4-5　不同辐照时间处理后煤样的形态硫分析结果

辐照时间/s	XY 煤形态硫含量/%				GD 煤形态硫含量/%			
	$S_{s,ad}$	$S_{p,ad}$	$S_{o,ad}$	$S_{t,ad}$	$S_{s,ad}$	$S_{p,ad}$	$S_{o,ad}$	$S_{t,ad}$
原煤	0.12	0.11	2.81	3.04	0.10	0.30	2.14	2.54
10	0.10	0.09	2.66	2.85	0.08	0.21	1.93	2.22
20	0.07	0.08	2.58	2.73	0.07	0.19	1.77	2.03
30	0.06	0.09	2.57	2.72	0.08	0.17	1.73	1.98
40	0.05	0.06	2.58	2.69	0.06	0.12	1.75	1.93
50	0.06	0.07	2.57	2.70	0.07	0.11	1.76	1.93
60	0.05	0.06	2.57	2.68	0.05	0.13	1.76	1.94
90	0.06	0.06	2.52	2.64	0.04	0.12	1.79	1.95
120	0.04	0.06	2.52	2.62	0.04	0.11	1.79	1.94

GD 煤样 S_s 的含量在微波辐照 20 s 时就已经降到了 0.07%,下降了比例 30%,之后含量变化不大,但是由于其含量本身较低,使得含量稍有变化对其下降率就有较大影响,90 s 达到最低(为 0.04%),与原煤样相比下降了比例 60%,但是其硫分只下降了 0.03 个百分点;S_p 的含量在 40 s 时为 0.12%,之后含量比较稳定,在 120 s 时含量最低(为 0.11%),下降了比例 63.33%;有机硫 S_o 的含量在 30 s 时达到最低(为 1.73%),下降了比例 19.16%,之后随着辐照时间的延长其含量略有上升,这可能是由于煤中有机硫含量本身是由差减而来,测量硫酸盐硫和硫铁矿硫的误差都积累在有机硫上,使得有机硫含量误差较大。辐照时间为 30 s 时 GD 煤样的总硫分就降到最低(为 1.93%),下降了比例 24.02%,其中 S_s、S_p 和 S_o 的降低值分别占总硫分下降值的 6.56%、29.51%和 63.93%。

以上数据说明,对于 XY 煤样和 GD 煤样,不同辐照时间条件下煤样中脱除的硫分仍然以有机硫为主,而从各形态硫含量的降低比例看,无机硫较有机硫易于脱除。

(3)辐照时间对煤样工业分析指标的影响

XY 和 GD 煤样经不同微波辐照时间脱硫后,工业分析结果如表 4-6 所列。由表 4-6 可以看出,微波辐照时间对水分含量影响不大,两煤样的水分基本都在

1.1%左右。XY煤样的灰分在0~30 s时下降较快,30~40 s之间灰分没有变化,40 s以后又开始下降,到120 s时最低(为8.11%),较原煤样下降了比例11.46%。GD煤样的灰分在前50 s均呈现较快下降趋势,50 s时为8.14%,较原煤样下降了比例10.45%;50 s以后GD煤样的灰分数值均为8.18%,这主要是由于煤样中灰分含量比较接近,当结果保留两位小数时出现了相同值。两煤样的挥发分随微波辐照时间的变化出现往复变化,但总体上比较平稳;煤样中固定碳含量也未出现较大变动。

表4-6　不同辐照时间条件下XY、GD煤样微波脱硫后工业分析结果

辐照时间/s	XY煤样工业分析/%				GD煤样工业分析/%			
	M_{ad}	A_{ad}	V_{ad}	FC_{ad}	M_{ad}	A_{ad}	V_{ad}	FC_{ad}
原煤	1.26	9.16	19.82	69.76	1.35	9.09	18.95	70.61
10	1.17	8.75	19.76	70.32	0.99	8.60	19.54	70.86
20	1.04	8.66	19.56	70.74	0.93	8.38	20.04	70.65
30	1.07	8.63	18.80	71.51	1.13	8.29	20.81	69.76
40	1.08	8.63	18.80	71.51	1.06	8.17	19.70	71.07
50	1.18	8.53	18.92	71.37	1.11	8.14	19.64	71.11
60	1.18	8.44	19.57	70.81	1.02	8.18	18.94	71.86
90	1.20	8.20	18.60	72.00	1.03	8.18	19.57	71.22
120	1.11	8.11	19.24	71.54	1.12	8.18	19.59	71.11

(4) 辐照时间对煤样黏结性的影响

不同辐照时间条件下,XY和GD处理后煤样黏结性指数G变化趋势基本一致,如图4-19所示。辐照时间为0~60 s时G值随着辐照时间的延长出现显著下降,其中辐照时间为0~40 s时G值大幅度下降,但维持在60以上;当辐照时间为40~60 s时G值下降速率最快,60 s时两煤样的G值分别为36.44和42.27;60 s以后两煤样的G值的下降趋势出现不同程度的放缓,120 s时两煤样的G值均达到最低,分别为17.53和27.8。

(5) 辐照时间对煤样发热量的影响

不同微波辐照时间下,XY和GD煤样的发热量测量值如表4-7所列。从表4-7中可以看出,两煤样的发热量随辐照时间变化呈波动分布,除90 s和120 s外,XY和GD脱硫后煤样发热量均高于原煤样。发热量最高值均出现在辐照时间为40 s时,分别为31 262 J/g和32 064 J/g,与原煤样相比分别上升了比例0.61%和0.17%。具体来看,煤样的发热量与辐照时间之间没有线性规律,随

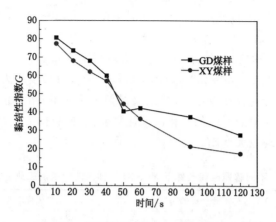

图 4-19　XY 和 GD 煤样黏结性指数 G 随微波辐照时间的变化

着辐照时间延长,两煤样的发热量并没有表现出一直升高或下降的变化趋势,这一现象也可能是如前分析,煤中灰分和煤质共同变化的结果。XY 和 GD 煤样发热量与灰分的关系如图 4-20 所示。

表 4-7　不同辐照时间对 XY、GD 煤样发热量的影响

辐照时间/s	发热量/（J/g）	
	XY 煤样	GD 煤样
处理前	31 073	31 891
10	31 159	31 921
20	31 121	32 007
30	31 106	31 891
40	31 262	32 064
50	31 254	32 088
60	31 212	32 021
90	30 838	31 737
120	30 864	31 356

从图 4-20 可以看出,两煤样的发热量随灰分降低都是呈先增高后降低的趋势。这说明在一定微波辐照时间之内,微波脱硫后煤样灰分降低有利于提高煤样发热量,但是当微波辐照功率过大时,反应体系对煤样的氧化作用增强使得煤样的发热量又出现下降。

（6）辐照时间对煤样含氧官能团含量的影响

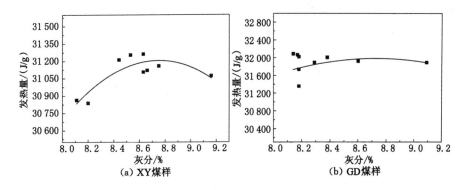

图 4-20　不同辐照时间下 XY、GD 煤样脱硫后发热量与灰分的关系

不同辐照时间条件下，XY 和 GD 煤样各含氧官能团含量如表 4-8 所列。由表 4-8 可以看出，除个别点外，随着微波辐照时间延长，XY 和 GD 煤样中各含氧官能团含量都是上升的：当辐照时间为 40 s 时，XY 煤样中总酸性基团、羧基基团和酚羟基基团的含量与原煤样相比分别上升比例 23.24%、26.49% 和 16.88%，GD 煤样各含氧官能团含量分别上升比例 23.48%、17.39% 和 28.21%；当辐照时间为 120 s 时，XY 煤样中总酸性基团、羧基基团和酚羟基基团的含量与原煤样相比分别上升比例 63.60%、49% 和 92.20%，GD 煤样中含氧官能团含量分别上升比例 56.09%、39.47% 和 88.46%。这说明微波辐照时间对煤中含氧官能团含量有比较大的影响，且对酚羟基基团含量的影响要大于对羧基基团含量的影响。

表 4-8　不同辐照时间条件下煤中含氧官能团含量变化

辐照时间/s	XY 煤含氧官能团含量/(mmol/g)			GD 煤含氧官能团含量/(mmol/g)		
	总酸性基团	羧基	酚羟基	总酸性基团	羧基	酚羟基
原煤	2.28	1.51	0.77	2.30	1.52	0.78
10	2.21	1.59	0.62	2.39	1.68	0.71
20	2.30	1.75	0.55	2.21	1.75	0.46
30	2.83	1.82	1.01	2.74	1.85	0.88
40	2.81	1.91	0.90	2.84	1.84	1.00
50	2.88	1.98	0.90	2.84	1.82	1.02
60	2.98	1.90	1.08	2.94	1.90	1.04
90	3.11	2.01	1.09	3.16	2.19	0.98
120	3.73	2.25	1.48	3.59	2.12	1.47

煤中含氧官能团含量与黏结性指数 G 的关系如图 4-21~图 4-23 所示。从图中可以看出,XY 和 GD 煤样的 G 值指均随含氧官能团含量的上升而下降,其中羧基基团含量对煤样 G 值的影响大于酚羟基基团。在羧基基团的影响下煤中总酸性基团含量与 G 值也有了较好的相关性。

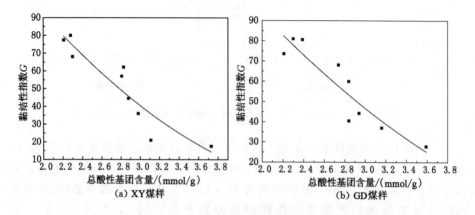

图 4-21　XY、GD 煤样脱硫后总酸性基团含量与黏结性指数 G 的关系

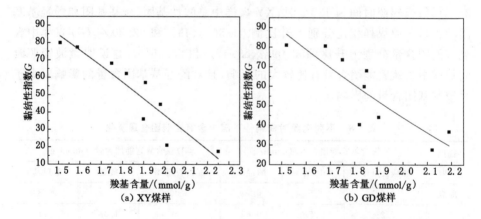

图 4-22　XY、GD 煤样脱硫后羧基含量与黏结性指数 G 的关系

综上所述,在一定范围内延长微波辐照时间有利于提高的脱硫效果,但是当微波辐照时间过长时,煤的脱硫效果不会得到期望的增加,反而煤的黏结性指数 G 和发热量值降低,使煤质被破坏。因此,在下一阶段的研究中,将微波辐照时间选为 40 s,这样既平衡了脱硫效果和煤质改变之间的矛盾,也降低了微波脱硫过程中对能量的消耗,有利于以后的工业应用。

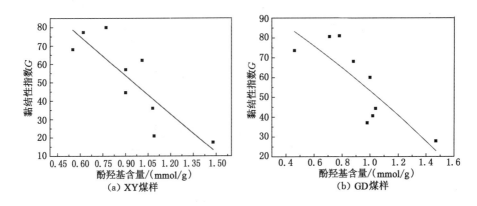

图 4-23　XY、GD 煤样脱硫后酚羟基含量与黏结性指数 G 的关系

4.3.3　辐照功率对微波脱硫效果及煤质的影响

试验条件:助剂中 HAc 和 H_2O_2 配比为 1∶5,微波辐照时间为 40 s,固液比为 1∶3,助剂浓度为全助剂,煤样粒度为 0.074~0.125 mm,微波辐照功率分别为 100 W、200 W、300 W、400 W、500 W、600 W、700 W、800 W 和 900 W。

（1）辐照功率对煤样含硫量、精煤回收率和脱硫率的影响

不同微波辐照功率条件下,XY 和 GD 煤样的含硫量和产率经测量后结果如图 4-24 所示。由图 4-24 可以看出,XY 煤样的含硫量在辐照功率 100~500 W时呈缓慢的下降趋势,当辐照功率大于 500 W 后变化不大。GD 煤样在辐照功率 100~400 W 时含硫量下降较明显,400 W 以后基本不变。当微波辐照功率为 900 W 时两煤样的含硫量均达到最低值(2.71% 和 1.94%),分别下降了比例 10.86% 和 23.62%。两煤样的精煤产率均随辐照功率的增加而减少,但变化趋势都比较平缓。由图 4-25 可以看出,两煤样的脱硫率都随着辐照功率的增加而增加,当辐照功率为 900 W 时均达到最大值(13.50% 和 25.09%)。

（2）辐照功率对煤样形态硫的影响

不同辐照功率条件下 XY 和 GD 两煤样中形态硫的测定结果表 4-9 所列。由表 4-9 可以看出两煤样的总硫分在微波辐照功率超过 400 W 以后变化就已经不明显,在功率超过 600 W 时两煤样硫分基本不变。煤样中各形态硫含量均随辐照功率升高而减少:辐照功率为 900 W 时 XY 煤样中 S_s、S_p 和 S_o 含量与原煤样相比分别下降比例 58.33%、54.55% 和 7.47%,其下降值分别占总硫分下降值的 20.59%、17.65% 和 61.76%;GD 煤样中 S_s、S_p 和 S_o 含量分别下降比例 40%、73.33% 和 15.89%,占总硫分下降值的 6.66%、36.67% 和 56.67%。脱除的硫分以有机硫为主。

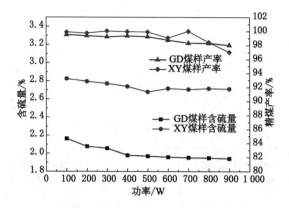

图 4-24　辐照功率对煤样含硫量和精煤产率的影响

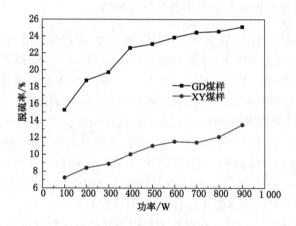

图 4-25　辐照功率对煤样脱硫率的影响

表 4-9　不同辐照功率处理后煤样的形态硫分析结果

功率/W	XY 煤形态硫含量/%				GD 煤形态硫含量/%			
	$S_{s,ad}$	$S_{p,ad}$	$S_{o,ad}$	$S_{t,ad}$	$S_{s,ad}$	$S_{p,ad}$	$S_{o,ad}$	$S_{t,ad}$
原煤	0.12	0.11	2.81	3.04	0.10	0.30	2.14	2.54
100	0.09	0.10	2.63	2.82	0.06	0.22	1.88	2.16
200	0.07	0.09	2.63	2.79	0.05	0.15	1.88	2.08
300	0.06	0.07	2.64	2.77	0.07	0.13	1.85	2.05
400	0.07	0.08	2.59	2.74	0.06	0.11	1.81	1.98
500	0.05	0.07	2.56	2.68	0.06	0.09	1.82	1.97

表 4-9(续)

功率/W	XY 煤形态硫含量/%				GD 煤形态硫含量/%			
	$S_{s,ad}$	$S_{p,ad}$	$S_{o,ad}$	$S_{t,ad}$	$S_{s,ad}$	$S_{p,ad}$	$S_{o,ad}$	$S_{t,ad}$
600	0.04	0.05	2.62	2.71	0.05	0.10	1.81	1.96
700	0.06	0.06	2.58	2.70	0.07	0.11	1.77	1.95
800	0.04	0.06	2.61	2.71	0.05	0.09	1.81	1.95
900	0.05	0.05	2.60	2.70	0.06	0.08	1.80	1.94

（3）辐照功率对煤样工业分析指标的影响

XY 和 GD 煤样在不同微波功率下脱硫后，工业分析结果如表 4-10 所列。从表 4-10 可以看出，煤样的灰分随着微波功率的增加而减少，当功率为 900 W 时 XY 和 GD 煤样的灰分最低为 8.05% 和 8.09%，与原煤样相比分别下降了比例 11.68% 和 11%。

表 4-10 不同辐照功率条件下 XY、GD 煤样微波脱硫后工业分析

功率/W	XY 煤样工业分析/%				GD 煤样工业分析/%			
	M_{ad}	A_{ad}	V_{ad}	FC_{ad}	M_{ad}	A_{ad}	V_{ad}	FC_{ad}
原煤	1.26	9.16	19.82	69.76	1.35	9.09	18.95	70.61
100	1.07	8.75	19.76	70.42	1.09	8.49	19.81	70.61
200	0.98	8.66	19.56	70.80	1.05	8.35	19.79	70.82
300	1.05	8.63	18.80	71.53	0.98	8.32	19.91	70.79
400	1.08	8.63	18.79	71.51	0.97	8.24	19.85	70.94
500	1.18	8.53	18.92	71.37	1.08	8.23	19.65	71.04
600	1.18	8.44	19.57	70.81	1.01	8.22	19.53	71.24
700	1.12	8.20	18.60	72.08	1.05	8.21	19.55	71.20
800	1.13	8.11	18.74	72.02	1.01	8.15	19.72	71.13
900	1.14	8.05	19.76	71.05	0.99	8.09	19.61	71.31

（4）辐照功率对煤样黏结性的影响

XY 和 GD 煤样黏结性指数 G 随微波辐照功率的变化情况如图 4-26 所示。由图可以看出，微波辐照功率对 XY 和 GD 煤样的 G 值影响较为显著，均随辐照功率的增大而下降，在 900 W 时达到最低值，分别为 49.33 和 32.98。

（5）辐照功率对煤样发热量的影响

不同微波功率处理后 XY 和 GD 煤样的发热量如表 4-11 所列。由表 4-11

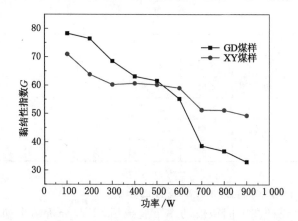

图 4-26　XY 和 GD 煤样黏结性指数 G 随微波辐照功率的变化

可以看出,煤样经过微波脱硫处理后发热量有不同程度的增加,但与辐照功率并非呈正比关系,这说明在一定范围内提高微波辐照功率可以提高煤样的发热量。

表 4-11　不同辐照功率对 XY、GD 煤样发热量的影响

功率/W	发热量/(J/g)	
	XY 煤样	GD 煤样
处理前	31 073	31 891
100	31 296	32 123
200	31 277	32 157
300	31 328	32 106
400	31 449	32 153
500	31 252	32 193
600	31 291	32 101
700	31 162	32 004
800	31 294	32 017
900	30 881	31 756

　　将煤样发热量与煤样灰分综合考虑,作出二者的关系图,如图 4-27 所示。

　　(6) 辐照功率对煤样含氧官能团含量的影响

　　不同辐照功率条件下 XY 和 GD 煤样脱硫后含氧官能团含量如表 4-12 所列。通过观察表 4-12 可以看出,煤样中各含氧官能团的含量均随辐照功率的增加而升高:与原煤样相比,当微波辐照功率为 500 W 时,XY 煤样中总酸性基团、

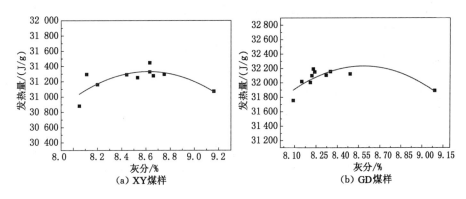

图 4-27 不同辐照功率下煤样脱硫后发热量与灰分的关系

羧基基团和酚羟基基团含量分别增加比例 28.50%、27.81% 和 31.17%，当辐照功率为 900 W 时分别增加比例 41.22%、42.38% 和 37.66%；GD 煤样在 500 W 时各含氧官能团含量分别增加比例 23.48%、20.39% 和 29.49%，当微波功率为 900 W 时分别增加 37.39%、33.55% 和 44.87%。这说明微波辐照功率对煤中含氧官能团含量影响比较大。

表 4-12 不同辐照功率条件下煤中含氧官能团含量变化

功率/W	XY 煤含氧官能团含量/(mmol/g)			GD 煤含氧官能团含量/(mmol/g)		
	总酸性基团	羧基	酚羟基	总酸性基团	羧基	酚羟基
原煤	2.28	1.51	0.77	2.30	1.52	0.78
100	2.36	1.86	0.50	2.55	1.80	0.75
200	2.51	1.73	0.78	2.32	1.70	0.62
300	2.71	1.96	0.75	2.58	1.83	0.75
400	2.84	1.93	0.92	2.94	1.82	1.12
500	2.93	1.93	1.01	2.84	1.83	1.01
600	2.92	2.02	0.90	2.74	1.80	0.94
700	3.31	1.95	1.36	2.91	1.94	0.97
800	3.12	2.31	0.81	2.96	1.95	1.01
900	3.22	2.15	1.06	3.16	2.03	1.13

用 XY 和 GD 煤中含氧官能团含量与黏结性指数 G 作图，观察二者关系，结果分别如图 4-28、图 4-29 和图 4-30 所示。从图中可以看出，G 值随各含氧官能团含量的升高而减小，其中羧基含量与 G 值的相关性要比酚羟基略好，说明羧

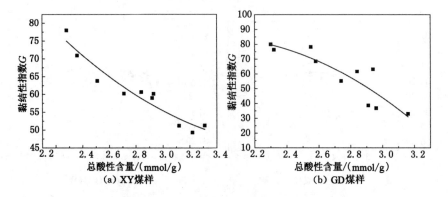

图 4-28　XY、GD 煤样脱硫后总酸性基团含量与黏结性指数 G 的关系

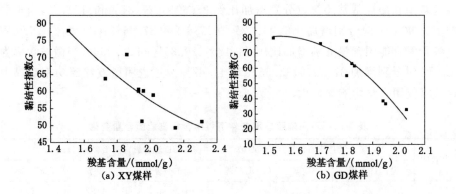

图 4-29　XY、GD 脱硫后煤样羧基基团含量与黏结性指数 G 的关系

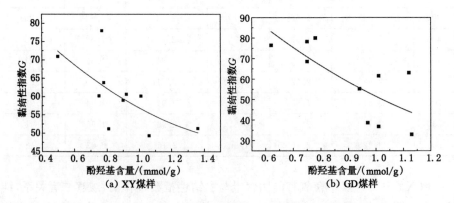

图 4-30　XY、GD 脱硫后煤样酚羟基含量与黏结性指数 G 的关系

基基团含量对煤样黏结性影响更大。

通过以上比较分析可见,提高微波辐照功率有助于增强脱硫效果。但是当辐照功率超过 500 W 时,脱硫效果提高并不显著,煤样的黏结性反而又被破坏。因此在后续的研究中,将微波辐照功率选为 500 W,探索煤样与助剂固液比的变化对脱硫效果和煤质的影响。

4.3.4　固液比对微波脱硫效果及煤质的影响

试验条件:HAc 与 H_2O_2 配比为 1 : 5,微波辐照时间为 40 s,微波辐照功率为 500 W,助剂浓度为全助剂,煤样粒度为 0.074~0.125 mm,固液比分别为 1 : 1、1 : 3、1 : 5、1 : 8 和 1 : 10。

(1) 固液比对煤样含硫量、精煤回收率和脱硫率的影响

不同固液比条件下,XY 和 GD 煤样的含硫量和精煤回收率如图 4-31 所示。由图 4-31 可见,当助剂固液比由 1 : 1 变为 1 : 5 时,XY 煤样中硫分呈下降趋势,固液比为 1 : 5 时硫分达到最低值 2.70%,较原煤样下降比例 11.18%,其中固液比为 1 : 3 之前硫分下降的趋势较为明显,当固液比超过 1 : 5 后煤样中硫分又开始上升。GD 煤样的硫分随固液比的变化也出现先降低后升高的变化趋势,固液比为 1 : 5 时硫分降到最小值 1.928%,较原煤下降比例24.09%。这可能是由于反应体系中助剂较少时,煤样与助剂不能充分接触,使得硫分下降较慢,而当助剂量超过一定值时,现有的微波辐照时间和辐照功率不能为反应提供足够的能量,使得煤样的含硫量出现上升。两煤样的精煤产率随固液比的变化则不大。

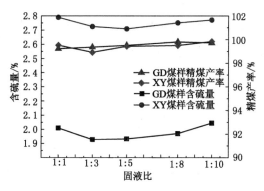

图 4-31　固液比对煤样含硫量和精煤产率的影响

XY 和 GD 煤样的脱硫率如图 4-32 所示。从图中可以看出,XY 和 GD 煤样的最大脱硫率分别为 11.39% 和 24.58%,分别出现在固液比为 1 : 5 和 1 : 3

时,之后随着反应体系中助剂体积逐渐增多,两煤样的脱硫率逐渐下降。

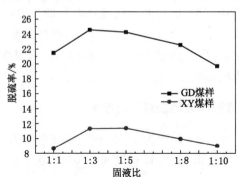

图 4-32　固液比对煤样脱硫率的影响

（2）固液比对煤样形态硫的影响

XY 和 GD 煤样在不同的固液比下脱硫后的形态硫分析结果如表 4-13 所列。由表可以看出,对于 XY 煤样,S_s 含量随着固液比的减小先减小后增大,S_p 在不同固液比时含量变化不大,说明 S_p 比较容易脱除,S_o 随着固液比减小也是先减小后增大;当煤样含硫量最低时 S_s、S_p 和 S_o 含量分别下降比例 75％、54.55％和 6.41％,其下降的硫分分别占总下降硫分的 27.27％、18.18％和54.54％。GD 煤样含硫量最低时 S_s、S_p 和 S_o 含量分别下降比例 60％、66.67％和 16.35％,分别占下降总硫分的 9.84％、32.79％和 57.38％。可以得出结论:两煤样中脱除的硫分仍以有机硫为主。

表 4-13　不同固液比处理后煤样的形态硫分析结果

固液比	XY 煤样形态硫含量/％				GD 煤样形态硫含量/％			
	$S_{s,ad}$	$S_{p,ad}$	$S_{o,ad}$	$S_{t,ad}$	$S_{s,ad}$	$S_{p,ad}$	$S_{o,ad}$	$S_{t,ad}$
原煤	0.12	0.11	2.81	3.04	0.10	0.30	2.14	2.54
1：1	0.06	0.06	2.67	2.79	0.07	0.16	1.78	2.01
1：3	0.05	0.04	2.64	2.73	0.06	0.09	1.78	1.93
1：5	0.03	0.05	2.63	2.71	0.04	0.10	1.79	1.93
1：8	0.07	0.04	2.64	2.75	0.07	0.14	1.76	1.97
1：10	0.07	0.05	2.65	2.77	0.06	0.19	1.80	2.05

（3）固液比对煤样工业分析指标的影响

XY 和 GD 煤样在不同固液比下脱硫后的工业分析结果如表 4-14 所列。由表可以看出,两煤样中只有灰分的变化比较有规律,其变化趋势是先减小后略有增大,最低灰分分别为 8.29％和 8.19％,较原煤下降了比例 9.5％和 9.9％。

表 4-14 不同固液比条件下 XY、GD 煤样微波脱硫后工业分析

固液比	XY 煤样工业分析/%				GD 煤样工业分析/%			
	M_{ad}	A_{ad}	V_{ad}	FC_{ad}	M_{ad}	A_{ad}	V_{ad}	FC_{ad}
原煤	1.26	9.16	19.82	69.76	1.35	9.09	18.95	70.61
1∶1	0.98	8.50	18.96	71.56	1.01	8.39	19.47	71.13
1∶3	1.19	8.29	18.92	71.60	1.17	8.19	19.41	71.23
1∶5	1.12	8.32	22.88	67.68	1.05	8.24	19.32	71.39
1∶8	1.03	8.39	18.87	71.72	1.10	8.42	19.65	70.83
1∶10	1.00	8.68	18.90	71.42	1.06	8.55	19.84	70.56

（4）固液比对煤样黏结性的影响

XY 和 GD 煤样在不同固液比下脱硫的黏结性指数 G 如图 4-33 所示。由图可以看出,两煤样的 G 值受固液比的影响较大。随反应体系中助剂体积增多,G 值先下降后上升。这可能是由于当助剂较少时,煤样不能和助剂充分接触,煤样所受的氧化作用就小,G 值就下降得少;当体系中助剂量增多时所受的氧化作用加强,G 值开始明显下降;当助剂量继续增多时,微波所提供的能量就相对减弱,使助剂的氧化作用减弱,煤样的黏结性又出现小幅上升。

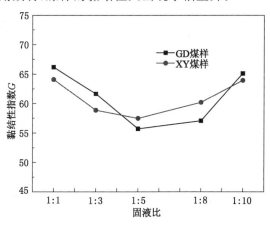

图 4-33 XY 和 GD 煤样黏结性指数 G 随固液比的变化

（5）固液比对煤样发热量的影响

XY 和 GD 煤在不同固液比下脱硫后发热量值如表 4-15 所列。由表可以看出,

两煤样处理后的发热量值都比原煤样高,发热量最大值分别出现在固液比为 1∶5 和 1∶3 时,与原煤样相比分别提高 208 J/g 和 203 J/g。助剂再增加后,两煤样发热量 或增高或降低,表现出不同的趋势,但脱硫效果并没有显著改变,说明固液比对煤质 的影响大于对脱硫效果的影响。两煤样发热量和灰分的关系如图 4-34 所示。

表 4-15　不同固液比对 XY、GD 煤样发热量的影响

固液比	发热量/(J/g)	
	XY 煤样	GD 煤样
原煤样	31 073	31 891
1∶1	31 091	31 975
1∶3	31 252	32 094
1∶5	31 281	31 976
1∶8	31 170	32 003
1∶10	31 134	32 147

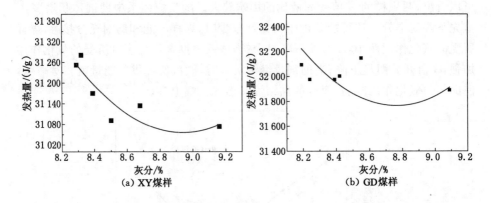

图 4-34　不同固液比下脱硫后煤样发热量与灰分的关系

煤样的发热量随固液比的改变基本没有出现下降,这可能是由于不同的固 液比下,煤样的灰分都获得了比较好的脱除,而当反应体系中助剂体积过多时, 反应体系因整体体积过大而使体系中单位体积的能量减小,氧化强度降低,煤质 破坏较小。

（6）固液比对煤样含氧官能团含量的影响

在不同固液比下处理后的 XY 和 GD 煤样,对其进行各含氧官能团含量测 定,结果如表 4-16 所列。由表可见,煤样中总酸性基团随固液比的变化都呈先

增加后降低的变化趋势。在固液比为 1：5 时两煤样中的总酸性基团达到最大值，分别为 2.99 mmol/g 和 3.27 mmol/g。具体看羧基和酚羟基含量的变化，可以发现羧基含量受固液比的影响更大，其最大值出现在配比为 1：5 时，酚羟基含量的最大值出现在固液比为 1：3 时。

将煤样中各含氧官能团含量与黏结性指数 G 作图，如图 4-35、图 4-36 和图 4-37 所示。从各图中可以看出，随着煤样中各含氧官能团含量的增加，G 值总体上是降低的。羧基含量与 G 值拟合方程的相关性系数依然比酚羟基含量与 G 值拟合方程的相关性系数高。

表 4-16 不同固液比条件下煤样中含氧官能团含量变化

固液比	XY 煤样含氧官能团含量/(mmol/g)			GD 煤样含氧官能团含量/（mmol/g)		
	总酸性基团	羧基	酚羟基	总酸性基团	羧基	酚羟基
原煤	2.28	1.51	0.77	2.30	1.52	0.78
1：1	2.73	1.87	0.86	2.53	1.87	0.66
1：3	2.93	1.93	1.01	2.84	1.83	1.01
1：5	2.99	2.12	0.87	3.27	2.49	0.78
1：8	2.75	1.82	0.94	3.15	1.89	1.26
1：10	2.81	1.83	0.98	2.82	1.78	1.04

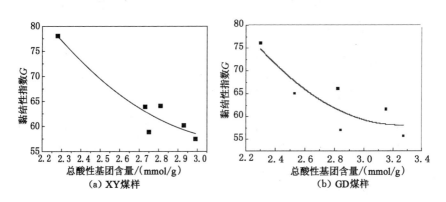

(a) XY煤样　　　(b) GD煤样

图 4-35　XY、GD 煤样不同固液比脱硫后总酸性基团含量与 G 的关系

综上分析，从脱硫的角度考虑，在微波脱硫的过程中助剂的量既不能太少也不能太多，太少或太多都不利于煤中硫分的脱除。从脱硫率方面考虑，最佳固液比为 1：3 或 1：5，但是从煤质方面考虑，固液比为 1：5 时煤样的黏结性和发热量均有一定程度的降低，所以综合考虑固液比取 1：3 为最佳。在下一阶段的

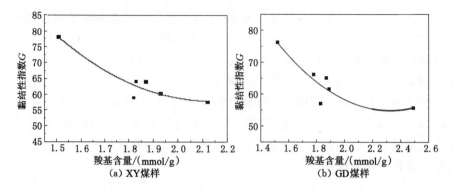

图 4-36　XY、GD 煤样不同固液比脱硫后羧基含量与 G 的关系

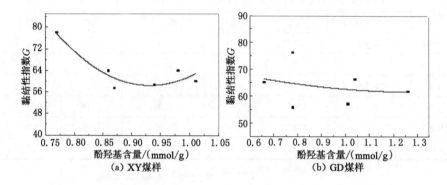

图 4-37　XY、GD 煤样不同固液比脱硫后酚羟基含量与 G 的关系

研究中,煤样和助剂的添加比例将固定为 1∶3。

4.3.5　助剂浓度对微波脱硫效果及煤质变化影响

试验条件:HAc 和 H_2O_2 体积比为 1∶5,微波辐照时间为 40 s,微波辐照功率为 500 W,固液比为 1∶3,煤样粒度为 0.074～0.125 mm;助剂浓度的调控主要通过调节助剂与水体积比实现,分为全助剂、5∶1、3∶1、2∶1、1∶1、1∶2、1∶3、1∶5 和全水共 9 个水平。

(1)助剂浓度对煤样含硫量、精煤回收率和脱硫率的影响

不同助剂浓度下,XY 和 GD 煤样经过微波辐照脱硫后,其含硫量和精煤产率的变化情况如图 4-38 所示。从图 4-38 中可以看出,对于两煤样,当助剂浓度由全助剂降低到 5∶1 时,煤样中的含硫量出现下降,当助剂继续被稀释时,两煤样的含硫量呈持续上升。而随着助剂浓度的变化,两煤样的精煤产率没有出现显著变化。图 4-39 展示了计算得出的煤样脱硫率和助剂浓度之间的关系,由图

可以看出两煤样的脱硫率都是在助剂配比为 5∶1 时达到最大,最大脱硫率分别为 13.39% 和 25.33%;之后随着助剂的逐渐稀释,脱硫率逐步下降,助剂为全水时煤样脱硫率分别只有 4.41% 和 8.74%,此时煤样中的硫分分别为 2.91% 和 2.32%,与原煤样相比,分别只下降了 0.13 和 0.22 个百分点。

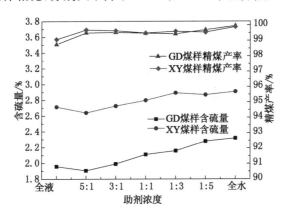

图 4-38 不同助剂浓度下微波脱硫后煤样含硫量和精煤产率

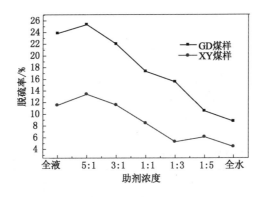

图 4-39 不同助剂浓度下的煤样脱硫率

(2) 助剂浓度对煤样形态硫的影响

XY 煤样和 GD 煤样在不同助剂浓度下脱硫后的形态硫含量如表 4-17 所列。从表中可以看出,当助剂浓度为 5∶1 时两煤样中各形态硫含量都达到最低值,其中 XY 煤样 S_s、S_p 和 S_o 含量分别下降 66.67%、54.55% 和 9.25%,其下降值分别占 XY 煤样总硫分下降值的 20%、15% 和 65%;GD 煤样 S_s、S_p 和 S_o 含量分别下降 50%、76.67% 和 16.36%,下降值分别占总硫分下降值的 7.94%、36.51% 和 55.55%。虽然无机硫较易被脱除,但在这个过程中两煤样脱除的硫分仍然以有机硫为主。当助剂被继续稀释时煤样中硫酸盐硫的含量基本稳定,硫铁矿硫则随着助剂的逐渐稀释逐渐增加。当助剂为全水时,煤样中的硫酸盐硫与原煤样相比均降低,硫铁矿硫和有机硫含量与原煤样相比基本不变。这说明煤样中的硫酸盐硫在微波辐照和水环境的条件下就能达到一定的脱除效果,但是硫铁矿硫和有机硫却要在微波辐照和一定浓度的助剂条件下才有脱除效果。

表 4-17   不同固液比处理后煤样的形态硫分析结果

助剂浓度	XY 煤样形态硫含量/%				GD 煤样形态硫含量/%			
	$S_{s,ad}$	$S_{p,ad}$	$S_{o,ad}$	$S_{t,ad}$	$S_{s,ad}$	$S_{p,ad}$	$S_{o,ad}$	$S_{t,ad}$
原煤	0.12	0.11	2.81	3.04	0.10	0.3	2.14	2.54
全助剂	0.05	0.08	2.58	2.71	0.06	0.08	1.82	1.96
5:1	0.04	0.05	2.55	2.64	0.06	0.07	1.79	1.91
3:1	0.06	0.06	2.61	2.73	0.06	0.09	1.84	1.99
1:1	0.07	0.09	2.64	2.80	0.05	0.14	1.92	2.11
1:3	0.05	0.10	2.74	2.890	0.04	0.21	1.91	2.16
1:5	0.06	0.11	2.70	2.87	0.06	0.27	1.95	2.28
全水	0.07	0.12	2.79	2.98	0.07	0.3	2.05	2.42

（3）助剂浓度对煤样工业分析指标的影响

测量不同助剂浓度条件下脱硫后 XY 和 GD 煤样的工业分析指标,结果如表 4-18 所列。

表 4-18   不同助剂浓度条件下微波脱硫后 XY、GD 煤样工业分析

助剂浓度	XY 煤样工业分析/%				GD 煤样工业分析/%			
	M_{ad}	A_{ad}	V_{ad}	FC_{ad}	M_{ad}	A_{ad}	V_{ad}	FC_{ad}
原煤	1.26	9.16	19.82	69.76	1.35	9.09	18.95	70.61
全助剂	1.18	8.39	18.92	71.51	1.31	8.17	19.40	71.12
5:1	1.06	8.33	19.36	71.25	1.08	8.18	19.41	71.33
3:1	1.07	8.76	18.93	71.25	0.96	8.23	19.51	71.30
1:1	0.96	8.77	19.32	70.95	1.16	8.22	19.61	71.01
1:3	1.09	8.80	19.17	70.95	1.01	8.53	19.56	70.90
1:5	1.07	8.83	19.13	70.96	1.05	8.71	19.48	70.75
全水	0.96	9.15	19.29	70.60	1.17	9.03	19.47	70.33

由表 4-18 可见,微波脱硫后,XY 煤样和 GD 煤样的水分、挥发分和固定碳含量与原煤样相比均没有显著变化,而灰分在各助剂浓度下均有所降低,在助剂浓度为5∶1和全助剂时两煤样的灰分分别达到最低值,之后随着助剂浓度继续降低两煤样的灰分又逐渐升高,当助剂为全水时,两煤样的灰分与原煤基本相同。这说明煤样在该脱硫过程中发生的变化主要是在 HAc 和 H_2O_2 混合助剂及微波辐照下产生降灰作用。

（4）助剂浓度对煤样黏结性的影响

不同助剂浓度条件下脱硫后 XY 和 GD 煤样的黏结性指数 G 如图 4-40 所示。从图中可以看出,在助剂浓度由全助剂变化为 5∶1 时两煤样的 G 值都出现不同幅度的下降,但当助剂被进一步稀释后,G 值又都开始上升。当助剂为全水时两煤样的 G 值均在 75 以上,与原煤样没有差距。这说明该脱硫过程中煤样黏结性出现下降主要是助剂的氧化作用造成的,煤样黏结性随反应体系氧化作用的强弱而改变。

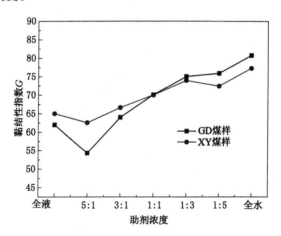

图 4-40　助剂浓度对 XY 和 GD 煤样黏结性指数 G 的影响

（5）助剂浓度对煤样发热量的影响

在不同助剂浓度条件下脱硫后 XY 和 GD 煤样的发热量如表 4-19 所列。从表中可以看出,除助剂浓度为 5∶1 之外,脱硫处理后两煤样的发热量与原煤样相比均有所提高,最高发热量值均出现在助剂浓度为 3∶1 时,分别提高了211 J/g 和 218 J/g。发热量最高值之所以出现在助剂和水体积比为 3∶1 处,可能是由于该浓度下,两煤样的灰分都有了相当程度的降低,助剂浓度又不致使两煤样出现严重氧化。两煤样脱硫后发热量与灰分的关系如图 4-41 所示。

表 4-19　不同助剂浓度处理后 XY、GD 煤样的发热量

助剂浓度	发热量/(J/g)	
	XY 煤样	GD 煤样
原煤样	31 073	31 891
全助剂	31 257	32 012
5∶1	30 994	31 816
3∶1	31 284	32 109
1∶1	31 177	31 914
3∶1	31 183	31 936
1∶5	31 144	32 047
全水	31 157	31 916

由图 4-41 看出,两煤样的发热量均随着灰分的降低而升高,在灰分变化和煤质变化的综合作用下,最终得出了发热量的变化趋势。

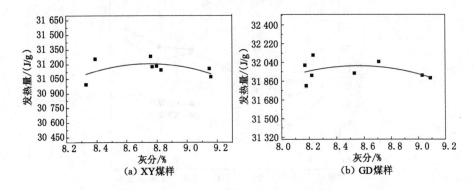

图 4-41　不同助剂浓度下 XY、GD 煤样脱硫后煤样发热量与灰分的关系

(6) 助剂浓度对煤样含氧官能团含量的影响

不同助剂浓度下脱硫后 XY 和 GD 煤样含氧官能团含量如表 4-20 所列。观察表 4-20 可知,两煤样中总酸性基团和羧基含量的变化趋势基本一致,二者均随着助剂浓度减小先增高,在助剂浓度为 5∶1 时达到最大值;当助剂浓度继续降低时,两煤样中总酸性基团和羧基含量又都出现下降。酚羟基含量随助剂浓度的变化改变不大,当助剂浓度小于 1∶1 时两煤样中酚羟基含量才开始下降。这说明煤样中总酸性基团含量的变化主要是由于羧基含量变化引起的。

将煤样中各含氧官能团含量与黏结性指数 G 作图,结果分别如图 4-42、图 4-43 和图 4-44 所示。

表 4-20 不同助剂浓度条件下煤样中含氧官能团含量变化

浓度	XY 煤样含氧官能团含量/(mmol/g)			GD 煤样含氧官能团含量/(mmol/g)		
	总酸性基团	羧基	酚羟基	总酸性基团	羧基	酚羟基
原煤	2.28	1.51	0.77	2.30	1.52	0.78
全液	2.85	1.91	0.94	2.84	1.92	0.92
5∶1	3.00	2.05	0.96	3.00	2.18	0.82
3∶1	2.88	1.92	0.96	2.86	1.83	1.04
1∶1	2.80	1.82	0.98	2.88	1.83	1.05
1∶3	2.53	1.80	0.73	2.70	1.73	0.97
1∶5	2.48	1.76	0.72	2.46	1.76	0.69
全水	2.27	1.57	0.69	2.24	1.56	0.68

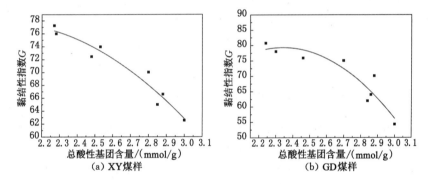

图 4-42 XY、GD 煤样脱硫后总酸性基团含量与黏结性指数 G 的关系

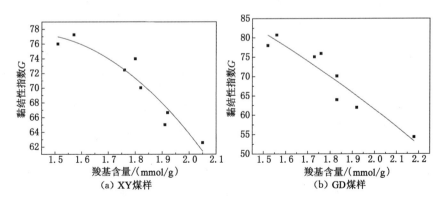

图 4-43 XY、GD 煤样脱硫后羧基含量与黏结性指数 G 的关系

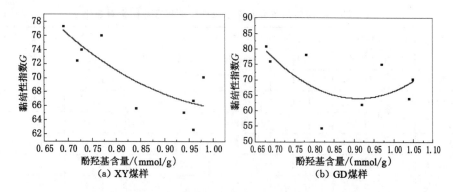

图 4-44　XY、GD 煤样脱硫后酚羟基含量与黏结性指数 G 的关系

　　综上所述,确定一个合理的助剂浓度不仅可以获得较好的脱硫效果,也可以确保煤质不被过度破坏。当助剂浓度为全助剂时,XY 和 GD 煤样都有较好的脱硫效果,同时黏结性指数均在 60 以上;当助剂浓度为 5∶1 时,虽然脱硫效果更好,但是对黏结性的伤害也更大;助剂浓度更小时则不足以达到较好的脱硫效果。因此在后续的研究中,将助剂的浓度确定为全助剂。

4.3.6　煤样粒度对微波脱硫效果及煤质变化影响

　　试验条件:HAc 与 H_2O_2 体积比为 1∶5,微波辐照时间为 40 s,微波辐照功率为 500 W,固液比为 1∶3,助剂浓度为全助剂,煤样粒度有 0.045~0.074 mm、0.074~0.125 mm、0.125~0.25 mm 和 0.25~0.5 mm 共 4 个水平。

　　(1)煤样粒度对煤样含硫量、精煤产率和脱硫率的影响

　　不同粒度的 XY 和 GD 煤样经过微波脱硫后,其含硫量变化分别如图 4-45

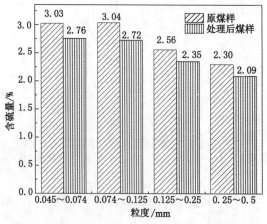

图 4-45　XY 煤不同粒度下脱硫前后含硫量变化

和图 4-46 所示。从图 4-45 可以看出,XY 原煤样和脱硫处理后煤样的含硫量随着粒度的增加都是减小的;同时可以看到,随着粒度的增加煤样中硫分降低的幅度越来越小,这说明煤样粒度的增加不利于煤中硫分的脱除。从图 4-46 可以看出,对于 GD 煤样,各粒度下原煤硫分和脱硫后硫分相差都不大,但粒度小的煤样比粒度大的煤样硫分下降的幅度要大。

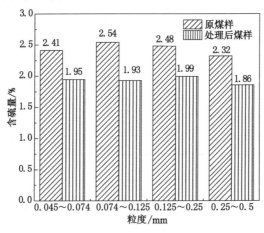

图 4-46　GD 煤不同粒度下脱硫前后含硫量的变化

由图 4-47 可见,XY 和 GD 两煤样的精煤产率和脱硫率都随着粒度的增加而减小,煤样粒度小于 0.125 mm 时脱硫率最大,分别在 11% 和 23% 左右。以上现象可能是由于煤样粒度比较大时,助剂在微波作用下难以进入煤样内部,不能与煤样内部含硫矿物和有机质进行反应,使得脱硫率降低。

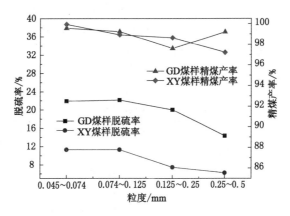

图 4-47　不同煤样粒度下脱硫率和精煤产率的影响

（2）煤样粒度对煤样形态硫的影响

XY 和 GD 两煤样各粒度煤样经过脱硫处理后形态硫测定结果分别如表 4-21、表 4-22 所列。由两表可以看出，煤样粒度越小，煤中各形态硫含量下降越多。当煤样粒度大于 0.125 mm 时煤样中的有机硫很难被脱除，粒度过大时煤中硫铁矿硫和硫酸盐硫的脱除效果也不好。

表 4-21　不同粒度 XY 煤样处理后形态硫分析结果

粒度/mm	脱硫后形态硫含量/%				原煤形态硫含量/%			
	$S_{s,ad}$	$S_{p,ad}$	$S_{o,ad}$	$S_{t,ad}$	$S_{s,ad}$	$S_{p,ad}$	$S_{o,ad}$	$S_{t,ad}$
0.045~0.074	0.04	0.03	2.69	2.76	0.14	0.1	2.79	3.03
0.074~0.125	0.05	0.06	2.61	2.72	0.12	0.19	2.73	3.04
0.125~0.25	0.04	0.1	2.21	2.35	0.11	0.2	2.25	2.56
0.25~0.5	0.06	0.11	1.92	2.09	0.08	0.23	1.99	2.30

表 4-22　不同粒度 GD 煤样处理后形态硫分析结果

粒度/mm	脱硫后形态硫含量/%				原煤形态硫含量/%			
	$S_{s,ad}$	$S_{p,ad}$	$S_{o,ad}$	$S_{t,ad}$	$S_{s,ad}$	$S_{p,ad}$	$S_{o,ad}$	$S_{t,ad}$
0.045~0.074	0.05	0.04	1.86	1.95	0.13	0.27	2.01	2.41
0.074~0.125	0.06	0.09	1.78	1.93	0.10	0.3	2.14	2.54
0.125~0.25	0.07	0.22	1.71	2.00	0.13	0.52	1.83	2.48
0.25~0.5	0.06	0.23	1.57	1.86	0.09	0.63	1.60	2.32

（3）煤样粒度对煤样工业分析指标的影响

不同粒度 XY 和 GD 煤样脱硫后的工业分析结果分别如表 4-23 和表 4-24 所列。由两表可知，脱硫前后不同粒度煤样各工业分析指标中变化最大的是灰分。微波处理后两煤样灰分仍然随着粒度的增大而增大，这说明煤样粒度大不利于其在微波脱硫过程中降低灰分。

表 4-23　不同粒度 XY 煤样微波脱硫前后工业分析结果

粒度/mm	脱硫后煤样工业分析/%				原煤样工业分析/%			
	M_{ad}	A_{ad}	V_{ad}	FC_{ad}	M_{ad}	A_{ad}	V_{ad}	FC_{ad}
0.045~0.074	1.19	6.57	18.92	73.32	1.37	7.15	19.57	71.91
0.074~0.125	1.09	8.38	19.36	71.17	1.26	9.16	19.82	69.76
0.125~0.25	1.07	10.84	18.93	69.17	1.03	11.74	19.43	67.80
0.25~0.5	0.76	12.12	19.32	67.80	0.74	12.62	19.82	66.82

表 4-24   不同粒度 GD 煤样微波脱硫前后工业分析结果

粒度/mm	脱硫后煤样工业分析/%				原煤样工业分析/%			
	M_{ad}	A_{ad}	V_{ad}	FC_{ad}	M_{ad}	A_{ad}	V_{ad}	FC_{ad}
0.045~0.074	1.57	7.73	18.45	72.26	1.42	8.55	19.64	70.39
0.074~0.125	1.34	8.19	19.41	71.06	1.35	9.09	18.95	70.61
0.125~0.25	0.96	10.57	18.23	70.25	0.94	11.23	18.03	69.80
0.25~0.5	0.75	13.93	20.99	64.33	0.73	14.73	19.96	64.58

（4）煤样粒度对煤样黏结性的影响

不同粒度 XY 和 GD 煤样微波脱硫前后黏结性变化分别如图 4-48 和图 4-49 所示。由两图可知,两煤样粒度越小,脱硫处理后 G 值越小,黏结性下降越明显;粒度越大,G 值越大,对黏结性保护得越好。由于各粒度原煤样 G 值都不一样,为了说明脱硫过程中 G 值与粒度的关系,就需要统一的比较指标,因此本书引入了 G 值下降率这一概念,即各粒度原煤样 G 值减去脱硫煤样 G 值再除以原煤样 G 值。G 值下降率越大说明黏结性下降越明显。作出 G 值下降率与煤样粒度之间的关系图,结果如图 4-50 所示。

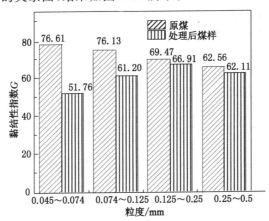

图 4-48   XY 煤脱硫前后黏结性指数 G 随粒度的变化

由图 4-50 可以看出,XY 和 GD 两煤样的 G 值下降率均随着煤样粒度的增加而减小,验证煤样粒度越大,在微波脱硫过程中对黏结性的保护作用就越强。

（5）煤样粒度对煤样发热量的影响

微波脱硫前后 XY 和 GD 煤样各粒度的发热量测量结果如表 4-25 所列。由表可以看出,XY 和 GD 脱硫后煤样的发热量均比原煤样高;而随着粒度的增

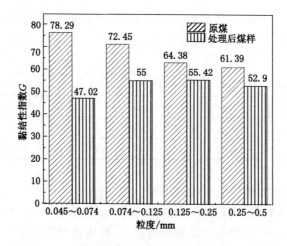

图 4-49　GD 煤脱硫前后黏结性指数 G 随粒度的变化

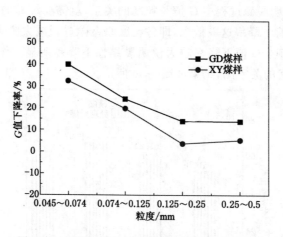

图 4-50　微波辐照前后 G 值下降率随粒度的变化

大,处理后煤样的发热量逐渐降低,通过之前各小节的分析,认为这与煤样中灰分含量的多少有关。

表 4-25　各粒度下 XY、GD 煤样脱硫前后发热量

煤样粒度/mm	发热量/(J/g)			
	XY 煤样处理前	XY 煤样处理后	GD 煤样处理前	GD 煤样处理后
0.045~0.074	31 474	31 597	31 964	32 245
0.074~0.125	31 073	31 257	31 891	32 012
0.125~0.25	30 131	30 460	30 279	30 510
0.25~0.5	30 008	30 513	29 360	30 016

（6）煤样粒度对煤中含氧官能团含量的影响

XY 和 GD 煤各粒度煤样脱硫前后各含氧官能团含量测量结果分别如表 4-26 和表 4-27 所列。通过观察表中数据可知，经微波脱硫后，XY 和 GD 煤样中各含氧官能团的含量与原煤样相比总体上升，且粒度越小上升得越明显。对于羧基和酚羟基两种含氧官能团，羧基基团含量增加的趋势要比酚羟基明显，这与两煤样黏结性指数 G 的变化趋势是一致的。

表 4-26　XY 煤不同粒度煤样脱硫前后含氧官能团含量变化

粒度/mm	总酸性基团含量/(mmol/g)		羧基含量/(mmol/g)		酚羟基含量/(mmol/g)	
	脱硫前	脱硫后	脱硫前	脱硫后	脱硫前	脱硫后
0.045~0.074	2.30	2.98	1.51	1.98	0.79	1.00
0.075~0.125	2.28	2.86	1.51	1.91	0.77	0.96
0.125~0.25	2.19	2.77	1.56	1.81	0.62	0.95
0.25~0.5	2.26	2.30	1.59	1.59	0.67	0.71

表 4-27　GD 煤不同粒度煤样脱硫前后含氧官能团含量变化

粒度/mm	总酸性基团含量/(mmol/g)		羧基含量/(mmol/g)		酚羟基含量/(mmol/g)	
	脱硫前	脱硫后	脱硫前	脱硫后	脱硫前	脱硫后
0.045~0.074	2.23	2.98	1.55	1.91	0.68	1.08
0.075~0.125	2.30	2.84	1.52	1.91	0.78	0.93
0.125~0.25	2.25	2.64	1.51	1.73	0.74	0.91
0.25~0.5	2.19	2.46	1.53	1.59	0.66	0.87

综上所述，在微波脱硫过程中确定煤样合理粒度对提高脱硫率和保护煤质来说都有重要意义。当煤样粒度大于 0.125 mm 时，微波在助剂的作用下难以达到较好的脱硫效果；当煤样粒度小于 0.074 mm 时，虽然能达到较好的脱硫效果，但煤的黏结性下降又比较大。因此建议将脱硫过程中的煤样粒度控制在 0.074~0.125 mm，这样既能达到较好的脱硫效果，又能最大可能地保护煤炭原有的性质。

4.3.7　HAc 与 H_2O_2 条件下煤炭微波脱硫的正交试验研究

为了全面了解各因素各水平对脱硫效果和煤质的影响，采用正交试验方法。

在前面的试验过程中发现，当煤样粒度过大时，脱硫效果并不明显，因此在本正交试验中不考虑煤样粒度因素，试验中煤样的粒度直接选为 0.074~0.125 mm。

正交试验选择 6 因素 5 水平正交表 $L_{25}(5^6)$，考察的试验因素依次为助剂配比、辐照时间、辐照功率、固液比和助剂浓度。用字母 A 表示助剂配比，考察的因素水平分别为 5:1、2:1、1:1、1:2 和 1:5；字母 B 表示辐照时间，考察的因数水平分别为 10 s、20 s、30 s、40 s 和 50 s；字母 C 表示辐照功率，考察的因数水平分别为 100 W、300 W、500 W、700 W 和 900 W；字母 D 表示固液比，考察的因数水平分别 1:1、1:3、1:5、1:8 和 1:10；字母 E 表示助剂浓度，考察的因数水平为全助剂、5:1、1:1、1:5 和全水；空白列 F 在方差分析中作为误差列使用。

（1）试验煤样正交试验的直接分析

表 4-28 和表 4-29 分别是 XY 和 GD 煤样的正交试验表。在正交试验中需要考察脱硫率和 G 值两个试验指标，传统的方法是将两值按重要性不同进行加权计算得出最终结果。但因煤样的脱硫率一般在 20% 以下，而 G 值一般在 50以上，如果简单地取权值进行加权计算，结果中难以抵消 G 值因为本身数值大而产生的影响，使得最终结果具有误导性。所以在本试验中，修正了脱硫率和 G值的评价指标，引入相对脱硫率和相对黏结性系数概念。即将每次试验中得到的脱硫率除以全部试验中达到的最大脱硫率，得到的值就是相对脱硫率；同样将每次试验中得到的黏结性指数 G 除以试验中得到的最大黏结性指数 G，就得到了相对黏结性指数。其值分别用 T 和 N 表示，最后将二者分别取权重为 0.5 进行加权计算，得到最后的评价指标 Z。

表 4-28　XY 煤样微波脱硫的正交试验表

序号	A	B	C	D	E	F	T_1	N_1	Z_1
1	1	1	1	1	1		0.29	0.67	0.48
2	2	2	2	2	2		0.56	0.42	0.49
3	3	3	3	3	3		0.64	0.75	0.70
4	4	4	4	4	4		0.36	0.88	0.62
5	5	5	5	5	5		0.21	0.95	0.58
6	2	1	2	3	4		0.35	0.86	0.60
7	2	2	3	4	5		0.29	1.07	0.68
8	2	3	4	5	1		0.85	0.38	0.61
9	2	4	5	1	2		0.71	0.25	0.48
10	2	5	1	2	3		0.69	0.42	0.55
11	3	1	3	5	2		0.86	0.28	0.57
12	3	2	4	1	3		0.78	0.17	0.48

表 4-28(续)

序号	A	B	C	D	E	F	T_1	N_1	Z_1
13	3	3	5	2	4		0.65	0.54	0.60
14	3	4	1	3	5		0.31	0.93	0.62
15	3	5	2	4	1		0.86	0.18	0.52
16	4	1	4	2	5		0.29	0.89	0.59
17	4	2	5	3	1		0.80	0.54	0.67
18	4	3	1	4	2		0.56	0.46	0.51
19	4	4	2	5	3		0.49	0.68	0.59
20	4	5	3	1	4		0.49	0.83	0.66
21	5	1	5	4	3		0.64	0.79	0.72
22	5	2	1	5	4		0.57	0.87	0.72
23	5	3	2	1	5		0.21	0.96	0.59
24	5	4	3	2	1		0.79	0.75	0.77
25	5	5	4	3	2		0.65	0.61	0.63
K_1	0.57	0.59	0.58	0.54	0.61	0.60			
K_2	0.58	0.61	0.56	0.60	0.54	0.61			
K_3	0.56	0.60	0.68	0.64	0.61	0.61			
K_4	0.60	0.62	0.59	0.61	0.64	0.60			
K_5	0.69	0.59	0.61	0.61	0.61	0.59			
R	0.13	0.03	0.12	0.11	0.10	0.02			

表 4-29　GD 煤样微波脱硫的正交试验表

序号	A	B	C	D	E	F	T_2	N_2	Z_2
1	1	1	1	1	1		0.49	0.42	0.45
2	2	2	2	2	2		0.82	0.32	0.57
3	3	3	3	3	3		0.75	0.50	0.62
4	4	4	4	4	4		0.35	0.89	0.62
5	5	5	5	5	5		0.22	0.97	0.60
6	2	1	2	3	4		0.51	0.61	0.56
7	2	2	3	4	5		0.22	0.96	0.59
8	2	3	4	5	1		0.75	0.28	0.51
9	2	4	5	1	2		0.97	0.19	0.58

表 4-29(续)

序号	A	B	C	D	E	F	T_2	N_2	Z_2
10	2	5	1	2	3		0.66	0.73	0.70
11	3	1	3	5	2		0.90	0.19	0.54
12	3	2	4	1	3		0.79	0.64	0.71
13	3	3	5	2	4		0.44	0.84	0.64
14	3	4	1	3	5		0.16	0.97	0.57
15	3	5	2	4	1		0.96	0.16	0.56
16	4	1	4	2	5		0.25	0.99	0.62
17	4	2	5	5	1		0.87	0.28	0.57
18	4	3	1	4	2		0.70	0.47	0.59
19	4	4	2	5	3		0.71	0.57	0.64
20	4	5	3	1	4		0.56	0.84	0.70
21	5	1	5	4	3		0.69	0.80	0.75
22	5	2	1	5	4		0.42	0.86	0.64
23	5	3	2	4			0.24	0.96	0.60
24	5	4	3	2	1		0.91	0.84	0.87
25	5	5	4	3	2		0.94	0.54	0.74
K_1	0.57	0.58	0.59	0.61	0.59	0.61			
K_2	0.59	0.62	0.59	0.68	0.60	0.60			
K_3	0.60	0.59	0.66	0.61	0.68	0.62			
K_4	0.62	0.66	0.64	0.62	0.63	0.61			
K_5	0.72	0.66	0.63	0.59	0.60	0.67			
R	0.15	0.08	0.08	0.09	0.09	0.07			

表 4-28 中,XY 煤微波脱硫各因素按极差大小排序分别是 A＞C＞D＞E＞B,最佳试验为第 24 号试验 A5C3D2E1B4。GD 煤微波脱硫各因素按极差大小排序分别为 A＞D＝E＞B＝C,效果最佳的试验也是第 24 号试验。该试验条件为:助剂配比为 1∶5、辐照功率为 500 W、固液比为 1∶3、助剂浓度为全助剂、辐照时间为 40 s。这与之前单因素试验所优化出来的试验条件是一致的。此时两煤样的脱硫率分别可达 11.31％和 24.62％,黏结性指数 G 分别可达 63 和 61,按煤炭划分标准为中等偏强黏结性煤。本实验中正交试验的直接分析可得到最佳试验条件,但对于 GD 煤样,由于直接分析中极差的有效位数只取到小数点后

两位,因此出现了影响作用相同的情况,为了更精确研究各因素对试验结果影响的强弱顺序,需对试验结果进行方差分析。

（2）试验煤样正交试验方差分析

XY 和 GD 煤样正交试验的方差分析结果分别如表 4-30 和表 4-31 所列。结果表明,试验中 5 个因素按对试验结果的影响强弱排序依次为助剂配比＞辐照功率＞固液比＞助剂浓度＞辐照时间,也就是说在 5 个因素中助剂的配比对脱硫效果和 G 值影响最大。

表 4-30　XY 煤样正交试验方差分析

因素	偏差平方和 S	自由度 f	F 比	F 临界值	显著性
助剂配比	0.051	4	25.5		＊＊＊
辐照时间	0.003	4	1.5		＊
辐照功率	0.042	4	21	$F_{0.10}(4,4)=4.11$	＊＊＊
固液比	0.031	4	15.5	$F_{0.05}(4,4)=6.39$	＊＊
助剂浓度	0.029	4	14.5	$F_{0.01}(4,4)=16$	＊＊
误差	0.002	4			

表 4-31　GD 煤样正交试验方差分析

因素	偏差平方和 S	自由度 f	F 比	F 临界值	显著性
助剂配比	0.068	4	5.23		＊
辐照时间	0.024	4	1.85		＊
辐照功率	0.029	4	2.23	$F_{0.10}(4,4)=4.11$	＊
固液比	0.025	4	1.92	$F_{0.05}(4,4)=6.39$	＊
助剂浓度	0.025	4	1.90	$F_{0.01}(4,4)=16$	＊
误差	0.013	4			

4.4　XY 煤微波脱硫前后表面结构与组分对比

利用 SEM、FTIR、XPS 以及 XANES 等分析手段,对 XY 煤脱硫前后煤样的表面岩相结构、有机官能团以及主要构成元素的赋存形态进行了研究。

4.4.1　脱硫前后煤样的 SEM 分析

脱硫前后煤样的表面形态通过扫描电镜进行观察分析（见图 4-51）。从脱硫后煤样的电镜图[图 4-51(c)(d)]发现,在微波以及 HAc/H_2O_2 溶液的共同作用下,煤粒的表面在一定程度上被"清洁"了。这说明在脱硫的过程中,一些矿物质也被清洗出去,煤粒表面不再有很多微细矿物质包覆,这与前文分析中煤样灰分下降的测试结果一致。从图 4-51(c)还能看出,煤粒表面出现了新的断口和裂纹,这可能是由于煤粒在微波作用下,不同成分之间的热效应有差别,导致各部分应力不平衡,从而产生结构断裂。而这种变化在一定程度上有利于脱硫反应的继续发展,因为新生裂缝有利于脱硫助剂进入煤粒内部,而新生表面上的含硫基团也具有更高的反应活性,容易与助剂发生相应的反应[187]。值得注意的是,在某些煤粒表面,粗糙程度也比较高,出现了较为密集的小凹点和小孔洞,它们并不像脱硫前煤粒表面的矿物质包覆,猜测可能是由于脱硫助剂的氧化效应导致的表面形态变化。

(a) 脱硫前煤样 　　　　 (b) 煤中矿物质表面

(c)(d) 脱硫后煤样

图 4-51　XY 煤表面岩相形态

4.4.2　脱硫前后煤样的 FTIR 分析

红外分析选用 Nicolet 380 型红外扫描仪,配备 DTGS 检测探头。扫描共进行 32 次,谱图分辨率设置为 4 cm^{-1},保存 400～4 000 cm^{-1} 波数范围内的红外吸收信号。

图 4-52 为微波脱硫前后 XY 煤样的 FTIR 扫描谱图。从整体上看,脱硫前后的谱图形状大致相近,这说明在微波脱硫前后,煤样的基本结构没有发生显著的变化。

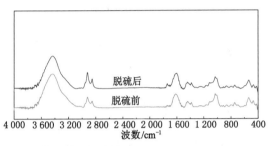

图 4-52　XY 煤 FTIR 分析谱图

具体来看,在波数 4 000～3 000 cm^{-1} 区间,有羟基基团的吸收,这其中很大程度上是由于样品的干燥不够彻底,吸水较多,而水中的羟基对红外辐射有较强的吸收。另外,酚羟基、醇羟基都会对该频率段的红外辐射产生吸收。也有研究认为煤中的某些矿物质会对该波数段的红外辐射产生吸收。因此,该波数段的红外吸收很复杂,特别是对于物理化学组成及结构本身就很复杂的煤来说,影响红外吸收的因素更多,该频段的吸收峰不能完全反映有效的结构信息,故不对其做过多的讨论。

在 3 000～2 800 cm^{-1} 波数段,有比较明显的吸收峰,普遍认为该波数段的吸收峰是烷烃中 C—H 键的伸缩振动导致的[188-189]。其中,2 855 cm^{-1} 附近的吸收谱带为亚甲基的对称伸缩振动,而 2 950 cm^{-1} 处的吸收谱带则是由于甲基中 C—H 键的非对称伸缩振动形成的[190-191]。理论上,该区间应该还会出现亚甲基中 C—H 键的非对称伸缩振动吸收谱带以及甲基中 C—H 键的对称伸缩振动吸收谱,但在图 4-52 中,并没有明显的对应吸收谱带。通过分峰拟合的方法,发现在 2 920 cm^{-1} 和 2 891 cm^{-1} 附近分别有上述两种对应的红外吸收峰(见图 4-53)。在煤炭的分子结构中,甲基通常是小分子结构上的侧链,而亚甲基有可能是煤炭分子中基本单元结构中的桥键,或者存在于少数较短的烷基侧链中[192]。

在 1 800～1 000 cm^{-1} 波数范围内,红外吸收峰主要源于含氧官能团的不同分子振动,其中以含氧键的伸缩振动为主要的振动形式。1 620 cm^{-1} 和 1 745 cm^{-1} 处的吸收谱带源于羰基和羧基的伸缩振动,比较发现,在微波脱硫

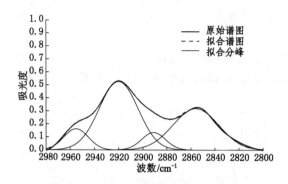

图 4-53　分峰拟合的 XY 原煤 FTIR 谱图（2 980～2 800 cm^{-1}）

后,峰的强度有一定的增强,也从另一个侧面证实了微波脱硫中煤样被氧化的事实。另外,理论上讲,在 1 300～1 200 cm^{-1} 区间,会出现 C—OH 的伸缩振动吸收谱带,而在原煤、脱硫煤的红外谱图中均未发现显著的峰形,这可能是由于 C—OH 结构中,C—O 的伸缩振动本身较弱,而煤样中 C—OH 结构的浓度又太低[193]。

对于本书研究的对象 XY 高硫焦煤来说,煤中的含硫基团无疑应该是重点讨论的部分,但研究发现,尽管砜 O＝S＝O 和亚砜 S＝O 在纯化合物中表现出对红外辐射的强吸收,吸收频率大概在 1 300 cm^{-1}、1 125 cm^{-1} 以及 1 040 cm^{-1},但在红外吸收谱图中,它们都没有表现出明显的吸收峰,这可能是由于其他含氧基团吸收以及苯环上＝C—H 的面内弯曲振动吸收的覆盖效应。另外,这些含硫基团的含量对于整个煤的结构来说比例很低,并不能主导其对红外辐射的吸收。

1 000～400 cm^{-1} 波数段出现的吸收峰主要源于煤的芳香结构中的 C—H 键的弯曲振动以及部分矿物质的吸收。另外,猜测 475 cm^{-1} 处的吸收峰是由链状硫醇中的 C—S 键的伸缩振动导致的,而 535 cm^{-1} 处出现的吸收峰则对应于硫醚中 C—S—C 结构的伸缩振动。相比于原煤的吸收强度,脱硫后这两个峰的强度都有一定程度的减弱,说明在实验条件下,原煤中以硫醇、硫醚形式存在的硫转化成为其他形态。前人研究认为黄铁矿结构的分子振动也会对红外辐射产生吸收,对应的吸收谱带大概在 425 cm^{-1}。而在本实验测定的 FTIR 谱图中,对应的位置似乎也有这样的峰,而这个峰的强度在脱硫煤的 FTIR 谱图中略有减弱,一定程度上说明了在微波脱硫的过程中,黄铁矿发生了转化。

4.4.3　脱硫前后煤中碳、硫、氧的 XPS 分析

样品利用中国矿业大学现代分析测试中心的 ESCALAB250Xi 型 X-射线光

电子能谱仪进行测试。样品的宽扫阶段,步能量为 1 eV,总通过能量 100 eV,扫描元素包括碳、氧、硫、氮以及煤中常常出现的几种矿物元素铝、硅和铁;窄扫阶段,步能量为 0.05 eV,总通过能量 20 eV,研究元素为碳、硫和氧。

原始的测试谱图比较粗糙,存在较多"噪音",因此在后期的谱图处理中,选用 Savitzky-Golay 函数模式对谱图进行消噪,同时扣除基底,以校正由于 $\pi-\pi^*$ 振动和弹性散射能量损失造成的伴峰[180]。对于结合能的校准,采用内标法,定 C—C 主峰 C 1s 峰的中心结合能为 284.80 eV。谱峰的分解采用 Gaussian/Lorentzian 线型,分峰软件选用 XPSpeak 4.1,不同赋存形态的元素的相对含量通过计算各解析峰的面积之比得到。而为了控制 XPS 测试的误差,对于脱硫前后的煤样,分别进行了两次测试,并分别求取平均值作为最后的分析结果。

XY 煤表面元素组成的 XPS 宽扫结果见表 4-32。

表 4-32　XY 煤表面元素组成的 XPS 宽扫结果

峰位	结合能/eV	原子含量/%	
		微波脱硫前	微波脱硫后
C 1s	284.80	82.04	72.69
O 1s	532.40	11.33	24.16
S 2p	164.02	1.05	0.78
N 1s	400.01	0.53	0.65
Al 2p	74.95	1.79	1.15
Si 2p	102.84	2.61	1.26
Fe 2p	713.46	0.65	0.31

从表 4-32 可以看出,微波脱硫前后,煤样表面不同元素呈现不同的含量变化。碳元素的相对含量出现了较为明显的下降,从脱硫前的 82.04% 下降到了 72.69%,与之相对应的是氧元素的含量从 11.33% 上升到了 24.16%。碳元素相对含量的变化可能是由于煤在微波脱硫中,小部分活性较强的有机质结构在微波辐照作用下发生了分解;而氧元素含量的增长,极有可能是煤炭颗粒的部分表面在微波脱硫过程中被氧化性较强的 HAc/H_2O_2 助剂氧化。此外,通过 XPS 宽扫的结果,我们计算了煤炭元素结构中常用到的一个指标——碳氧原子比 C/O。不难发现,经微波处理后,XY 煤表面的 C/O 从原来的 7.94 下降到了 3.77。这对于煤样中有机结构,特别是煤中碳氧有机结构的变化来说,是一个极为明显的信号。再来看重点关注的硫元素,脱硫前的相对含量为 1.05%,微波

辅助处理后,下降到 0.78％,与之前计算的脱硫率大致相近,而又略高,说明脱硫作用更倾向于发生在煤炭颗粒的表面。

XPS 分析的窄谱扫描,是检测某种元素化学赋存形态的关键操作,XPS 测试除了了解煤样表面不同元素的相对含量外,更主要的是研究几种主要元素的化学赋存形态在微波处理前后的变化规律。其中,对于硫元素的测试,旨在说明微波脱硫前后各形态硫元素的变化,以推测微波脱硫的一般机理以及微波辅助脱硫中硫元素的迁移机制;对于氧元素的测试,意在说明脱硫助剂在处理中的附加效应,进一步完善微波辅助脱硫机理,并对微波脱硫后煤样性质的某些变化进行合理的解释。

有研究表明,XPS 分析对于检测样品中氧元素的化学赋存形态有一定的偏差,一般表现为对醚基氧(C—O—C)和羟基氧(C—O—H)不能进行有效分辨,而在 O 1s 谱图中,有机氧与无机氧也常常会被混淆。因此,一般不太倾向直接对样品进行氧元素的窄谱扫描。另外,本书研究中测试样品为煤样,样品中含有的碳、氮、硫以及其他无机矿物元素都会不同程度影响煤中氧的存在形态。煤中氧元素,尤其是有机氧的存在形式,在很大程度上与煤中碳元素的存在形式相关,因此,多数情况下,通过研究碳元素的赋存形态来观察氧元素的变化[195]。因此本书的 XPS 测试中,只对硫元素和碳元素进行窄谱扫描。

在进行硫元素 XPS 谱图解析时,将 S 2p 的峰位结合能分为 5 个区间:162.5～164.0 eV,164.0～165.0 eV,165.0～166.2 eV,166.5～168.5 eV 和169.0～171.0 eV,分别对应于 5 种不同化合形态的硫:硫醇(硫醚)类硫、噻吩硫、亚砜硫、砜硫和硫酸盐硫。把 C 1s 的峰位结合能分为 4 个区段:284.4～285.0 eV,285.0～286.0 eV,286.2～288.0 eV 以及 288.5～290.0 eV,分别对应 C—H(或 C—C),C—O,C＝O(或 O—C—O)以及 O—C＝O 等碳的赋存结构形式。

表 4-33 记录了脱硫前后 XY 煤样表面不同赋存形态的硫元素的相对含量。显然,脱硫前后,硫元素都主要以有机形态存在,脱硫前有机硫的相对含量达到了 92.14％,而脱硫后这一值下降到 91.50％,似乎有机硫的相对含量在微波脱硫前后并没有很明显的变化。但是,结合形态硫分析结果,会有一些意外的发现。XPS 测试数据显示原煤中有机硫的相对含量为 92.14％,而根据形态硫分析结果,原煤中有机硫的相对含量为 84.25％。对于这个数据差异,较为合理的解释有两点:其一,在 XPS 测试中,并没有单独将黄铁矿硫列出,而事实上,这部分硫都被默认归入了硫醇(硫醚)类;其二,黄铁矿在煤炭颗粒内的分布可能导致它难以通过 XPS 检测到。

表 4-33 XY 煤表面不同形态硫元素的相对含量

S 2p 的峰位结合能/eV		形态硫相对含量/%		硫形态
原煤	脱硫煤	原煤	脱硫煤	
163.75	163.80	49.53	44.55	硫醇,硫醚
164.80	164.85	24.04	23.44	噻吩硫
165.56	165.60	5.48	9.35	亚砜
168.40	168.35	13.03	14.16	砜
169.30	169.20	7.86	8.49	硫酸盐硫

从图 4-54 可以看出,所有的 S 2p 峰位结合能在脱硫后没有出现很大的变化,说明微波脱硫前后,煤中硫元素的存在形态没有发生改变。然而,显而易见的是,微波处理后谱峰的强度出现一致性的减弱,这说明,在保持赋存形态种类不变的同时,各种形态硫的绝对含量都有下降。

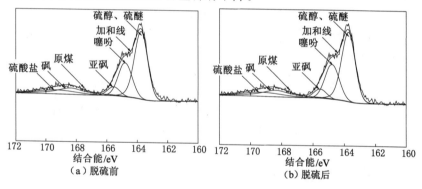

图 4-54 XY 煤表面硫元素的 XPS 谱图

分析表 4-33 数据发现,微波处理后,硫醇(硫醚)、噻吩类硫元素的相对含量下降,其中尤以硫醇(硫醚)类硫下降最为明显,而同时,亚砜硫、砜硫和硫酸盐硫的相对含量都有不同程度的上升。

大部分的有机硫原子都以 S^{2-} 形式存在,这种结构含有两个孤对电子,具有很强的电负性。当参与化学反应时,这样的结构具有很强的还原性,而一旦反应体系内存在氧化剂,将会诱发强烈的氧化还原反应[196]。本研究中,添加的脱硫助剂 HAc/H_2O_2 溶液就是一种氧化剂,它们在有机硫的脱除中具有很重要的作用。事实上,乙酸能够提前与过氧化氢反应生成氢氧正离子 OH^+。氢氧正离子具有很强的亲电特性,能够与电负性物质发生反应,也是说有机硫很容易与氢氧正离子发生反应,使这些电负性很强的硫原子向氧化态转化。这一反应机制,在

某种程度上说明了亚砜硫、砜硫甚至是硫酸盐硫相对含量的上升。此外,乙酸本身也能够直接与含硫组分反应,可能发生的反应如下:

$$CH_3COOH + H_2O_2 \longrightarrow CH_3COOOH + H_2O$$

$$CH_3COOOH + H^+ \longrightarrow CH_3COOH + OH^+$$

$$硫醇、硫醚 + OH^+ \longrightarrow 砜 + 亚砜 + SO_4^{2-} + H_2O + SO_2$$

$$亚砜 + OH^+ \longrightarrow 砜$$

$$噻吩 + OH^+ \longrightarrow 噻吩砜 + SO_4^{2-} + Ar, R-COOH + 砜 + CO_2 + SO_2$$

$$CH_3COOH \longrightarrow CH_3CO- + -OOH$$

$$CH_3COOH + FeS \longrightarrow Fe(CH_3COO)_2 + H_2S$$

煤样表面碳元素的 XPS 谱图如图 4-55 所示,谱图解析结果记录于表 4-34 中。不论脱硫前,还是脱硫后,煤粒表面的碳元素主要存在于芳香化合物或者烷烃取代的芳香化合物中,而羰基碳、羧基碳以及碳酸盐中的碳只占很小的份额。脱硫后,以 C—C、C—H 形式存在的碳,相对含量下降了 5.79%,与此同时,存在于 C=O,O—C—O 以及 O—C=O 结构中的碳,相对含量显著上升。另外一方面,我们发现,煤粒表面的有机氧主要以 C—O 形式存在,少部分以 C=O 及 COO—形式存在。

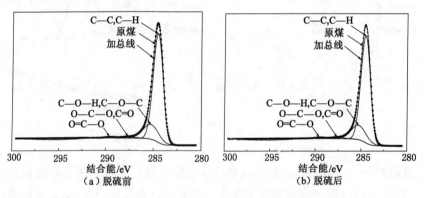

图 4-55　XY 煤表面碳元素的 XPS 谱图

表 4-34　XY 煤表面不同形态碳元素的相对含量

煤样	不同形态碳元素相对含量/%			
	C—C,C—H	C—O—H,C—O—C	C=O,O—C—O	O—C=O
微波脱硫前	79.58	17.46	1.92	1.05
微波脱硫后	73.79	18.51	3.05	4.65

结合 XPS 宽扫测试结果以及煤样的元素分析结果,发现脱硫后含氧官能团

的含量显著上升,其中以 COO—形式存在的氧含量增加最多,这与前文记录的化学滴定测试结果一致。这说明,以 HAc/H_2O_2 溶液辅助的微波脱硫过程确实对煤炭颗粒表面产生了氧化作用。在 HAc/H_2O_2 溶液存在的条件下,包含更多氧原子的化学基团,例如羰基的含量就会上升,相比之下,不含氧原子的化学基团的含量就有所下降。相对于烷基取代的芳香化合物、酚羟基以及醚结构中的碳,羰基、羧基以及无机碳酸盐中的碳能够连接更多的氧原子,而 XPS 测试结果也显示 O=C—O 基团的含量上升明显。

4.4.4 脱硫前后煤中硫元素的 XANES 分析

XY 煤中硫元素的 X-射线吸收近边结构光谱测试在中科院高能物理研究所北京同步辐射实验室 4B7A 线站完成。煤样的测试采用荧光场模式,参照样品的测试在全电子产额(TEY)模式下进行[191]。理论上讲,相比全电子产额模式,荧光场模式对于颗粒样品内部有更好的穿透性,但对于还原性产物,荧光场模式的敏感性较弱[198]。测试在超高真空系统中进行,电子束强度从 50 mA 到 250 mA 变化,加速电压 2.5 GeV。入射 X-射线能量通过 W/B4C 型双-多-单色仪(DMM)在 15 keV 能量下单色化,束斑大小通过聚毛细管透镜压缩到直径 50 μm。能量标定通过确定硫酸钙中硫元素的 K 边白线峰能量为 2 481.8 eV 进行,能量分辨率 0.20 eV,扫描能量范围 2 420~2 520 eV。

目前,对 XANES 谱线的解析方法有很多,但基于最小二乘法的分析方法,由于其操作简便,应用最为广泛[199]。本研究中,通过 XANES 测试得到脱硫前后煤样中硫元素的存在形式,通过与标准含硫化合物谱线的参比,将不同形态的硫归类到提供的几种标准含硫化合物中,借此来推测微波脱硫对煤中硫形态的作用。为了实现这一目标,将原煤和具有最高脱硫效率的微波脱硫煤制样做测试,测试谱线如图 4-56 所示。

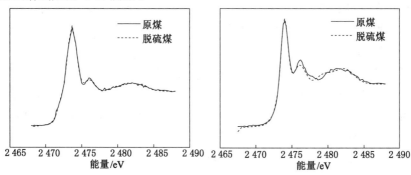

图 4-56 XY 煤硫元素的 XANES 光谱

在 XANES 测试中,选择硫醇、黄铁矿、元素硫、噻吩、亚砜以及硫酸钠作为参照化合物,并参考前人对这几种化合物的测试结果进行谱线的解析,对应硫形态的解析结果记录于表 4-35 中。从表 4-35 可以看出,经过脱硫处理,氧化态硫所占的比率上升,其中亚砜硫从原煤的 5.32% 上升到 9.25%,而硫酸盐硫的相对含量更显著上升 19.64 个百分点;与此同时,硫醇硫、黄铁矿硫以及元素硫的相对含量分别下降了 2.13、4.76 以及 0.38 个百分点;噻吩硫的相对含量也出现了较为明显的下降,达到 16.20 个百分点,这远高于 XPS 测试的结果(表 4-32)。对于煤中黄铁矿的相对含量,相比于化学滴定的结果,XANES 测试显示更小的值,而与此相对应的是,硫酸盐硫相对含量的 XANES 测试显示更大的值,这可能是由于 XANES 测试对氧化态的硫元素具有比还原态硫更高的测试敏感度。另外,选取的参照含硫化合物也许并不能完全覆盖煤中硫元素的所有赋存形态,而同样的问题也存在于 XPS 谱图的解析过程中。

表 4-35   XY 煤硫元素赋存形态

煤样	不同形态硫分布/%					
	硫醇硫	黄铁矿硫	元素硫	噻吩硫	亚砜硫	硫酸盐硫
微波脱硫前	14.29	7.48	2.06	55.48	5.32	15.27
微波脱硫后	12.16	2.72	1.68	39.28	9.25	34.91

从另一个角度来看,煤中的有机硫可以分为脂肪族硫(如硫醇、硫醚,二硫化物等)和具有杂环结构的芳香族硫(噻吩)。通常,脂肪族结构的化学热稳定性没有芳香族高,而微波辐射的热效应很可能引发活跃脂肪硫的分解,形成 H_2S、COS,甚至 SO_2 气体,从而实现硫分脱除的目的。而这样一来,煤样中不同形态硫的相对含量势必也会发生相应的改变。噻吩是一个五元杂环结构,环内形成较强的共轭效应,这使得噻吩的化学活性很低,即使在热条件下也不会轻易分解,或者与其他物质反应。

表 4-35 显示噻吩硫的相对含量显著下降,这似乎与上述观点有所矛盾,但是不得不承认,在硫元素的 XPS 分析中也发现微波脱硫后噻吩硫的相对含量有一定程度的降低。事实上,在某些特殊条件下,比如加入某些催化剂,噻吩中的硫是可以被氧化的。大量研究表明,在 Fe^{3+} 存在的条件下,石油中的有机硫能够被有效地氧化脱除,而 Fe^{3+} 作为一种催化剂,能够促进噻吩结构中 C—S 键的断裂,使硫原子能够参与脱硫反应。而在本研究中,也有可能存这种能够促进有机硫脱除的 Fe^{3+},而它很有可能是黄铁矿在微波辐照下转化得到的。

4.4.5 微波脱除煤中有机硫的机理分析

从实验结果来看,煤中硫元素的脱除不外乎两条路径:其一,含硫化合物溶解于溶液中,这里的溶液主要是指脱硫助剂,当然也有可能是脱硫过程生成了某种当前无法溶解的含硫化合物,但在脱硫后的样品洗滤中溶解至水中;其二,煤中的硫元素转化为气态的含硫化合物,硫元素损失在空气中。笔者认为,在以HAc/H₂O₂溶液为脱硫助剂的微波脱硫过程中,以上两种途径都应该存在,也就是说微波脱硫的效率本质上依赖于煤中黄铁矿硫、硫酸盐硫以及有机硫向可溶性含硫物质以及挥发性含硫气体转化的程度,这样的转化过程是一系列复杂的化学反应。对于微波脱硫来说,微波辐照在这一系列脱硫反应中所扮演的角色,所发挥的作用,无疑是微波脱硫机理研究的核心问题。

已有很多研究证明,微波对化学反应体系具有热效应,这样的热效应虽然在作用机制上与常规热效应完全不同,但依然呈现出许多与一般热效应相一致的特点。近年来,也有一些研究试图从实验上来证明微波辐照对化学反应的非热效应,但还无法从根本上说明这种非热效应的作用机制[39,111,200]。对于煤炭微波脱硫来说,微波辐照无疑也产生上述两种效应,鉴于此,从这样两个方面来分析微波脱除煤中有机硫的作用机理。

微波的热效应是指微波辐射被介电物质吸收,微波能转化为热能的现象。在此过程中,物质对微波的吸收功率可用式(3-26)来计算[136]。

对于给定的微波场,介电物质吸收微波的效率正比于介电物质的介电损耗。也就是说,对于不同的物质,它在微波热效应下的升温速率以及物质的最终温度都因为介电特性的不同而表现出差异性。煤是一种典型的非均质混合物,由于其各组成成分间介电性质的差异,导致煤在微波辐照条件下内部热效应不均衡,从而引发不同的反应现象。也正是基于这一点,我们推测煤中的含硫结构在某些特定的微波频率下能产生较为显著的热效应,极大程度上促使了脱硫反应的进行。

近年来,针对含硫结构介电特性,甚至是不同高硫煤的介电特性的研究已经取得一些进展,这些研究所取得的成果在一定程度上说明了微波脱硫过程中微波对煤中含硫结构特别是有机硫结构的热作用机制。蔡川川等[120]通过对常见含硫模型化合物以及几种不同硫含量的焦煤的介电性质测试,发现含硫组分,不论是有机含硫组分,还是无机含硫组分,其介电损耗均比煤基质的介电损耗高。这也就是说,在微波脱硫过程中,煤中的含硫结构会率先吸收微波能量,产生热效应,使含硫结构在短时间内迅速升温,达到某一反应诱发点,使一般条件下难以进行的脱硫反应能够发生,从而达到脱硫的目的。而与此同时,煤基质的介电损耗低,微波辐射下不会诱发明显的热效应,煤基质的结构也就在一定程度上得到了保护。

黄铁矿的介电损耗十分显著,在微波作用下,煤中分散的黄铁矿微粒会迅速升温,引发黄铁矿的原位热解反应。同时,在黄铁矿分布的区域会形成"热点",造成局部过热。黄铁矿的热点效应可能会对煤中活性结构的热解有一定的促进作用,这其中可能包括了部分有机硫结构的热解,而这些硫原子可能会与周边活性物质结合,例如 O_2 以及来源于煤中活性基团热解的 H—和—CO,从而形成含硫气体。

据已有研究报道,将 HAc-H_2O_2 溶液加入石油中,并在添加某些催化剂的条件下,能进行石油中硫分的氧化脱除。考虑到石油中的硫分绝大部分为有机硫,而石油与煤同属地质物理化学作用形成的化石燃料,本书研究亦选用 HAc-H_2O_2 作为脱硫助剂进行煤中有机硫的脱除实验。HAc-H_2O_2 与煤中含硫组分的反应也是煤炭脱硫反应的重要组成部分,在此,我们对其反应本质进行简单阐述。由于过氧化氢的质子化作用,过氧化氢会首先与乙酸反应生成过氧乙酸,与游离的氢离子相遇,反应生成氢氧正离子,氢氧正离子具有很强的亲电性,能与电负性物质发生反应[201]。大部分有机硫以硫醇或硫醚的形式存在,这些结构中的硫原子含有两个孤对电子,比碳原子有更高的亲核性,更易与氢氧正离子反应,生成易溶解的硫化物、亚砜以及硫砜。在以往的研究中,这一过程被称之为选择性氧化,这种选择性无疑对于煤中的硫,特别是有机硫的脱除具有重要意义。

对于微波辐照的非热效应,目前的研究还仅限于借助量子化学软件的微波场效应的模拟,以及对于某些特殊现象的解释。有研究表明,微波辐照对于某些化学反应的作用并不完全基于微波热效应引发的体系温度的变化。认为某些被介电介质吸收的微波能可能直接转化为分子的动能,导致某些特定的化学反应中指前因子或者活化能的变化,从而影响化学反应进行的程度。量子化学模拟在一定程度上说明,微波场能够降低某些脱硫反应的反应活化势垒,从而降低脱硫反应的"门槛",达成某些常规条件下无法完成的脱硫反应。从这个意义上来说,微波脱硫是一个热效应与非热效应共同作用的过程,而脱硫反应也是在二者的共同作用下得以推进的。结合分子振动考虑,微波非热效应的另一个方面可能还表现为微波对分子振动的影响。微波中某些特定的传导频率可能会促进某些"大化学键"的共振,促进某些键的伸缩振动,增强键的反应活性,促进反应的发生。

微波辐射是一种电磁辐射,量子能量相对较低。常用的 2.45 GHz 微波,其量子能量仅仅 0.978 J/mol,而一般化学键的键裂能都在 kJ/mol 量级。也就是说,对于稳定的化学键,微波辐照并不能直接使其断裂,尤其是煤炭有机结构中的共价键。尽管如此,如果这些化学键本身存在一定的"化学梯度",容易形成不规则的化学键振动或者键的摆动,特别是在旧键断裂、新键生成这样的不平衡过程中,微波的光子能量就有可能对化学键的稳定性产生重大影响[202]。简言之,在旧键断裂、新键生成的过程中,微波辐照有可能加速键的断裂或者阻止键的生成。

对于一个化学键,特别是共价键来说,键两端的原子以一定的频率持续振动,可以将这一模式形象地比喻为用弹簧相连的两个小球。在没有外部能量场的情况下,这种振动是稳定的,其振动频率是恒定的,而化学反应的作用就是打破这种平衡。为此,对其进行加热是一种普遍的处理方式,无疑微波辐照能够达到这一目的。同时,对于确定的微波场,电场与磁场的更迭是以固定的频率进行的,而这一频率有可能与化学键的振动相耦合。可能的结果是,某些化学键的振动得到加强,而某些化学键的振动被削弱。而一旦那些得到加强的化学键的振动超出某一极限,化学键的断裂就变得很容易。

结合量子分子轨道理论中的耦合振动子理论,微波的吸收模型可以通过半经验 Austin 方法来建立。这种方法可以计算分子的结构、生成热、过渡态能量,为研究微波与物质的相互作用机制提供了另外一种思路。

假定两个质点间的振动频率是 w_1,与之匹配的外能量场频率是 w_2,两者产生共振效应可以通过下面的公式来描述:

$$(w^+)^2 = w_1{}^2 + (w_2/2)^2 \tag{4-5}$$

$$(w^-)^2 = w_1{}^2 - (w_2/2)^2 \tag{4-6}$$

实际上,化学键的振动频率通常都比微波场的频率高。例如,液态水分子中 O—H 键的振动频率大约为 $1.112\,5 \times 10^{14}$ Hz,远高于常用微波的频率 2.45×10^9 Hz。对于以上公式来说,就是 w_1 远大于 w_2,这种情况下,使用二项式定理将公式化简,得到:

$$w^+ = w_1 + w_2 \tag{4-7}$$

$$w^- = w_1 - w_2 \tag{4-8}$$

如此一来,可以计算匹配的外加能量场频率为:

$$w_2 = (w^+ + w^-)/2 \tag{4-9}$$

以上方法已经被用于水、冰、蒸汽以及单晶硅体系中,用于预计物质对微波的最佳吸收频率。

简言之,对于特定的微波场,其频率一定,而不同分子结构的振动对其有不同的响应。一些振动会被加强而另一些振动会被减弱,由此导致了微波辐照对化学反应的选择性强化,这种选择性不依赖于温度的变化,而直接决定于分子结构的振动形式。

4.5 微波联合氧化助剂脱硫的协同效应

图 4-57 显示了四种分子含硫键的 BDE,可以看出二硫醚中 S—S 键的 BDE 明显低于其他各模型化合物 C—S 键的 BDE,而苯硫醚中 C—S 是最难断裂的,二苄基硫醚中 C—S 键的 BDE 是这几种 C—S 键中最小的,为 238.77 kJ/mol。图 4-58 是含硫键 BDE 与分子偶极矩随氧化程度的变化情况。

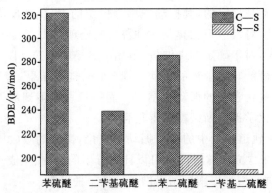

图 4-57　模型化合物中 C—S 和 S—S 键的键离解能

苯硫醚 C—S 键的 BDE 为 321.49 kJ/mol,其对应氧化产物中亚砜的 C—S 键的 BDE 为 235.89 kJ/mol,亚砜继续氧化生成砜后,C—S 键的 BDE 变为 317.66 kJ/mol。因此,将苯硫醚氧化为亚砜后,体系中的 C—S 的 BDE 明显降低,可以有效提高微波场中苯硫醚和过氧乙酸体系中 C—S 键的断裂概率,生成易溶于水的磺酸类和硫酸盐类物质。

二苄基硫醚也具有和苯硫醚相同的规律,但二苄基硫醚氧化为亚砜后,C—S 键的 BDE 降低为 159.61 kJ/mol,比苯硫醚对应的亚砜低得多,所以二苄基硫醚对应的亚砜中的 C—S 键较容易断裂。

对于二苯二硫醚,随着氧化程度的加深,S—S 键的 BDE 先降低后稍微升高,而所含 C—S 键的 BDE 降低不明显。但是在分子中的两个碳硫键不等价时,C—S 键中硫原子连接的氧原子越多,其 BDE 越小,其中当两个硫原子分别连接一个氧原子时 S—S 键的 BDE 最低,为 32.94 kJ/mol。所以在二苯二硫醚与氧化助剂反应时,S—S 键最倾向于在硫原子分别连有一个氧原子时发生断裂。

对于二苄基二硫醚,随着氧化程度的加深,S—S 键的 BDE 也是先降低后稍微升高,而所含 C—S 键的 BDE 有明显降低。S—S 键的 BDE 最低的结构也是

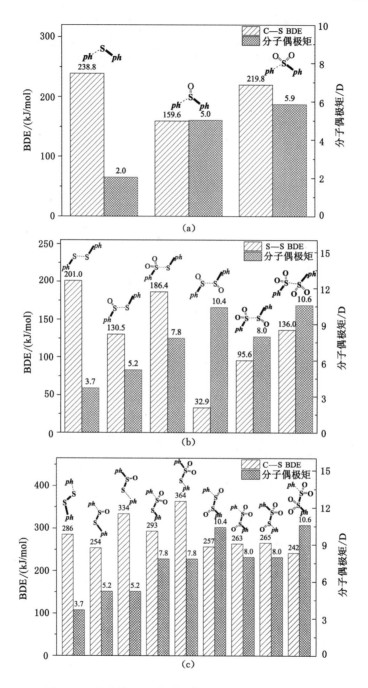

图 4-58 含硫键 BDE 与分子偶极矩随氧化程度的变化

其中两个硫原子分别连接一个氧原子的氧化产物,为 62.72 kJ/mol。所以在二苯二硫醚与氧化助剂反应时,S—S 键也最倾向于硫原子分别连接一个氧原子时发生断裂。与二苯二硫醚中的 C—S 相比,二苄基二硫醚中的 C—S 氧化后,其BDE 更小,所以二苄基二硫醚氧化物中的 C—S 更易于断裂。

以上四种硫醚分子的偶极矩都随着氧化程度的增加而增大,说明硫醚分子被氧化后,其对微波的响应特性增强。

总结上面的分析结果:含硫模型化合物所对应氧化物中含硫键的 BDE 比原分子低,且随着氧化程度的加深,其 BDE 先降低再有所升高,在某一亚砜结构里含硫键的 BDE 达到最低。氧化物的分子偶极矩,随着含硫模型化合物氧化程度的加深而增大,说明可以通过氧化处理,来增强含硫模型化合物的微波响应特性。所以在对煤进行微波氧化脱硫的过程中,对其进行一定程度的氧化后,其含硫键 BDE 会明显变弱而微波吸收能力增强,从而更加倾向于发生含硫键的断裂生成含硫自由基,并进一步反应生成易溶于水的磺酸盐类或硫酸盐类,达到理想的脱硫效果。

4.6 小结

本章通过对常用的微波脱硫助剂的脱硫效果对比分析,筛选出较为理想的微波脱硫助剂,针对高无机硫煤、高有机硫煤、含硫模型化合物以及煤与含硫化合物,分别开展微波联合助剂、微波联合超声波等一系列的脱硫试验,讨论了不同条件下微波脱硫效果及其对煤质的影响,对比分析脱硫前后的表面结构与成分变化规律,并对脱硫机理进行研究。得到如下主要结论:

(1) 以 HCl 为代表的酸性助剂对煤中硫分的微波脱除效果并不明显。对以有机硫为主的炼焦精煤来说,以 NaOH 为代表的碱性助剂只有在熔融的条件下才有较好的脱硫效果,分别可使 XY 和 GD 煤的硫分下降 39.14% 和 40.32%。在冷凝条件下,NaOH 助剂在微波条件下的脱硫效果较差。

(2) HAc+H_2O_2 混合助剂以及 HI 助剂在微波条件下,能够快速脱除煤中硫分,一般在反应的前 2 min 即可达到较好的脱硫效果,其后脱硫效果随反应时间的延长变化不大。其中 HAc+H_2O_2 混合助剂可分别使 XY 和 GD 煤样硫分下降 13.16% 和 24.11%,HI 助剂可分别使 XY 和 GD 煤样硫分下降 20.72% 和 36.76%。最后综合考虑,选取 HAc+H_2O_2 为微波脱硫助剂。

(3) 在 HAc 和 H_2O_2 条件下,微波辐照时间在 0~40 s 时脱硫率随时间延长明显提高,脱除的硫分以有机硫为主。煤样的黏结性指数受辐照时间的影响比较大,40~60 s 之间变化最剧烈,0~40 s 次之,60 s 以后变化比较平缓;煤样的脱硫率随着辐照功率的增大而提高,600 W 以前表现得最明显。煤样黏结性指数受辐照功率的影响,在功率开始增加阶段和结束阶段表现比较明显,在 300～600 W 变化不大。功率变化时,煤样的空气干燥基发热量出现参差变化,XY 煤和 GD 煤最大发热量值分别出现在辐照功率为 400 W 和 500 W 时。固液比变化时煤中硫分先降低后增加,脱硫率分别在固液比为 1∶5 和 1∶3 时达到最大值 11.39% 和 24.58%。煤样灰分随固液比的变化都是先降低后略升高。煤样的黏结性受固液比的影响较大,固液比为 1∶5 时 G 值降到最低,同时对煤质的影响大于对脱硫效果的影响。

(4) 助剂配比由全 HAc 变为全 H_2O_2 的过程中,煤样脱硫率先上升后下降,当助剂配比为 1∶1 时脱硫率达到最大值 14.2% 和 27.27%。在助剂配比变化过程中两煤样的灰分和黏结性指数都是先下降后上升,配比为 1∶1 时煤样黏结性指数和灰分都达到最低值。

(5) HAc 和 H_2O_2 条件下,通过正交试验获得了最优的反应条件:助剂配比为 1∶5、辐照功率为 500 W、固液比为 1∶3、助剂浓度为全助剂、微波辐照时间为 40 s。各因素对脱硫效果和煤质影响的强弱顺序为:助剂配比＞微波辐照功率＞固液比＞浓度＞时间。在最优条件下 XY 和 GD 煤样的脱硫率分别为 11.31% 和 24.62%,黏结性指数 G 分别可达 63 和 61,分别下降了 17% 和 15%。

(6) 微波联合 HAc-H_2O_2 脱硫方法对有机硫的脱除具有更好的效果,同时也能比较容易地脱除煤中的硫铁矿硫与硫酸盐硫。XY 煤经微波脱硫后,灰分进一步降低,挥发分略有升高,但同时脱硫煤的黏结性指数和发热量均出现下降。微波脱硫的本质还是一种化学反应,不论从热效应原理,还是非热效应原理来说,微波辐照只是促进反应发生的一个手段。从热效应原理来看,微波脱硫就是利用微波独特的加热方式,对脱硫反应的体系进行选择性加热,从而引发选择性氧化,最终达到选择性脱硫;从非热效应来看,是利用微波本身的频率特性与煤中某些化学键,特别是含有硫原子的化学键的谐振效应,从而引发这些化学键分子振动加剧,降低硫键的解离能,从而降低脱硫反应的活化能垒,使一般条件下难以进行的脱硫反应能够顺利完成。

(7) XY 煤脱硫前后 FTIR 的谱线形状大致相同,说明在微波脱硫前后,煤样的基本结构没有发生显著的变化。研究发现,尽管砜 O＝S＝O 和亚砜 S＝O 在纯化合物中表现出对红外辐射的强吸收,吸收频率在 1 300 cm^{-1}、1 125 cm^{-1} 以及 1 040 cm^{-1}。但在煤的红外吸收谱图中,没有表现出明显的吸收谱带,这可能是由于其他含氧基团吸收以及苯环上＝C—H 的面内弯曲振动吸收的覆盖效应。

(8) XY 煤 XPS 分析发现,微波处理后,硫醇(硫醚)、噻吩类硫元素的相对含量下降,其中尤以硫醇(硫醚)类硫下降最为明显;同时,亚砜硫、砜硫和硫酸盐硫的相对含量都有不同程度的上升,其中亚砜硫的相对含量从 5.48% 迅速上升到 9.35%,增幅达到了 70.62%。经 XANES 发现,经过脱硫处理,氧化态硫所占的比率上升,其中亚砜硫从原煤的 5.32% 上升到 9.25%,而硫酸盐硫的相对含量更显著上升 19.64 个百分点;噻吩硫的相对含量也出现了较为明显的下降,达到 15.20 个百分点,这远高于 XPS 测试的结果。

5 微波联合氧化助剂的脱硫机制及其有机硫基团的迁移规律

在煤炭的微波脱硫实验中,主要是脱除煤中硫醚、硫醇类有机硫,为此以四种具有代表性的硫醚类模型化合物作为分析对象,研究微波对含硫组分的脱除机制。将含硫模型化合物负载到活性炭上模拟煤的环境进行微波联合过氧乙酸脱硫试验,通过分析反应产物探索了含硫基团中硫化学键的断裂及其硫的解离机理,并结合量子化学计算分析了微波氧化脱硫机理。通过微波脱硫对煤样基本分析指标的影响分析,并采用 SEM、FTIR、XPS 以及 XANES 等分析手段,对煤样的表面岩相结构、主要有机官能团以及主要构成元素的赋存形态进行分析,研究了微波脱硫煤样的硫形态演变规律。

5.1 脱硫过程中含硫组分分离与检测的方法

陶秀祥等发明了一种微波联合助剂煤炭脱硫过程中含硫组分分离与检测的方法(专利号 ZL201410226688.5)[204],见图 5-1。其具体方法是:① 向煤中加入不同浓度、不同种类的助剂,以不同固液比搅拌均匀;② 控制谐振腔的频率、功率、时间及反应温度;③ 圆底烧瓶通入气体实现不同气氛条件下含硫组分的反应;④ 辐照后煤中逸出无法直接测定的含硫气体,通过集气袋的收集实现了用气相色谱-火焰光度检测仪对含硫气体种类、总量的测定;⑤ 通过 IC(离子色谱)对滤液和洗液的分析,准确地得到了液体中硫的形态及其含量;⑥ 通过 X 射线吸收近边结构、X 射线光电子能谱分析对辐照后烘干煤样的分析,准确地得到脱硫后煤中硫形态及含量。

采用上述方案,结合先进的分析技术手段可全面有效地实现固、液、气产物中含硫组分的数质量检测。通过总结产物中不同硫形态的变化规律,结合对脱硫中间体组成结构的分析和逆推,来实现对煤微波脱硫机理和助剂调控机制,优化微波脱硫的最佳工艺条件,有助于全面研究煤炭微波脱硫过程中含硫组分迁

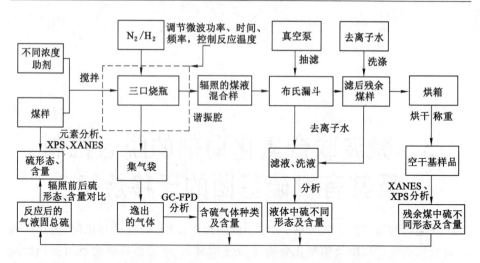

图 5-1 微波联合助剂煤炭脱硫过程中含硫组分分离与检测流程

移规律以及含硫气体的产生机制。

5.2 微波联合过氧乙酸脱除煤中硫

为了更准确地分析确定煤中硫的形态迁移变化情况,首先需要确定合理的样品处理条件,为此考察了微波联合过氧乙酸脱硫的实验条件(乙酸和双氧水的配比、微波辐照的功率、微波辐照的时间和煤样的粒度)对脱硫效果的影响。

5.2.1 实验条件对脱硫率的影响

微波脱硫实验流程如图 5-2 所示:首先向 250 mL 石英烧瓶中加入煤样,再使用移液管按照一定的助剂体积比(全乙酸、5∶1、3∶1、2∶1、1∶1、1∶2、1∶3、1∶5 和全双氧水)分别量取乙酸和双氧水(其液固比为 3 mL/g),加入石英烧瓶中并混合摇匀;将烧瓶与冷凝管连接,并置于微波反应器(型号为 MAS-Ⅱ)中,微波频率为 2.45 GHz,磁力搅拌速度为 500 r/min,预设处理的时间(10 s、20 s、30 s、40 s、50 s、60 s、90 s 和 120 s)和微波的功率(100~900 W),打开冷凝水,常压下进行脱硫处理反应;反应完毕后,迅速向烧瓶中倒入 100 mL 去离子水终止反应;对产物进行过滤获得处理后固体产物,使用 400 mL 去离子水对固体产物进行洗涤来去除未反应的化学助剂;使用真空干燥箱对脱硫后的样品烘干,并采用定硫仪测定硫含量。为了确保实验数据的准确性,每个实验进行两个平行试验。

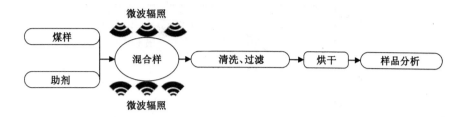

图 5-2 微波脱硫实验流程图

5.2.2 煤炭脱硫效果分析

分别针对乙酸和双氧水体积比、微波辐照时间、微波功率以及煤样粒度,进行单因素脱硫实验,实验结果见图 5-3～图 5-6。

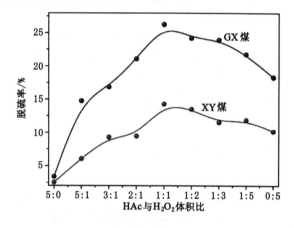

图 5-3 助剂体积比对脱硫率的影响

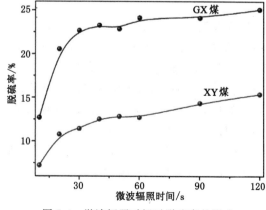

图 5-4 微波辐照时间对脱硫率的影响

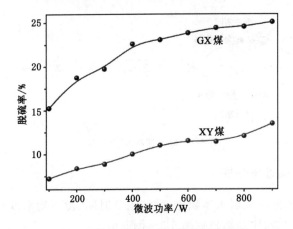

图 5-5　微波辐照功率对脱硫率的影响

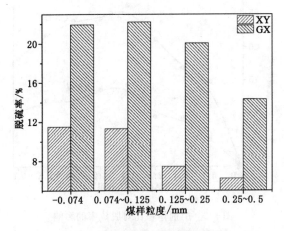

图 5-6　煤样粒度对脱硫率的影响

由图 5-3 可见,随着双氧水配比的增加,XY 和 GX 煤样的脱硫率先升高后降低,由只添加乙酸时的 3％升高到体积比为 1∶1 时的 14％(XY 煤)和 26％(GX 煤),而当只添加双氧水时,脱硫率则分别降低到 10％和 18％。由此可见,乙酸和双氧水的体积比为 1∶1 时,两种煤样的脱硫效果最好。这是因为当乙酸比例偏大时,没有足够的过氧化氢来氧化含硫基团,而偏小时乙酸量过少,催化效果不明显,只有当体积比为 1∶1 时,才能够生成更多强氧化性的过氧乙酸,所以此时氧化脱硫效果较好。从实验结果看,XY 煤样的脱硫效果明显差于 GX 煤样,其原因是 GX 煤中易于脱除的无机硫含量较多,而 XY 煤中难以脱除的有机硫含量偏多。

图 5-4 所示为微波辐照时间对脱硫率的影响。在脱硫处理开始的前 30 s

内,脱硫率迅速上升,XY 煤和 GX 煤的脱硫率分别达到 11% 和 23%,之后随着时间的延长,其脱硫率增长缓慢,在 120 s 左右趋于平稳,最终的脱硫率分别为 15% 和 25%。由此可见,采用微波联合氧化助剂可以在短时间内脱除煤中部分硫分,这是由于微波作用加快了脱硫反应,可以避免助剂长时间的处理而破坏煤质。

图 5-5 显示,随着微波功率的增加,两种煤样的脱硫率都相应升高。高功率会使烧瓶中的助剂快速沸腾,能够加快脱硫反应的进行,但考虑到能效的因素,实验微波功率选定为 600 W。

图 5-6 所示煤样粒度对脱硫率的影响实验结果表明,随着粒度的减小,两种煤样的脱硫率均升高。其原因是煤炭脱硫是固液反应,固体煤样颗粒的大小会直接影响助剂在煤颗粒中的传质效果,改变氧化助剂与煤中含硫基团的有效碰撞概率。减小煤样颗粒,可以提高颗粒的比表面积,有利于改善含硫基团与氧化助剂的接触概率,从而提高煤中硫的脱除效果。

基于以上实验条件的分析,选用的脱硫实验条件为:助剂体积配比 1∶1,辐照功率 600 W,煤样粒度 −0.074 mm。

5.2.3 煤炭微波脱硫中硫形态的变化规律

为了弄清微波联合过氧乙酸脱硫过程中有机含硫基团的硫形态变化,对不同微波辐照时间处理后 XY 煤样进行了 XANES 分析,结果见图 5-7。

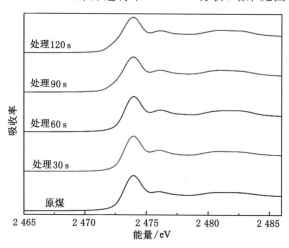

图 5-7　XY 煤样不同微波脱硫处理时间的 XANES 谱图

对比不同处理时间后煤样的 XANES 光谱,可以发现随着处理时间的增加,光谱中 2 474 eV 处的峰逐渐降低,而 2 476 eV 和 2 480～2 482.5 eV 处的峰有所升高。这表明脱硫过程中,吸收边向高能量处迁移,即氧化助剂将煤中低价态的硫逐渐氧化为高价态的硫。

采用 GCF 方法,对处理前后煤炭样品的 XANES 谱图分别进行了拟合分析,各拟合谱图见图 5-8。不同谱图拟合时,相同硫形态高斯峰峰位的偏差为 ±0.1 eV,并确保拟合残差尽可能小。

图 5-9 是对光谱拟合后得到的硫形态分布变化结果。脱硫前低价态的硫占总硫分的 63％,处理 120 s 后降到了 51％。具体来看,黄铁矿的相对含量由 2％降低至 1％,二硫醚/硫醇相对含量由 3.5％降低为 1.5％,硫醚相对含量由 4.4％降低为 2.2％,噻吩相对含量由 53.9％降低为 42.9％。由此可以看出,低价态硫中的黄铁矿、二硫醚/硫醇和硫醚的相对含量明显降低,大约减少了一半。

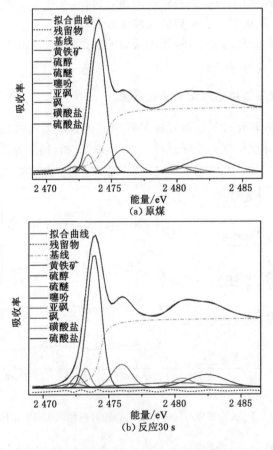

图 5-8　煤炭样品的 XANES 谱图拟合结果

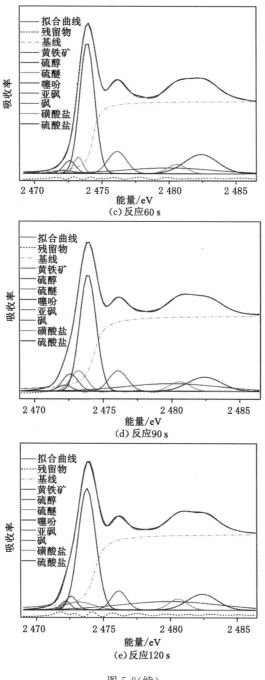

图 5-8(续)

对于噻吩硫,处理前 30 s 其含量迅速减少,而后减缓,最终含量降低了约 20%。由此说明,在微波场中煤中黄铁矿、二硫醚/硫醇和硫醚易于被氧化助剂氧化并脱除,而噻吩类则相对不易被氧化脱除。这是因为煤中噻吩类基团主要是以杂环硫的形式存在于煤大分子结构中,其在微波脱硫处理中,受到传质效应的限制,难以与氧化助剂充分接触并反应,另外也与噻吩硫的反应活性有关,这一部分将在后面的理论计算中进行讨论。

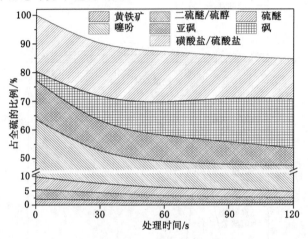

图 5-9 煤中硫形态分布随处理时间的变化

对于煤中氧化态的含硫基团,亚砜的相对含量由 13.5% 降低为 6.0%,砜类的相对含量由 3.1% 升高到 17.1%,磺酸盐/硫酸盐类的相对含量则从 19.7% 降低到 13.9%。可以发现煤中低氧化态的亚砜,较易于被氧化为高氧化态的砜类,导致亚砜的含量降低,而砜类的含量明显增加。另外,被氧化的大部分低价态硫,并没有被深度氧化为磺酸盐/硫酸盐类,而主要是停留在砜类并残留在煤基质中。由于水溶液对磺酸盐/硫酸盐类的溶解作用,而使其含量有所降低。

基于上面的硫形态分析可以推断,在微波作用下氧化助剂主要是将煤中大部分低价态和低氧化态的含硫基团氧化为砜类,并没有将有机含硫基团从煤基质中脱除,所以导致最终 XY 煤的有机硫脱除率仅为 15%。

对含硫模型化合物二苄基硫醚和二苯二硫醚脱硫试验后的固体产物进行了 XANES 分析,也得到同样的结论。同时,发现脱硫后固体产物 XANES 谱图中峰值位置随着时间的延长而逐渐向右偏移,说明其中的硫形态逐渐变为氧化态更高的硫。随着反应时间的延长,这两种模型化合物中反应物的相对含量迅速减少,亚砜的相对含量减小,砜的相对含量增加。在反应时间大于 150 s 后,实验样品中的硫主要以氧化态的亚砜和砜形式存在,说明两种模型化合物在微波条件下都较易于被氧化助剂氧化。其中二苄基硫醚在反应 90 s 之后全部被氧化,而二苯二硫醚样品中的反应物在 90 s 之后并没有完全消失,说明二苄基硫醚更易于被氧化为亚砜,这可能是因为二苄基硫醚中的硫原子与烷烃相连,比与苯环直接相连接的二苯二硫醚容易发生亲电反应。

5.3 微波脱硫过程中煤中有机含硫基团的形态变化机制

基于煤中硫形态的分析结果可知,XY 和 GX 煤中的有机硫主要包括低价态的硫醇/硫醚类和噻吩类,氧化态的亚砜/砜类和磺酸盐/硫酸盐类,又考虑到低价态的有机硫可以通过氧化反应转化为高氧化态的有机硫,所以只选取了具有代表性且脱除率较明显的硫醚类以及含量最多的噻吩类作为研究对象,采用原位负载法,将含硫模型化合物负载到超低硫的活性炭(替代复杂的煤炭有机含硫基团上)进行硫形态迁移变化研究。

5.3.1 类煤有机含硫模型物的制备和脱硫实验

首先将含硫模型化合物完全溶解在丙酮溶剂中,然后将溶液倒入预先称量好的活性炭(硫分≤0.03%)中并充分搅拌混匀,再置于超声波中处理 60 min,之后在约 25 ℃条件下自然风干 48 h,对风干后的样品使用丙酮进行洗涤,并再次风干后收集备用,确保含硫模型化合物完全牢固地负载到活性炭上。所使用的活性炭元素分析见表 5-1。

表 5-1　活性炭的元素分析

参数	C_{daf}/%	H_{daf}/%	O_{daf}/%	N_{daf}/%	S_{daf}/%
数值	80.76	2.82	15.61	0.78	0.03

为了更好地与煤炭对比,含硫模型化合物的脱硫实验参照前文煤样脱硫的参数,即在助剂配比 1∶1 和微波辐照功率 600 W 条件下,对负载有含硫模型化合物的模型物中的硫形态进行研究,实验流程见图 5-10。

5.3.2 煤中硫醚类的硫形态变化

选择苯硫醚和二苄基硫醚作为煤中硫醚类的代表性含硫模型化合物,二苯二硫醚作为煤中二硫醚类的代表性含硫模型化合物,进行微波脱硫中硫形态的分析研究。

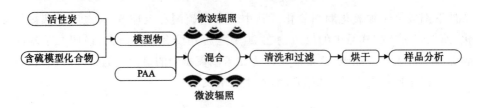

图 5-10　模型物的微波脱硫流程图

　　图 5-11 是负载有苯硫醚的模型物在微波脱硫过程中的 XANES 谱图。从图 5-11 可以看到，在 XANES 谱图中最初未被氧化脱硫处理的苯硫醚，只存在一个主要的峰(2 473.6 eV)，即模型物中只存在一种硫醚类硫形态(苯硫醚)。微波辅助氧化脱硫处理 10 s 后，虽然谱图中 2 473.6 eV 位置的硫醚峰依然是主峰，但其高度已经明显降低，而且在 2 475.6 eV 和 2 480.0 eV 位置，分别出现了明显的亚砜类峰和高氧化态硫的峰。20 s 时，XANES 谱图最明显的变化是，硫醚类对应的峰进一步降低，亚砜类峰则成为最高的峰，同时高氧化态硫(砜类和硫酸盐类)的峰也进一步升高，说明此时模型物中大部分苯硫醚已被氧化为相应的二苯基亚砜。脱硫处理 30 s 后，硫醚对应的峰基本达到最低，而氧化态硫(亚砜、砜和盐类)的峰则进一步升高。之后随着处理时间的延长，硫醚类的峰基本不变。在 60 s 时，砜类和盐类的峰与亚砜类的峰相近，之后进一步升高，在 90 s 后成为最高的峰，说明之前生成的亚砜类逐渐被氧化为高氧化态硫。

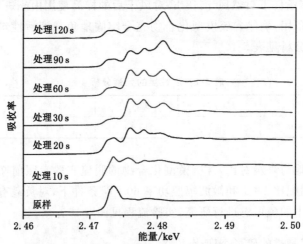

图 5-11　苯硫醚微波脱硫产物 XANES 谱图

　　为了更好地分析苯硫醚模型物在脱硫过程中硫形态分布变化规律，对 XANES 谱图进行了拟合，拟合结果见图 5-12。由图 5-12 可见，在处理时间为

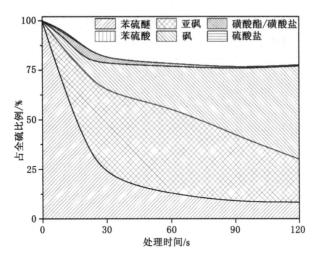

图 5-12　苯硫醚微波脱硫产物 XANES 谱图的拟合结果

0～30 s 时,苯硫醚的相对含量由最初的 100% 快速降低至 20%,而亚砜的相对含量快速上升至 43%,砜类的相对含量则升高到 15%,同时有少量的磺酸酯/磺酸盐和硫酸盐生成。对于之后的 30～120 s,苯硫醚相对含量的降低幅度逐渐减缓,并趋于平衡。亚砜的相对含量则继续增加,并在 60 s 处达到最高值(44%),之后则逐渐降低,在 120 s 时降低为 22%。而在这一时间段内,砜类的相对含量一直增加,并在 120 s 处成为最主要的硫形态,达到 47%。之前生成的磺酸酯/磺酸盐和硫酸盐,它们的相对含量非常少且逐渐降低。

　　图 5-12 中最上面的空白处比例,代表着脱硫率随时间的变化情况,可以发现 0～30 s 脱硫率快速升高至 20%,之后则逐渐平稳在 23%。结合硫形态分布和脱硫率变化情况,可以发现在脱硫处理的前 30 s 内,负载在活性炭上的苯硫醚已经几乎全部被氧化为相应的亚砜、砜、磺酸酯/磺酸盐和硫酸盐。其中各种硫形态的变化规律为:苯硫醚首先被氧化为亚砜,进而被氧化为砜类和磺酸类/硫酸盐类。但是由于最后产物中的砜类比较稳定,难以被进一步氧化脱除,所以导致苯硫醚模型物脱硫率较低。其间生成的少量磺酸类,则因为其水溶性而从固体模型物中脱除。

　　图 5-13 是二苄基硫醚模型物脱硫产物的 XANES 谱图。在原样的光谱中,2 473.2 eV 位置处是二苄基硫醚的峰位,可以发现其高度随着处理时间增加而逐渐降低,并在 150 s 后几乎消失,即模型物中的二苄基硫醚几乎全部被氧化。二苄基硫醚被氧化后,在 2 476.0 eV 位置处出现亚砜的峰,该峰在 90 s 之前逐渐升高,而在 90 s 之后则逐渐降低,并在 210 s 时几乎消失。30 s 之前,

2 480.0 eV 位置处砜类的峰相对较小,随着处理时间增加而不断升高,90 s 之后逐渐成为主要的硫形态。

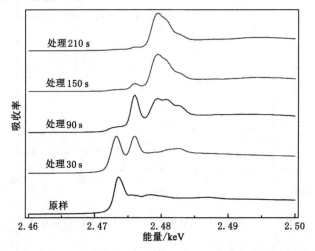

图 5-13　二苄基硫醚微波脱硫产物 XANES 谱图

　　图 5-14 是二苄基硫醚模型物微波脱硫产物 XANES 谱图经过拟合后得到的硫形态分布情况。由图 5-14 可以发现,在微波联合过氧乙酸处理过程中,二苄基硫醚首先迅速被氧化,导致其相对含量快速降低,在处理时间达到 120 s 后,已经几乎全部被氧化,由此说明二苄基硫醚非常容易在微波联合过氧乙酸条件下被氧化。其主要的氧化产物为低氧化态的亚砜类、高氧化态的砜类和磺酸

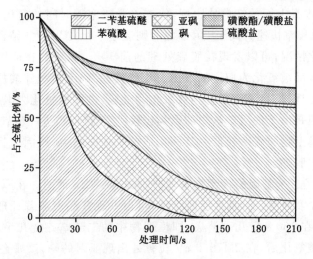

图 5-14　二苄基硫醚微波脱硫产物 XANES 谱图拟合结果

类/硫酸盐类,其中亚砜的相对含量先增加,在 60 s 达到最高(28%)后又逐渐降低,并在 180 s 后趋于稳定(9%)。砜的相对含量则一直不断增加,在 120 s 之后趋于平衡并成为主要的硫形态(46%)。这说明微波脱硫过程中,二苄基硫醚首先被氧化为亚砜,而同时亚砜也被进一步氧化为砜类。磺酸类的相对含量首先在 120 s 之前逐渐增加并达到最高(9%),而后又出现了小幅降低(8%)。与此同时还有少量的硫酸盐类生成,但由于其水溶性的原因在模型物中残存较少。在处理 30 s 后,二苄基硫醚模型物的脱硫率迅速达到 21%,此段时间内二苄基硫醚被快速氧化为亚砜和砜类,同时有部分 C—S 键发生了断裂并通过氧化生成水溶性的磺酸类/硫酸盐类,导致脱硫率快速上升,在 210 s 时,脱硫率缓慢上升到 35%。处理后获得的最终模型物中的硫形态主要是砜类、亚砜类和磺酸类,其中含量最多的为砜类,说砜类较难以被进一步氧化。

图 5-15 是二苯二硫醚模型物脱硫过程中的 XANES 分析结果。由图 5-15可见,模型物中的二苯二硫醚对应的峰(2 472.8 eV)随着处理时间增加而逐渐降低,并于 150 s 后趋于平衡。而氧化态的亚砜所对应的峰(2 476.0 eV)则先升高后降低,砜类对应的峰(2 480.0 eV)则一直在升高。2 481.2 eV 位置处磺酸盐类的峰,在处理 30 s 后便非常明显地出现了,而后进一步升高并成为最终的吸收峰。

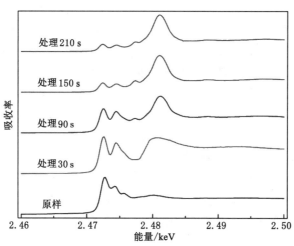

图 5-15　二苯二硫醚微波脱硫产物 XANES 谱图

图 5-16 是根据图 5-15 拟合的二苯二硫醚模型物在脱硫过程中硫形态的分布变化情况。由图 5-16 可见,处理 90 s 之前,模型物负载的二苯二硫醚快速被氧化,其相对含量降低到 9%,210 s 后只有少量残留在模型物中。亚砜的相对

含量在 30 s 时迅速达到 23%,之后又不断减少,最终只残留了 5%。砜类的相对含量在 60 s 时快速升高至 26%,之后也缓慢减少至 15%。对于高氧化态的磺酸类,其相对含量在前 60 s 升高到 18%,之后稍有降低,最终停留在 15%。除此之外,还有少量的硫酸盐类残留在模型物中。

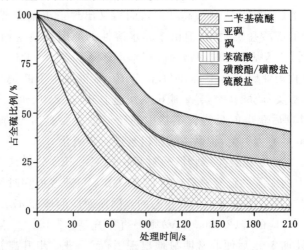

图 5-16　二苯二硫醚微波脱硫产物 XANES 谱图拟合结果

根据图 5-16 空白区域的大小,可得到脱硫率的变化情况。脱硫率在 90 s 之前快速升高至 40%,之后又缓慢增加,最终达到 56%。硫形态分布情况表明,二苯二硫醚被氧化后生成的亚砜类和砜类相对含量较低,而氧化产物磺酸盐类的相对含量较高。由此说明,在二苯二硫醚被氧化过程中,有较多的含硫键(尤其是 S—S)发生了断裂并转化为磺酸类和硫酸盐类,进而导致模型物脱硫率较高。

综上所述,在微波场中,过氧乙酸能够快速将上述三种硫醚类模型化合物氧化为低氧化态的亚砜类、高氧化态砜类和磺酸类。硫醚类被氧化后主要停留在亚砜和砜类,而二硫醚类被氧化后则会生成较多的砜类和磺酸类。苄基硫醚的磺酸类相对苯基硫醚更多,且脱硫效果更好,所以在氧化脱硫过程中,苄基硫醚相对苯基硫醚更易于发生含硫键的断裂。而二硫醚最容易发生含硫键的断裂,并生成易于从模型物中脱除的磺酸类/硫酸盐类。

5.3.3　煤中噻吩类的硫形态变化

二苯并噻吩在微波联合过氧乙酸条件下的脱硫率如图 5-17(a)所示。总体来看,其脱硫率随着处理时间增加而逐渐升高,并在 150 s 后逐渐趋于平稳,最大脱除率为 12%,明显低于前面硫醚类模型物的脱硫率。

选取处理 30 s、90 s、150 s 后的样品进行了 XANES 分析,谱图见图 5-17(b)。由图可见,随着处理时间延长,二苯并噻吩所对应的峰(2 474.0 eV)逐渐降低,而高能量 2 476.0 eV 位置对应的亚砜则不断升高,同时 2 478.0 eV、2 480.0 eV 和 2 481.4 eV 位置处氧化态峰也逐渐增强,表明模型物中硫原子逐渐被依次氧化为低氧化态的亚砜类、高氧化态的砜类和磺酸类/硫酸盐类,并且残留在模型物中。

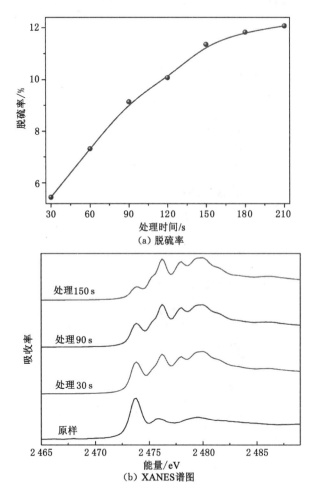

图 5-17　二苯并噻吩脱硫率和脱硫产物 XANES 谱图

为了确定二苯并噻吩模型物在脱硫后硫形态的变化,对其 XANES 谱图进行了拟合,见图 5-18。由图 5-18 可见,样品中的硫形态分别归属于噻吩类(2 473.8 eV)、亚砜类(2 475.9 eV)、砜类(2 478.0 eV 和 2 479.6 eV)以及硫酸

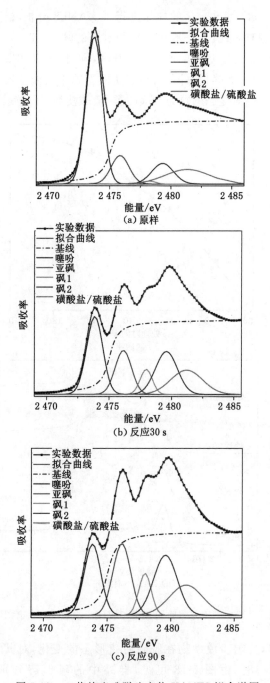

图 5-18　二苯并噻吩脱硫产物 XANES 拟合谱图

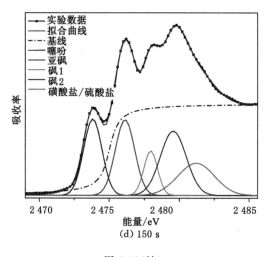

(d) 150 s

图 5-18(续)

盐类(2 481.4 eV)[205]，而且可以非常清楚地看到，代表噻吩的高斯峰由最初的最高峰逐渐降低，而其他氧化态硫对应的高斯峰则有明显的增加。

图 5-19 为拟合后各硫形态的统计结果，可以看到脱硫处理 30 s 后，噻吩硫的含量由最初的 1.23% 降到 0.62%，而经过 150 s 的氧化脱硫处理后，约有 67% 的噻吩被氧化，说明噻吩类基团容易被氧化；亚砜和砜类含量分别由最初的0.27% 和 0.26% 升到 0.43% 和 0.67%；磺酸类/硫酸盐类含量的变化较小。最终样品中的

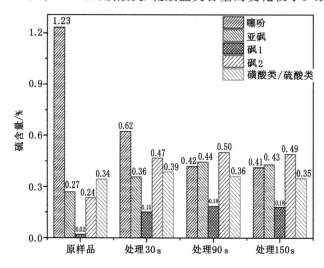

图 5-19 二苯并噻吩 XANES 谱图的拟合结果

硫形态主要是氧化态的亚砜类、砜类和磺酸类/硫酸盐类。同时,脱硫率偏低,表明大部分被氧化的噻吩硫残留在了模型物中。噻吩硫模型物的脱除率明显低于前面煤炭和硫醚类模型物的脱硫率,这是因为煤中的黄铁矿和硫醚/硫醇类较易于在微波中被过氧乙酸氧化为可溶性的磺酸类/硫酸盐类[206-207]。

5.4 微波联合过氧乙酸条件下煤中硫醚和噻吩类硫的反应机理

5.4.1 硫醚类和噻吩类含硫基团的氧化脱除途径和反应过程

根据前面 XANES 分析的结果,以苯硫醚和二苯并噻吩为例,推测在微波联合过氧乙酸条件下,煤中硫醚类和噻吩类含硫基团的氧化脱除途径分别如图 5-20 和图 5-21 所示。在微波辐照下,二者首先分别被过氧乙酸分子中的氧原子进攻,并被氧化为对应的二苯基亚砜或二苯并噻吩亚砜;之后低氧化态的硫原子又被另一个过氧乙酸分子中的氧原子进攻,并被氧化为高氧化态的二苯基砜和二苯并噻吩砜。所以硫醚或者噻吩类被氧化的过程主要包括两个基元反应,一个是低价态的硫原子被氧化为低氧化态的亚砜类,另一个是亚砜类被进一步氧化为高氧化态的砜类。

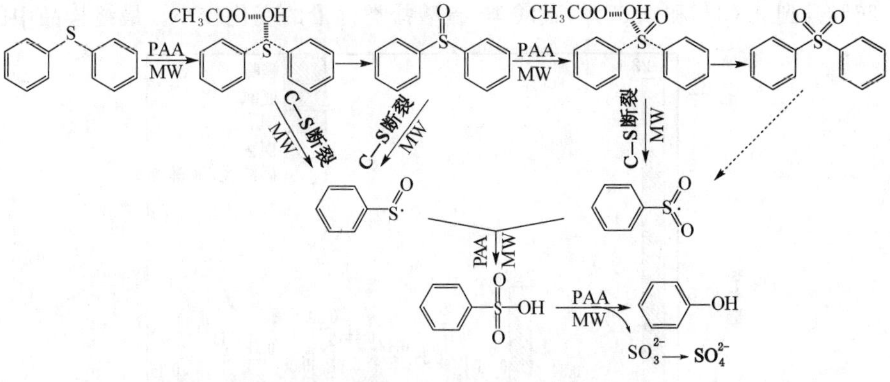

图 5-20 硫醚类含硫基团的氧化脱除途径

苯硫醚和二苯并噻吩被逐步氧化为亚砜和砜的过程中,部分反应物中的C—S 键在微波辐照的作用下发生断裂并生成了含硫自由基。在氧化环境中,含硫自由基被氧化为磺酸盐或者磺酸酯类,同时部分磺酸类分子中的 C—S 键发生断裂,含硫基团被氧化为硫酸根。

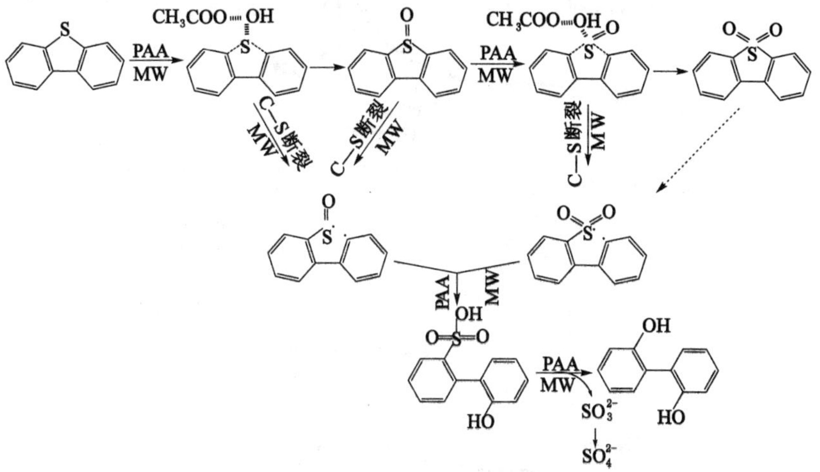

图 5-21 噻吩类含硫基团的氧化脱除途径

前面的研究表明二苯二硫醚模型物的脱硫率明显高于其他物质,而且其处理后模型物中的磺酸类/硫酸盐的含量较高,说明在微波脱硫过程中有较多的 S—S 键发生了断裂,并生成含硫自由基,进而被氧化为磺酸类/硫酸类。这也说明二硫醚中的 S—S 键强度较弱,易于发生断裂,导致二硫醚易于脱除。微波联合过氧乙酸氧化脱硫中,硫醚类和噻吩类之所以能被脱除,是其在微波辅助催化下,硫醚类和噻吩类被快速氧化为亚砜和砜类,其间部分氧化产物中的 C—S 键发生断裂,生成了可溶于水的磺酸类/硫酸盐类,从而实现有效的有机硫脱除。

5.4.2 硫醚类模型化合物与过氧乙酸的反应机理

(1) 苯硫醚与过氧乙酸反应路径

结合前面的分析,通过计算设计了苯硫醚与过氧乙酸可能的反应路径:

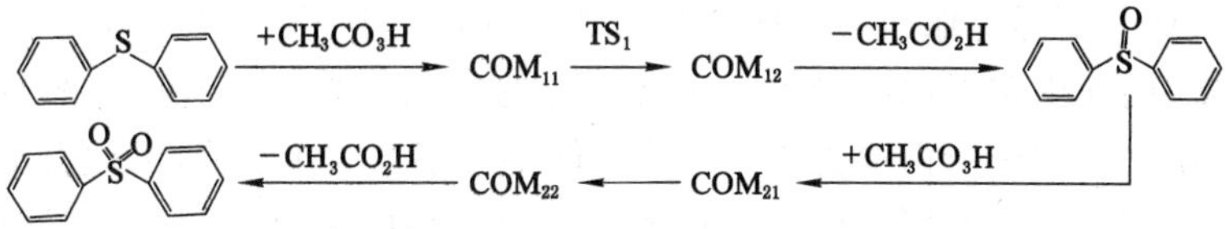

$$(5\text{-}1)$$

式中,COM 代表反应或产物聚合物,TS 为反应过渡态。

对计算得到的过渡态 TS_1 和 TS_2 在 B3LYP/6−31G(d)水平上进行了内禀反应坐标(IRC)计算(见图 5-22)。计算的结果表明 IRC 曲线将原反应物和最终产物连接了起来。而且沿着 IRC 的方向,可以清晰地观察到反应的历程。

在 B3LYP/6−311＋＋G(2df,2p)水平上对反应体系中各驻点进行了单点

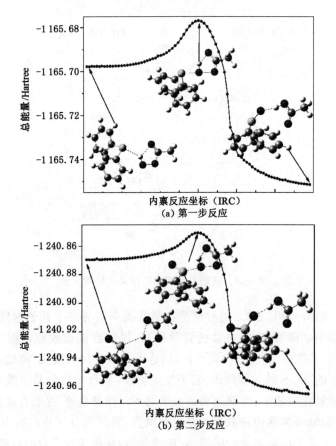

图 5-22　苯硫醚氧化反应中的 IRC 分析曲线

能的计算和零点能的校正,作出苯硫醚和过氧乙酸反应体系反应过程中的相对能量变化图,见图 5-23。

　　从图 5-23 可以看出,两步反应都只有唯一的过渡态,所以对于苯硫醚和过氧乙酸的反应主要是克服过渡态的势垒。观察可以发现两步反应都属于放热反应,因为生成的亚砜和砜的能量都低于其对应的原反应物。而对比这两步反应可以看出,第二步反应所需要克服的过渡态能垒大于第一步反应,因此在动力学上不利于第二步反应的进行,所以在只考虑反应能垒的情况下第二步反应是反应的决速步骤。

　　与前面苯硫醚及氧化产物中 C—S 键的 BDE 计算值相比,苯硫醚与过氧乙酸反应中所需要克服的最高势垒(51.7 kJ/mol)远低于 C—S 键 BDE 最低的亚砜中的值(235.89 kJ/mol)。所以从反应趋势上分析,在苯硫醚和过氧乙酸反应

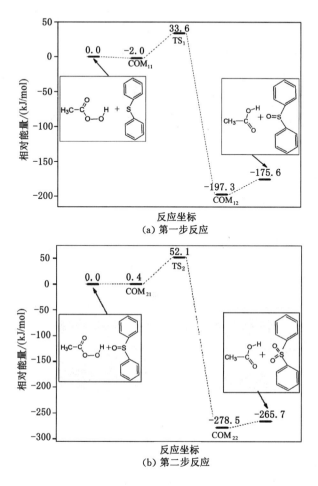

图 5-23　苯硫醚体系反应能量变化图

体系中,苯硫醚以及其氧化生成的亚砜会优先被过氧乙酸氧化,在氧化助剂足量的情况下,体系中大部分的硫醚会被氧化为砜,而较难发生 C—S 键的断裂。

（2）二苄基硫醚与过氧乙酸反应路径的研究

结合前面的分析,通过计算设计了二苄基硫醚与过氧乙酸可能的反应路径:

$$\text{(5-2)}$$

二苄基硫醚氧化反应的 IRC 分析曲线和反应能量变化分别见图 5-24 和图 5-25。

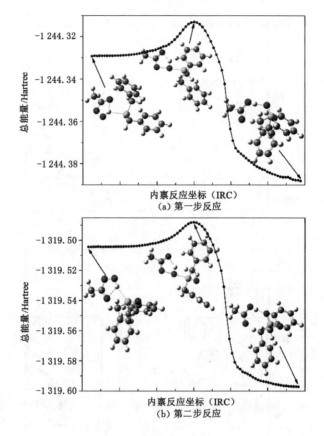

图 5-24　二苄基硫醚氧化反应的 IRC 分析曲线

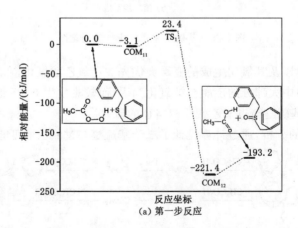

图 5-25　二苄基硫醚体系反应能量变化图

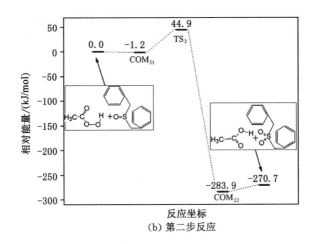

图 5-25(续)

观察可以发现,两步反应都属于放热反应,因为生成的亚砜和砜的能量都低于其对应的原反应物。而对比两步反应可以看出,第二步反应所需要克服的过渡态能垒大于第一步反应,因此在动力学上不利于第二步反应的进行,所以在只考虑反应能垒的情况下第二步反应是整个反应的决速步骤。

与前面二苄基硫醚及氧化产物中 C—S 键的 BDE 计算值相比,二苄基硫醚与过氧乙酸反应中所需要克服的最高势垒(46.1 kJ/mol)远低于 C—S 键 BDE 最低的亚砜中的值(159.61 kJ/mol)。所以从反应趋势上分析,在二苄基硫醚和过氧乙酸反应体系中,二苄基硫醚以及其氧化生成的亚砜会优先被过氧乙酸氧化,在氧化助剂足量的情况下,体系中大部分的硫醚被氧化为砜,很难发生 C—S 键的断裂。

对比苯硫醚和二苄基硫醚被氧化过程中的能量变化情况可知,苯硫醚和二苄基硫醚所需要克服的能垒分别为 35.6 kJ/mol、51.7 kJ/mol 和 26.5 kJ/mol、46.1 kJ/mol。可以发现:苯硫醚的氧化所需要克服的两步反应势垒都比二苄基硫醚的高,所以二苄基硫醚和过氧乙酸的反应比苯硫醚的更容易发生。

(3)二苯二硫醚与过氧乙酸反应路径的研究

结合前面的分析,通过计算设计了二苯二硫醚与过氧乙酸可能的反应路径:

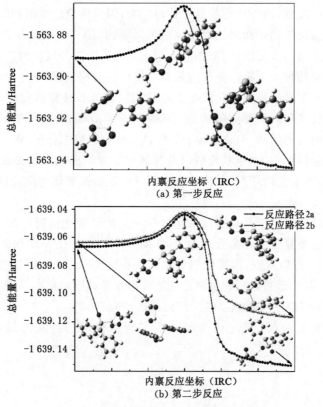

$$(5-3)$$

整个反应共有四步,第二步和第三步存在两条反应路径,记为反应路径 a 和 b。二苯二硫醚反应的 IRC 分析曲线和能量变化关系分别见图 5-26 和图 5-27。

图 5-26 二苯二硫醚反应的 IRC 分析曲线

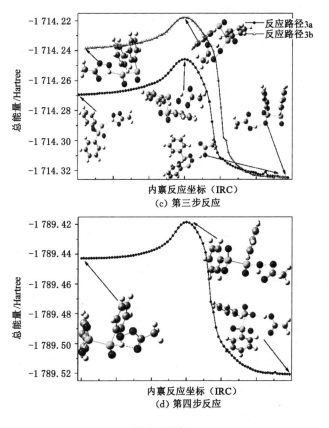

图 5-26(续)

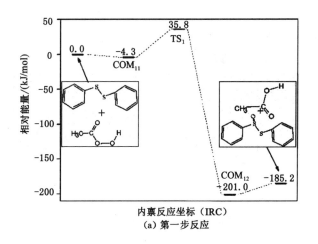

图 5-27 二苯二硫醚反应的相对能量变化图

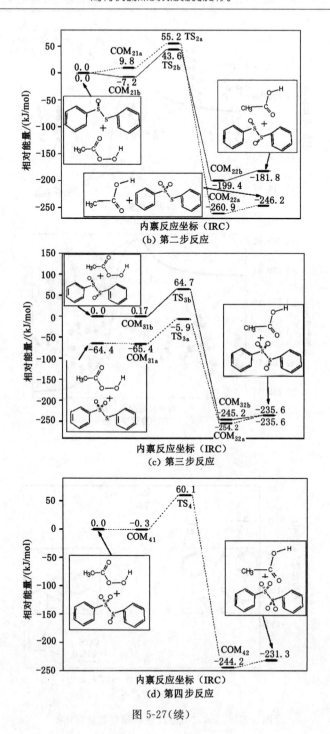

(b) 第二步反应

(c) 第三步反应

(d) 第四步反应

图 5-27(续)

所有反应需要的能量主要用于克服过渡态的势垒,而产物复合物需要少部分能量克服分子内氢键。第二和第三步反应存在 a 和 b 两条反应路径,其中反应路径 a 中需要跨越的最大能垒为 COM_{31a} 到 TS_{3a} 所要克服的 59.5 kJ/mol,反应路径 b 中需要跨越的最大能垒为从 COM_{31b} 到 TS_{3b} 所要克服的 64.5 kJ/mol,同时第二步反应中反应路径 a 的能垒也小于反应路径 b,因此推断二苯二硫醚与过氧乙酸的反应更加倾向于沿反应路径 a 进行。

这四步反应都属于放热反应。而对比这四步反应可以看出,从第一步到第四步,其反应能垒不断升高,这是因为随着氧化程度的加深,分子更加稳定,不利于进一步被氧化。因此在动力学上,只考虑反应能垒的情况下,第四步反应是反应的决速步骤。

与前面所述二苯二硫醚及氧化产物中 C—S 和 S—S 键的 BDE 计算值相比,反应路径 a 中所需要克服的势垒(59.5 kJ/mol)低于该反应路径下最低的亚砜中 S—S 键 BDE 的值(95.58 kJ/mol);反应路径 b 中所需要克服的势垒(64.5 kJ/mol)大于该反应路径下中间产物亚砜中 S—S 键 BDE 的值(32.94 kJ/mol)。因此可以推断,二苯二硫醚和过氧乙酸反应过程中,主要沿反应路径 a 进行反应,被氧化为相应的亚砜和砜类;少部分沿反应路径 b 进行,在二苯二硫醚被氧化为亚砜后倾向于发生 S—S 键的断裂,生成含硫自由基,并进一步反应生成为磺酸或硫酸类物质。

(4) 二苄基二硫醚与过氧乙酸反应路径的研究

结合前面的分析,通过计算设计了二苄基二硫醚与过氧乙酸可能的反应路径:

$$(5-4)$$

总反应共有四步,其中第二步和第三步存在两条不同的反应路径,记为反应路径 a 和 b。二苄基二硫醚反应的 IRC 分析曲线见图 5-28。

在 B3LYP/6-311++G(2df,2p)水平上对反应体系中各驻点进行了单点能的计算和零点能的校正,作出二苄基二硫醚和过氧乙酸反应体系反应过程中的相对能量变化图,见图 5-29。

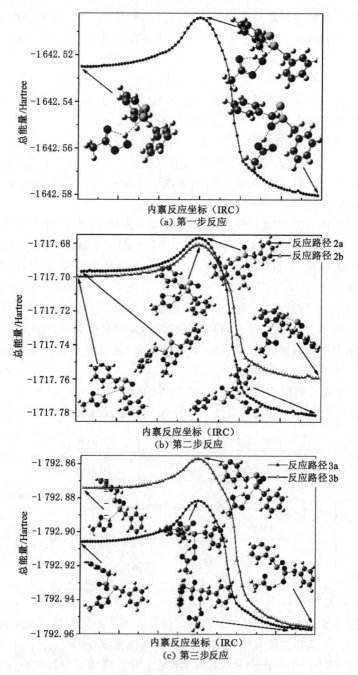

图 5-28　二苄基二硫醚反应的 IRC 分析曲线

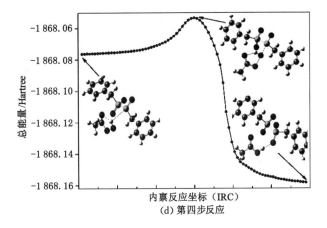

(d) 第四步反应

图 5-28(续)

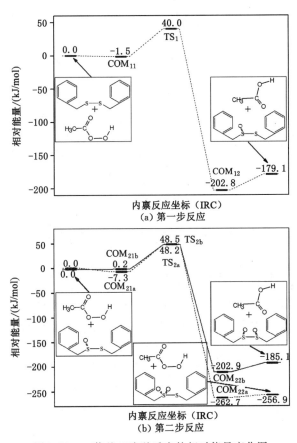

(a) 第一步反应

(b) 第二步反应

图 5-29 二苄基二硫醚反应的相对能量变化图

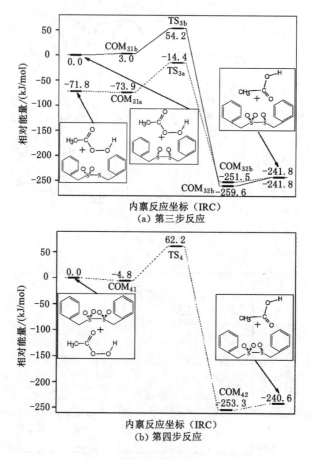

（a）第三步反应

（b）第四步反应

图 5-29（续）

　　所有反应需要的能量主要用于克服反应能垒，而产物复合物需要少部分能量克服分子内氢键。第二和第三步反应存在两条反应路径 a 和 b，其中反应路径 a 中需要跨越的最大能垒为 COM$_{31a}$ 到 TS$_{3a}$ 所要克服的 59.5 kJ/mol，反应路径 b 中需要跨越的最大能垒为从 COM$_{31b}$ 到 TS$_{3b}$ 所要克服的 51.2 kJ/mol，而且第二步反应中反应路径 a 的能垒也大于反应路径 b，因此推断二苄基二硫醚与过氧乙酸的反应更加倾向于沿反应路径 b 进行。

　　对比这四步反应可以看出，从第一步到第四步，其反应能垒不断升高，这是因为随着氧化程度的加深，分子更加稳定，不利于进一步被氧化。因此在动力学上，只考虑反应能垒的原则下，第四步反应是整个反应的决速步骤。

　　与前面所述二苄基二硫醚及氧化产物中 C—S 键和 S—S 键的 BDE 计算值相比，反应路径 a 中第三步反应产物中的 C—S 键 BDE（125.7 kJ/mol）最小，而其第四步反应所需要克服的反应能垒为 67.0 kJ/mol；反应路径 b 中第二步反应产物中的 S—S 键 BDE(62.72 kJ/mol)最小，而其第三步反应所需要克服的反应能垒为 51.2 kJ/mol。因此可以推断，二苄基二硫醚和过氧乙酸反应过程中，主要沿反应路径 b 进行，被氧化为相应的亚砜和砜类，然后倾向于发生 S—S 键的断裂，生成含硫自由基，并进一步反应生成磺酸或硫酸类物质；其次是沿反应路径 a 进行，主要生成相应的砜类。

5.5　微波脱硫中含硫模型化合物中硫的迁移行为研究

为了更好地弄清煤中有机硫的变化规律和迁移行为，利用 FT-IR、XANES、XPS 和气相色谱等分析手段对煤炭脱硫前后固态、液态和气态物质的基本性质进行分析，将煤中有机硫简化为几种具有代表性的类煤模型化合物进行微波联合助剂脱硫试验，探讨煤中含硫化合物的迁移行为。

5.5.1　微波联合助剂脱硫中含硫模型化合物中硫的迁移规律研究

（1）不同助剂条件下模型化合物中硫的变化规律

在微波功率为 600 W，碱性 NaOH 助剂和氧化助剂 HAc＋H$_2$O$_2$ 条件下，含硫模型化合物最高脱硫率分别可达 52.33％和 55.71％。负载苄硫醇和二苯二硫醚模型物脱硫率较二苯并噻吩要高，见图 5-30。

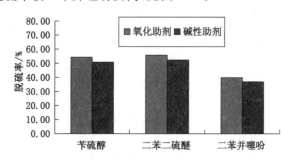

图 5-30　不同助剂下含硫模型化合物的脱硫率

（2）微波辐照后固态产物中含硫基团的 XPS 分析

利用 XPS 对负载有苄硫醇的模型化合物进行拟合，结果见表 5-2 和图 5-31～图 5-33。由图可见，苄硫醇模型化合物的组成可以很好地被表征，这也说明利用 XPS 对模型化合物脱硫前后硫的迁移行为进行分析是个很好的选择。

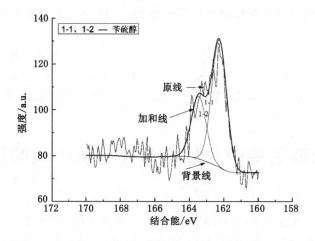

图 5-31　苄硫醇的 XPS 拟合谱图

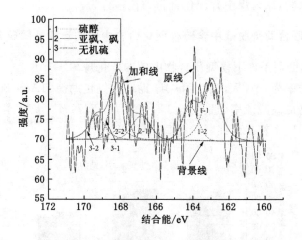

图 5-32　NaOH 助剂下苄硫醇的 XPS 拟合谱图

由表 5-2 可以得知,在微波辐照下,负载有苄硫醇的模型化合物脱硫前后硫的形态发生了迁移,一部分转化为亚砜、砜类,还有一部分转化为无机硫。在碱性助剂条件下,硫醇的相对含量少了 54.86%,亚砜、砜类相对含量多了 18.15%,无机硫相对含量多了 36.71%;在氧化助剂条件下,较碱性助剂下硫醇的相对含量少了 4.07%,亚砜、砜类相对含量多了 28.75%,无机硫相对含量少了 24.49%。有助剂条件下,负载有苄硫醇的模型化合物中含硫化合物都有向氧化态转变的趋势,这与之前试验煤样所得的模拟结果相吻合。

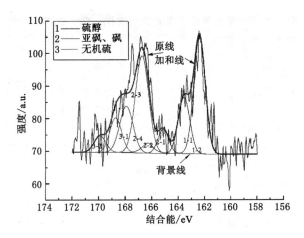

图 5-33 HAc＋H_2O_2 助剂下苄硫醇的 XPS 拟合谱图

表 5-2 不同助剂条件下苄硫醇中硫 XPS 谱图拟合结果

反应体系	结合能/eV	半高宽/eV	面积	相对含量/%	峰归属
苄硫醇	162.28	1.01	59.65	67.06	硫醇
	163.46	1.01	29.30	32.94	
苄硫醇＋NaOH	162.95	1.02	18.82	30.58	硫醇
	164.13	1.02	8.96	14.56	
	166.84	1.20	7.57	12.30	亚砜、砜
	168.02	1.20	3.60	5.85	
	168.13	1.00	15.31	24.87	无机硫
	169.31	1.00	7.29	11.84	
苄硫醇＋HAc＋ H_2O_2	162.38	1.02	39.38	27.82	硫醇
	163.56	1.02	18.76	13.25	
	165.13	0.94	7.34	5.19	亚砜、砜
	166.31	0.94	3.50	2.47	
	166.73	1.18	37.45	26.46	
	167.91	1.18	17.83	12.60	
	168.71	1.04	11.72	8.28	无机硫
	169.89	1.04	5.58	3.94	

负载有二苯二硫醚的模型化合物脱硫前后含硫化合物拟合结果见表 5-3 和图 5-34～图5-36。由结果可以看出,二苯二硫醚脱硫前后硫的形态迁移与苄硫

表 5-3　不同助剂条件下二苯二硫醚中硫 XPS 谱图拟合结果

反应体系	结合能/eV	半高宽/eV	面积	相对含量/%	峰归属
二苯二硫醚	1 642.68	0.94	257.80	67.74	硫醚
	163.86	0.94	122.76	32.26	
二苯二硫醚+NaOH	162.41	0.99	106.93	58.76	硫醚
	163.59	0.99	50.92	27.98	
	166.78	1.12	16.34	8.98	亚砜、砜
	167.96	1.12	7.78	4.28	
二苯二硫醚+HAc+H₂O₂	162.87	1.00	115.07	36.97	硫醚
	164.05	1.00	62.49	20.08	
	166.48	1.75	61.39	19.72	亚砜、砜
	167.66	1.75	29.23	9.39	
	168.03	1.20	29.18	18.75	无机硫
	169.21	1.20	13.90	10.62	

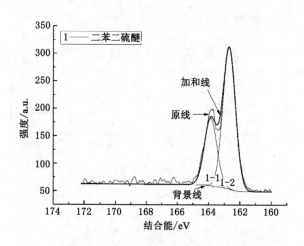

图 5-34　二苯二硫醚硫的 XPS 谱图

醇相似,一部分转化为亚砜、砜类,还有一部分转化为无机硫。在碱性助剂条件下,二苯二硫醚向亚砜、砜类转化,亚砜、砜类相对含量多了 13.26%,模拟结果不含有无机硫;在氧化助剂条件下,硫醚转化为亚砜、砜类的相对含量多了 29.11%,无机硫相对含量多了 29.37%。在氧化助剂条件下,亚砜、砜类相对含

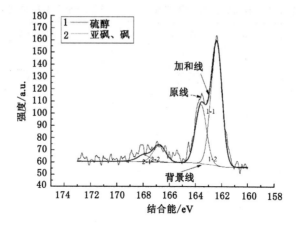

图 5-35　NaOH 助剂下二苯二硫醚硫的 XPS 谱图

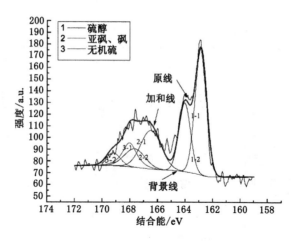

图 5-36　HAc＋H₂O₂助剂下二苯二硫醚硫的 XPS 谱图

量显然比在碱性助剂下增加得多,这也说明硫醇、硫醚中含硫键的迁移规律相似。

负载有二苯并噻吩的模型化合物脱硫前后含硫化合物拟合结果见表 5-4 和图 5-37～图 5-39。由结果可见,碱性助剂条件下负载有二苯并噻吩的模型化合物转化为亚砜、砜类物质的占 13.26%;氧化助剂条件下转化为亚砜、砜类物质的占 23.11%、转化为无机硫的占 29.37%。较负载有苄硫醇的模型化合物相比,负载二苯并噻吩的模型化合物转化为亚砜及砜类的数量相对少,表明煤中噻吩类结构较稳定。

表 5-4   不同助剂条件下二苯并噻吩中硫 XPS 谱图拟合结果

反应体系	结合能/eV	半高宽/eV	面积	相对含量/%	峰归属
二苯并噻吩	164.30	0.92	275.20	65.49	噻吩
	165.48	0.92	145.00	34.51	
二苯并噻吩 ＋NaOH	164.33	0.90	251.66	61.34	噻吩
	165.51	0.90	131.45	32.04	
	170.11	1.08	15.37	3.75	亚砜、砜
	171.29	1.08	11.82	2.88	
二苯并噻吩 ＋HAc＋H$_2$O$_2$	164.35	0.96	158.37	36.12	噻吩
	165.53	0.96	75.42	17.20	
	166.09	1.18	51.38	11.72	亚砜、砜
	167.27	1.18	24.47	5.58	
	168.38	0.98	82.21	18.75	无机硫
	169.56	0.98	46.57	10.62	

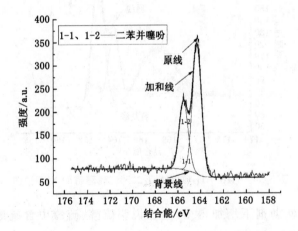

图 5-37   二苯并噻吩硫的 XPS 谱图

总体来说,氧化助剂条件下,含硫模型化合物更易被氧化成极性更强的亚砜和砜,这与相关学者研究结果相同。

(3) 脱硫过程中气态产物含硫组分分析

一般来说,煤中含硫基团与煤大分子结构键连接较稳定,硫的逸出行为与煤中含硫基团赋存形态及周围煤的大分子结构类型有密切的关系。一般硫醇、硫醚类硫较噻吩类硫易脱除。

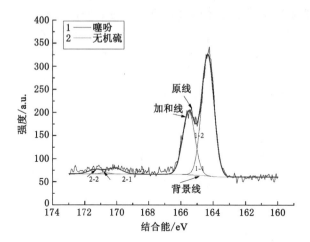

图 5-38　NaOH 助剂下二苯并噻吩硫的 XPS 谱图

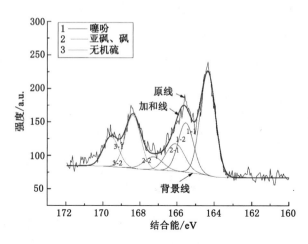

图 5-39　HAc＋H₂O₂ 助剂下二苯并噻吩硫的 XPS 谱图

在碱性助剂 NaOH 条件下,苄硫醇和二苯二硫醚反应体系中都检测到了二硫化碳和羰基硫,在二苯并噻吩反应体系中未检测到羰基硫,而只在苄硫醇反应体系中检测到了硫化氢。这可能是由于负载有二苯二硫醚和二苯并噻吩的模型化合物内部 H 原子含量不足,大部分含硫自由基只能与内部 C 原子结合或者与 O 原子结合以二硫化碳及羰基硫的形式逸出,从而硫化氢的生成量相对少些。

在氧化性助剂 HAc＋H₂O₂ 条件下,检测到 SO₂ 气体,气体的逸出速率明显高于碱性助剂条件下,这说明氧化助剂有助于含硫键的断裂。

（4）脱硫过程中液态产物含硫组分分析

负载有苄硫醇的模型化合物微波脱硫反应后滤液产物经检测分析,主要有苯甲烷磺酸、二苄基二硫、甲基苯甲基二硫醚和硫酸根离子。由此可以看出,在微波联合助剂条件下,苄硫醇被氧化为磺酸类物质。另外,苄硫醇在氧化剂的作用下,会发生氧化偶联生成二苄基二硫,从而进一步被氧化,在此过程中可能伴随着 C—S 键的断裂,最终以生成可溶解的磺酸类物质方式被脱除。

负载有二苯二硫醚的模型化合物微波脱硫反应后滤液产物经检测分析,主要有 S-苯基硫代苯基亚砜、S-苯基硫代苯基砜、联苯二砜、苯甲砜、苯亚砜甲酯和二苯二硫醚、甲苯及硫酸根离子。二苯二硫醚被氧化为亚砜和砜类物质,产物中检测到苯甲砜和苯亚砜甲酯,说明二苯二硫醚在微波脱硫后 S—S 键发生断裂,在此过程中也伴随着 C—S 键的断裂,以生成可溶解的磺酸类和硫酸盐类物质方式被脱除。

负载有二苯并噻吩的模型化合物微波脱硫反应后滤液产物经检测分析,只有少量的二苯并噻亚砜及硫酸根离子,大部分为二苯并噻吩砜。由此可以看出,在微波联合助剂条件下,二苯并噻吩较苄硫醇和二苯二硫醚难氧化为亚砜及砜类物质,另外,其 C—S 键也相对更稳定。

5.5.2 微波脱硫过程中硫元素及其含硫化合物的迁移途径与机理分析

(1) 脱硫过程中硫元素及其含硫化合物的迁移途径与机理分析

根据本书得出的试验结果,与之前课题研究及其他相关研究成果相结合,对煤中含硫化合物的迁移机理进行分析。

Zhang 等[208]对几种不同硫分组成的煤样进行的硫迁移途径分析如图 5-40 所示。他认为煤中硫的迁移行为表现为:无机硫中一部分黄铁矿中的硫会转变为气态含硫化合物,最终氧化生成 SO_2,其余黄铁矿会与煤中其他无机物和高度氧化的有机质发生反应,以有机硫化合物或硫酸盐硫的形式存在,硫酸盐硫也会被分解生成 SO_2 或与无机硫和含氧化合物作用生成其他有机硫化合物。有机硫主要分解生成 H_2S、COS、CS_2 及 SO_2 等,其中有些含硫气体还会进一步被氧化生成 SO_2,更有一部分会生成更难被脱除的含硫结构被固定在煤炭中。

Jorjani 等[44]分析认为,在微波作用下煤中黄铁矿转变机理如下:

$$FeS_2 \longrightarrow Fe_{1-x}S \longrightarrow FeS \text{ 或 } FeSO_4 \quad (0 < x < 0.125) \tag{5-5}$$

微波联合 HAc 与 H_2O_2 混合氧化剂条件下,煤中有机硫、无机硫和煤中有机基质发生如下反应:

$$煤中含硫键 + H_2O(吸附) \xrightarrow{\Delta H} H_2S \tag{5-6}$$

$$煤中含硫键 + 氢键 \xrightarrow{\Delta H} H_2S \tag{5-7}$$

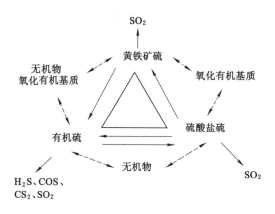

图 5-40 煤中硫的迁移途径分析[208]

$$煤中含硫键+氧键 \xrightarrow{\Delta H} SO_2 \tag{5-8}$$

$$煤中含硫键+CO_2（键或气体） \xrightarrow{\Delta H} COS \tag{5-9}$$

氧化剂加快了具有极强亲电性的 OH^+ 的生成速度,从而可以有效脱除原煤中的有机硫。根据 FTIR 分析结果,煤的大分子结构在脱硫前后没有发生变化。

Liu 等[179]研究了高硫烟煤中硫的转化行为,认为煤中无机硫和有机硫中硫很大程度上以硫化钙的形式脱除,反应式为:

$$FeSO_4 \cdot 4H_2O \longrightarrow FeO+SO_3+4H_2O \tag{5-10}$$

$$CaO\text{-}char+SO_3 \longrightarrow CaSO_4+char \tag{5-11}$$

Wang 等[209]分析认为,煤脱硫气相产物中主要是 H_2S 和 COS。COS 释放路径有:煤中黄铁矿与 CO 或者 CO_2 反应生成;也有可能是 H_2S 与 CO 或者 CO_2 二次反应生成;另外,可能是煤中有机硫中含硫键的断裂释放。然而,通过实验分析发现,H_2S 和 COS 释放量存在线性关系,得出 COS 的释放路径主要如下:

$$H_2S+CO \longrightarrow H_2+COS \tag{5-12}$$

$$H_2S+CO_2 \longrightarrow H_2O+COS \tag{5-13}$$

另外,发现含硫气体释放行为与煤中含硫组分(镜质组/惰质组比例)有关,含硫气体的释放量随着镜质组/惰质组比例的增加而增高,而一般有机硫都存在于含硫大分子中,由此可知活性较强的有机硫会释放一部分含硫气体。

马祥梅[210]分析认为,有机硫中 C—S 键极性大于 C—C 键,在微波辐照作用下 C—S 键被极化和吸收电磁能转化为热能的能力次于 C—H 键和 C—C 键,所以仅仅依靠微波的热效应无法脱除煤中硫醚/硫醇类有机硫,因而微波脱硫主要是以非热效应的形式作用于硫醇/硫醚类化合物,添加助剂可以强化脱硫效率;罗来芹[211]、杨彦成[212]、唐龙飞[73]等根据 FTIR 分析认为,在氧化体系中煤中含硫基团脱除的规律是硫醇(硫醚)类硫相对含量变化不大、噻吩类硫含量降低,而处于硫氧化态的砜(亚砜)类硫,特别是硫酸盐类硫含量显著增加。

(2)碱性助剂下微波脱硫时模型物硫的迁移途径与机理分析

结合前文对模型化合物的探究,在碱性助剂下,负载有苄硫醇、二苯二硫醚和二苯并噻吩的含硫模型化合物微波脱硫后向亚砜、砜及无机硫方向转变,其中二苯并噻吩转变的程度要小一点。这几种硫模型化合物被氧化的可能路径分析如下。

① 苄硫醇的可能氧化路径:

$$\text{(5-14)}$$

通过对负载有苄硫醇的反应产物分析,说明苄硫醇被氧化,其中 C—S 键发生断裂。

② 二苯二硫醚的可能氧化路径:

途径 1:

$$\text{(5-15)}$$

途径2：

$$+SO_4^{2-}+H_2O+\begin{matrix}CS_2\\COS\end{matrix} \tag{5-16}$$

不难发现二硫醚中 S—S 键比 C—S 键更易先被氧化，这说明 S—S 键比与苯环相邻的 C—S 键有更强的断裂趋势。这也意味着煤中一些含硫基团的断裂受其周围官能团的影响很大，尤其是与苯环相连接的。

③ 二苯并噻吩的可能氧化路径：

$$+SO_4^{2-}+H_2O+CS_2 \tag{5-17}$$

与苄硫醇和二苯二硫醚相比，二苯并噻吩化学结构更加稳定，从而导致其更难于被氧化，硫分更难被脱除。

（3）氧化助剂下微波脱硫时模型物硫的迁移途径与机理分析

氧化性助剂 HAc＋H_2O_2 条件下会发生如下反应：

$$HAc+H_2O_2 \longrightarrow CH_3COOOH+H_2O \tag{5-18}$$

$$CH_3COOOH+H^+ \longrightarrow HAc+OH^+ \tag{5-19}$$

苄硫醇中硫的迁移路径：

$$\text{(苄硫醇结构)} + OH^+ \xrightarrow{①} \text{(中间体)} \xrightarrow{②}$$

$$\text{(结构)} + SO_4^{2-} + H_2O + \begin{matrix} COS \\ SO_2 \\ CS_2 \\ H_2S \end{matrix} \tag{5-20}$$

二苯二硫醚中硫的迁移路径：

途径1：

$$\text{(二苯二硫醚结构)} + OH^+ \xrightarrow{①} \text{(结构)} \xrightarrow{②}$$

$$\text{(结构)} \xrightarrow{③} \text{(结构)} \xrightarrow{④}$$

$$\text{(结构)} + SO_4^{2-} + H_2O + \begin{matrix} COS \\ SO_2 \\ CS_2 \\ H_2S \end{matrix} \tag{5-21}$$

途径2：

$$\text{(二苯二硫醚结构)} + OH^+ \xrightarrow{①} \text{(结构)} \xrightarrow{②}$$

$$\text{(结构)} \xrightarrow{③} \text{(结构)} \xrightarrow{④}$$

$$+SO_4^{2-}+H_2O+\begin{matrix}COS\\SO_2\\CS_2\\H_2S\end{matrix} \qquad (5\text{-}22)$$

二苯并噻吩中硫的迁移路径：

$$+OH^- \xrightarrow{①} \xrightarrow{②}$$

$$+SO_4^{2-}+H_2O+CS_2 \qquad (5\text{-}23)$$

一般硫醇硫醚类中 C—S 键的解离能比 S—S 键要强,噻吩类中 C—S 键的解离能比硫醇、硫醚类的高,这与 C—S 键相连的基团结构有很大的关系。一般,硫原子与脂肪烃相连比与芳香烃相连时更容易脱除,也就是相同条件下,硫醇硫醚类中 S—S 键比噻吩类更易断裂,被氧化为亚砜后的 S—S 键的解离能更低;另外,氧化后产物极性也增强,对微波的响应也会增强,会进一步被氧化,生成硫酸盐或磺酸类物质,从而降低模型化合物中硫的含量。亚砜的 α-氢具有一定的酸性,它会与强碱试剂发生反应,生成盐,这可以用来解释硫醇硫醚脱硫反应后为什么有无机硫产生。

微波具有快速、均匀、选择性强等优势,微波对极性物质具有选择加热性,在微波场中,极性分子会随着微波电场方向的转变而快速转变,使得极性物质温度快速升高。煤中有机硫主要是硫醇、硫醚和噻吩,利用氧化助剂使得煤中硫醇、硫醚和噻吩类物质被氧化为亚砜、砜、硫酸盐、羧酸或磺酸,由于 O—S 键的极性大于 C—S 键,那么在微波作用下,含 O—S 键物质的温度就会比含 C—S 键的升得更快,更有利于含硫键的断裂,同时会相应地释放出一些含硫气体,如 H_2S、COS、SO_2、CS_2,从而更有利于脱除煤中硫分。

5.6　小结

为了更能清晰地探究煤中有机含硫基团在脱硫过程中的硫形态变化,选用含硫模型化合物替代较为复杂的有机含硫基团来进行研究。本章运用

XANES,对不同处理时间后的 XY 煤和负载有含硫模型化合物的模型物进行了硫形态分析拟合,进而对微波联合过氧乙酸氧化脱硫过程中有机含硫基团的形态迁移变化进行了探究。本章主要结论如下:

(1) 通过单因素试验,确定了硫形态分析中合适的实验处理条件:HAc 和 H_2O_2 的体积配比为 $1:1$,微波辐照功率为 600 W,煤样粒度为 -0.074 mm。

(2) XY 煤的 XANES 分析结果表明:在微波联合助剂的煤炭脱硫过程中,煤中含硫基团中的低价态硫原子逐渐被氧化为高价态硫原子。XANES 谱图拟合结果显示:煤中的黄铁矿、硫醇类、硫醚类和亚砜类的相对含量均减少一半,磺酸类/硫酸盐类则从 19.7% 降到 13.9%,含量最多的噻吩类则降低了约 20%,而砜类由 3.1% 升高到 17.1%。所以在微波联合氧化助剂脱硫中,煤中的部分低价态硫和亚砜被氧化为高氧化态的砜类、磺酸盐/硫酸盐类;由于砜类不易于被进一步氧化,导致砜类的含量明显增加。含量最多的噻吩类主要以杂环硫的形式存在于煤大分子结构中,因传质效应的限制导致其氧化效果不佳,而且部分有机硫基团的氧化产物停留在砜类,难以被进一步转化为可溶性物质,导致处理后大部分有机硫依然残留在煤炭基质中,最终煤脱硫率不高。

(3) 负载有苯硫醚、二苄基硫醚和二苯二硫醚的模型物的 XANES 分析结果表明:在微波联合过氧乙酸处理过程中,硫醚类中低价态硫原子在较短的时间内即被过氧乙酸氧化,苯硫醚、二苄基硫醚和二苯二硫醚模型物的脱硫率分别为 23%、36% 和 56%。其中,类似于苯硫醚和二苄基硫醚的硫醚类基团主要被氧化为亚砜/砜类和少量的磺酸盐/硫酸盐类;而二硫醚类被氧化后,硫形态分布中除了亚砜和砜类外,还存在较多的磺酸类/硫酸盐类,说明在脱硫处理过程中有较多的 S—S 键发生了断裂,导致二硫醚的脱硫率较高。

(4) 选取二苯并噻吩作为煤中噻吩类的含硫模型化合物进行脱硫实验,模型物中硫形态的分析结果显示:微波辐照后,约有 2/3 的二苯并噻吩被氧化,但是大部分被氧化为亚砜和砜类并残留在模型物中,导致脱硫率较低。

(5) 在微波联合过氧乙酸脱硫处理过程中,硫醚类和噻吩类含硫基团主要是被依次氧化为亚砜和砜类,在微波辐照下少部分发生了含硫键断裂,进而被氧化为磺酸类/硫酸盐类,并通过水溶解而实现脱硫。

(6) 在碱性助剂 NaOH 条件下,苄硫醇和二苯二硫醚脱硫反应体系中都检测到了二硫化碳、羰基硫,在二苯并噻吩脱硫反应体系中未检测到羰基硫,而只在苄硫醇脱硫反应体系中检测到了硫化氢。这可能是由于负载有二苯二硫醚和二苯并噻吩的模型化合物内部氢含量不足,大部分含硫自由基只能与内部碳结合或者氧结合,以二硫化碳及羰基硫的形式逸出,从而硫化氢的含量就会相对少些。在氧化性助剂 HAc＋H_2O_2 条件下,检测到 SO_2 气体,气体的逸出速率明显高于碱性助剂条件下的,这说明氧化助剂有助于含硫键的断裂。

（7）微波联合助剂条件下负载有苄硫醇、二苯二硫醚和二苯并噻吩的模型化合物微波脱硫反应后滤液产物经检测分析,有亚砜类、砜类、磺酸类、脂类物质,在此过程也伴随着 S—S、C—S 键的断裂,产生可溶解的磺酸类和硫酸盐类物质。其中,二苯并噻吩的反应体系中,只有很少部分二苯并噻吩被氧化,转化为二苯并噻亚砜及硫酸根离子,且大部分为二苯并噻吩砜。由此可以看出,在微波联合助剂条件下,二苯并噻吩较苄硫醇和二苯二硫醚难氧化转变为亚砜及砜类物质。

6 微波场中脱硫反应的量子化学计算与分析

6.1 微波场对含硫模型化合物分子性质的影响

6.1.1 微波场对含硫模型化合物分子单点能、几何构型等的影响

（1）对单点能的影响

单点能是某个结构（如平衡结构、过渡态结构等）电子的总能量。

在考虑溶剂效应的条件下，研究了外加不同电场对所选的四种含硫模型化合物分子单点能的影响。图 6-1(a)所示为外加方向相反电场后，分子单点能的变化规律。从整体趋势上来说，随着正向或者反向电场强度的增加，分子的单点能都呈现明显的下降趋势。对于苯硫醚和二苄基硫醚，两个方向的电场对分子单点能的影响程度相近，而对另外两种二硫醚的影响有较大差异，即两个方向的下降程度有所不同，这可能是因为二硫醚对外电场的响应较大，分子原有的对称性被破坏了。

图 6-1(b)所示为外加两个方向互相垂直的电场后，分子单点能的变化规律，其中电场 a 为垂直于二硫醚中 S—S 键方向的电场，电场 b 为沿着 S—S 键方向的电场。从整体趋势上来说，随着电场强度的增加，两种二硫醚模型化合物分子的单点能也都呈现明显的下降趋势。对于二苯二硫醚的单点能，两种方向的电场产生的差异不大；而二苄基二硫醚的差异较大，其中 b 电场强度由 0.01 a.u. 增加到 0.015 a.u. 时，单点能出现大幅度减小，这是因为此时方向沿着 S—S 键的外加电场强度较大，而 S—S 键又较弱，致使 S—S 键被明显拉长甚至断裂，分子结构发生明显变化。

（2）对分子能隙的影响

为了研究外电场对分子反应活性的影响，计算了外加电场下各分子能隙的

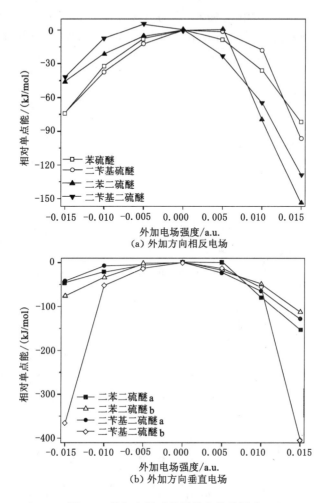

图 6-1　外加电场对分子单点能的影响

变化,结果见图 6-2。由图 6-2(a)可见,随着正向或反向电场的增加,四种分子的能隙都出现相应程度的减小,其中苯硫醚能隙降低得最多,由 0.183 9 降低为电场强度为 0.015 a. u. 下的 0.048 8,其次为二苄基硫醚,但两种二硫醚的能隙在这两种方向外加电场下的降低程度相对较小。这表明随着正反两个方向外加电场强度的增加,四种分子的活性都增强,其中苯硫醚和二苄基硫醚活性增加明显。

由图 6-2(b)可见,当在二硫醚分子周围添加电场 b 时,随着外加电场强度的增加,分子的能隙都出现相应的减小。与外加电场 a 相比,两种二硫醚分子对电场 b 的响应更强烈,分子的能隙降低非常明显,其中二苄基二硫醚的能隙在外加 b 电场下的变化最大,由 0.194 1 变为电场强度为 0.015 a.u. 下的 0.009 1。这是因为 S—S 键较弱,而外加电场方向沿着 S—S 键,使 S—S 键被明显拉长。所以外加 S—S 键方向的电场可以很大程度上增强二硫醚分子的反应活性。

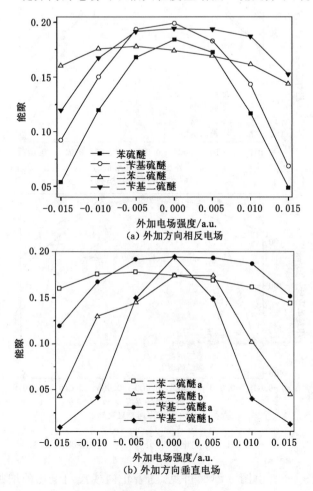

图 6-2 外加不同电场对分子能隙的影响

(3) 对分子极性的影响

为了考察外加电场对含硫模型化合物分子极性的影响,研究了不同外加电场条件下分子偶极矩的变化规律,如图 6-3 所示。从图 6-3 中可以看出,随着不同方向电场的电场强度增大,分子的偶极矩呈现明显的增大趋势。这是因为外加电场可以增大分子的极性,增强对外部微波场的响应以及分子吸收微波转换为热能的能力,所以外加微波场可以提高分子对微波能的吸收效率。

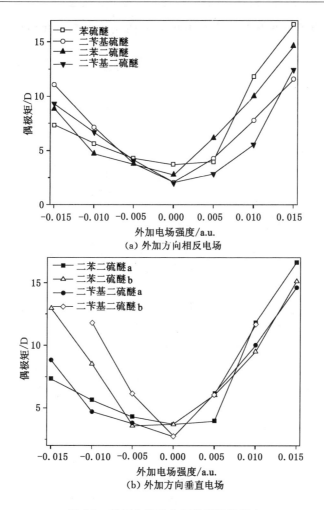

(a) 外加方向相反电场

(b) 外加方向垂直电场

图 6-3　外加电场对分子偶极矩的影响

（4）对 C—S 键和 S—S 键键长的影响

在外电场存在的条件下,研究了不同电场对含硫模型化合物中 C—S 键和 S—S 键键长的影响,如图 6-4 所示。由图 6-4(a)可以看出,在外加电场 a 由 −0.015 a.u.逐渐变为 0.015 a.u.过程中,苯硫醚、二苄基硫醚和二苄基二硫醚 分子中 C—S 键键长逐渐增大,而二苯二硫醚中 C—S 键键长呈降低趋势。这说 明,外加电场方向的正反,对分子中 C—S 键键长的影响效果不同,但在所考察 的电场范围内,C—S 键键长的总体变化趋势是一致的。当外加电场 b 时,二苯 二硫醚和二苄基二硫醚中 C—S 键键长不受电场正反方向的影响,其中二苄基 二硫醚中的 C—S 键随着电场 b 强度的增加而变长,而二苯二硫醚中的 C—S 键则是先增加,然后在电场强度为 0.100～0.015 a.u.时呈下降趋势。

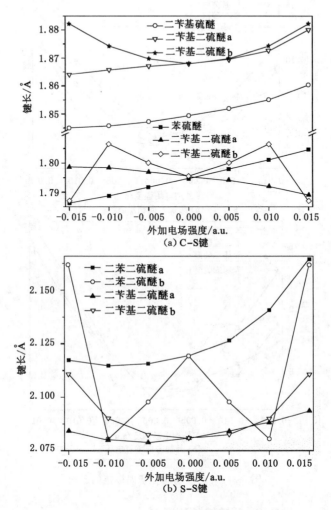

图 6-4　外加垂直电场对含硫键键长的影响

二硫醚中 S—S 键键长受外加电场的影响见图 6-4(b)。由图可以看出,当外加电场 a 由－0.015 a.u.逐渐变为 0.015 a.u.过程中,二苯二硫醚和二苄基二硫醚分子中的 S—S 键键长总体上呈上升趋势,而且前者一直比后者长。当外加电场 b 时,随着电场强度的增加,二苄基二硫醚中的 S—S 键键长呈上升趋势,而二苯二硫醚分子中 S—S 键键长在电场强度小于 0.01 a.u.时呈下降趋势,之后则呈上升趋势。

总的来说,对于不同分子中含硫键的键长,在相同电场下随电场强度的变化趋势有所不同,而且相同分子在互相垂直电场下随电场强度的变化趋势也不同。但在选择特定的电场和电场强度条件下,可以增加分子中含硫键的键长,从而可以更容易实现含硫键的断裂。

(5) 对 C—S 键和 S—S 键拉普拉斯键级的影响

计算了外加电场对四种含硫模型化合物中含硫键的拉普拉斯键级的影响,如图 6-5 所示。由图 6-5(a)可以看出,随着电场强度由 -0.015 a.u. 变为 0.015 a.u.,四种模型化合物中 C—S 键的拉普拉斯键级都呈现逐渐降低趋势,而且在此期间,四者之间的大小关系基本保持不变。由图 6-5(b)可见。当外加电场变为 b 电场时,二硫醚的变化趋势发生很大变化。二苯二硫醚中 C—S 的

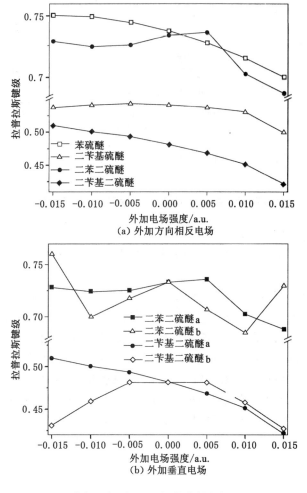

图 6-5 外加电场对 C—S 键拉普拉斯键级的影响

拉普拉斯键级在正反电场强度 0～0.01 a.u. 范围内,先逐渐增加,在 0.01～0.015 a.u. 范围内又降低,而二苄基二硫醚中 C—S 的拉普拉斯键级一直减小。由图 6-6 可见,二硫醚中 S—S 键的拉普拉斯键级变化较为复杂。总体来说,外加某一特定电场可以使 C—S 或 S—S 键的拉普拉斯键级得到一定程度的降低,从而使含硫键更容易断裂。

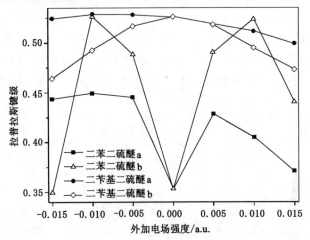

图 6-6　外加垂直电场对 S—S 键拉普拉斯键级的影响

6.1.2　外加电场对分子中硫原子性质的影响

为了考察外加电场对分子中硫原子的影响,研究了不同外加电场条件下,分子中硫原子所占 HOMO 和 LUMO 成分以及 Hirshfeld 电荷的变化,结果如图 6-7 所示。

由图 6-7(a)可以看出,随着相反方向电场强度的增加,苯硫醚和二苄基硫醚中硫原子所占的 HOMO 比例不断减小,说明外加该方向的电场,使这两种分子中硫原子的亲电活性降低;二苯二硫醚和二苄基二硫醚分子中硫原子的 HOMO 成分在外加电场由−0.015 a.u. 变为 0.015 a.u. 的过程中逐渐降低,说明外加负方向的电场可以使二硫醚中硫原子的亲电活性增加,但增加不明显,而外加正方向电场则降低硫原子的亲电活性。由图 6-7(b)可见,对于苯硫醚和二苄基硫醚,其硫原子所占 LUMO 成分具有和硫原子 HOMO 成分相同的变化趋势;在外加电场由−0.015 a.u. 变为 0.015 a.u. 的过程中,二硫醚分子内硫原子 LUMO 成分逐渐增加。

而当外加电场 b 时,分子中硫原子的 HOMO 和 LUMO 成分随外加电场的电场强度的增大而减小,说明外加电场 b 使硫原子的活性减低,如图 6-8 所示。

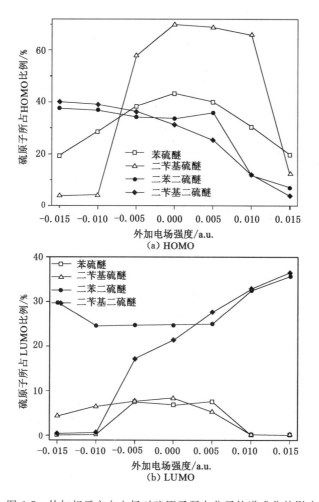

图 6-7 外加相反方向电场对硫原子所占分子轨道成分的影响

不同外加电场对分子中硫原子 Hirshfeld 电荷的影响结果见图 6-9。由图 6-9 可以看出,在电场强度由 -0.015 a.u. 变为 0.015 a.u. 的过程中,苯硫醚、二苯二硫醚和二苄基二硫醚中硫原子的 Hirshfeld 电荷呈现出降低的趋势,而二苄基硫醚中硫原子的 Hirshfeld 电荷呈上升趋势。当外加电场方向沿二硫醚中 S—S 键方向时,二苯二硫醚和二苄基二硫醚中硫原子的 Hirshfeld 电荷的变化趋势发生明显改变:二苯二硫醚的随着正反电场强度先增加后减小,而二苄基二硫醚的随着正反电场强度的增加而增加。由此可知,可以通过外加特定电场使分子中硫原子的 Hirshfeld 电荷值降低,从而使硫原子的亲电活性增强。

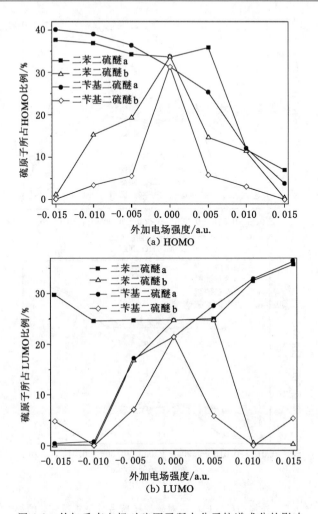

图 6-8　外加垂直电场对硫原子所占分子轨道成分的影响

6.1.3　含硫模型化合物的亲电反应位点

平均局部离子化能（ALIE）被广泛用于考察分子亲电反应的位点和活性[213]。其定义如下：

$$\bar{I}(r) = \frac{\sum_{i \in occ}\left[\rho_i(r)\,|\,e_i\,|\right]}{\rho_i} \tag{6-1}$$

式中，$\bar{I}(r)$ 为局部位置上电子的电离能；ρ 为总的电子密度；ρ_i 为第 i 个分子轨道的电子密度；e_i 为第 i 个分子轨道的能量。

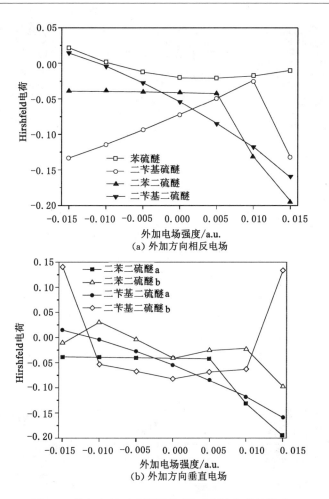

图 6-9 外加电场对硫原子的 Hirshfeld 电荷的影响

采用由波函数分析软件 Multiwfn 中的定量分子表面分析技术可以获得 $\bar{I}(r)$。原子附近极小点数值越小,则其反应活性越高[214]。在微波联合过氧乙酸的脱硫体系中,煤中有机含硫基团与过氧乙酸发生氧化反应,因此通过计算三苯基甲硫醇(TMM)、苯硫醚(DS)和二苯并噻吩(DBT)分子的 ALIE,来分析分子中硫原子的亲电反应活性。

图 6-10 分别是三苯基甲硫醇(TMM)及其对应的亚砜和砜分子表面的 ALIE 计算结果,其中蓝色区域代表 ALIE 数值较低,青色球为分子表面 ALIE 极小点。分子表面 ALIE 数值较低区域内极小点处的电子受到的束缚较弱,所以蓝色区域的原子或者化学键倾向于发生亲电反应。在 TMM 中硫原子的两侧

TMM   TMM亚砜   TMM砜

图 6-10　三苯基甲硫醇(TMM)及其亚砜和砜分子表面的 ALIE

对称分布有两块相似的蓝色区域,且其中分别存在一个极小值点。当其中一个活性位点与氧化剂发生氧化反应后,可以发现生成的亚砜分子中硫原子周围被氧原子进攻的位置,其原有的蓝色区域消失。当剩余的活性位点被氧化后,生成的砜分子表面无蓝色区域存在,表明砜类难以被进一步氧化。

图 6-11 分别是苯硫醚(DS)及其对应的亚砜和砜分子表面的 ALIE 计算结果,可以发现在 DS 中硫原子附近的分子表面也有两块相似的蓝色区域,且其中分别具有一个极小值点。当其中之一发生亲电反应,并生成亚砜后,蓝色区域减半。当其进一步被氧化为砜之后,蓝色区域消失,与 TMM 分子的氧化过程一致。

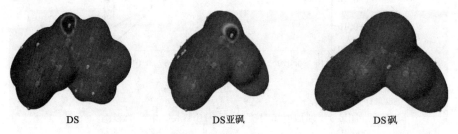

DS   DS亚砜   DS砜

图 6-11　苯硫醚及其亚砜和砜分子表面的 ALIE

图 6-12 分别是二苯并噻吩(DBT)及其对应的亚砜和砜分子表面的 ALIE 计算结果。可以发现在 DBT 分子表面也有两块相似的蓝色区域分布于硫原子两侧,并分别具有一个极小值点。当二苯并噻吩被氧化为砜之后,在分子表面不存在蓝色区域。

综上所述,在氧化环境中三苯基甲硫醇、苯硫醚和二苯并噻吩中硫原子两侧的活性位点倾向于被氧原子进攻,并被氧化为亚砜,而亚砜中硫原子一侧的活性位点趋于进一步被氧化并生成砜,但是最终氧化产物砜分子的表面不存在明显的亲电反应活性位点,所以不能进一步被氧化。因此煤中有机含硫基

DBT　　　　　　　DBT 亚砜　　　　　　DBT 砜

图 6-12　二苯并噻吩及其亚砜和砜分子表面的 ALIE

团中的硫原子趋于被依次氧化为亚砜和砜,与之前硫形态的 XANES 分析中得到的氧化进程相一致,即在微波联合过氧乙酸处理后,煤中硫形态主要停留在砜类。

6.1.4　噻吩类分子电子分布的理论计算

电子定域化函数(ELF)是研究分子电子结构的重要工具,被用于研究氢键、多中心键和反应机理[215]。ELF 可以展现三维空间中电子定域程度,其在某个点的函数值大小代表着该点电子定域性的高低,值域为[0,1]。

对二苯并噻吩及其氧化后的亚砜和砜的 ELF 进行了分析,图 6-13 是二苯并噻吩分子的 ELF 计算结果。从图 6-13 中可以发现硫原子处的 ELF 与苯环上的 C—H 区域的形状和颜色类似,此处对应着硫原子的外层电子,也是过氧乙酸分子中氧原子进攻的位置。对比图中 C—C 键和 C—S 键中间区域的 ELF,可以看出它们的颜色、深度、形状相似,说明含有硫原子的五元环,类似于两侧的六元苯环,都是多中心键,属于芳香环。所以煤中噻吩类有机硫中的 C—S 键强度较其硫醇/硫醚会更高,在微波脱硫中更加难以断裂。

在二苯并噻吩中的硫原子氧化后,生成的亚砜的 ELF 分析图见图 6-14。从图中可以明显地发现硫原子区域的颜色深度和对应的峰高度较 DBT 的有所降低,这是因为硫原子的部分外层电子与氧原子配对,偏离了该分子平面。但是其 C—S 键区域的电子定域性相较氧化之前变化较小,说明氧化并没有破坏含硫五元环的多中心结构。

图 6-15 是二苯并噻吩砜的 ELF 图像,可以看出硫原子外端区域的圆形填色图消失,说明硫原子外层的电子与两个氧原子结合。相较于 DBT 和 DBT 亚砜,DBT 砜分子中 C—S 键区域的颜色深度有所增加,说明在 DBT 或 DBT 亚砜被氧化为 DBT 砜分子后,其中含硫五元环的芳香性增加,意味着氧化后其 C—S 键会更加稳固。

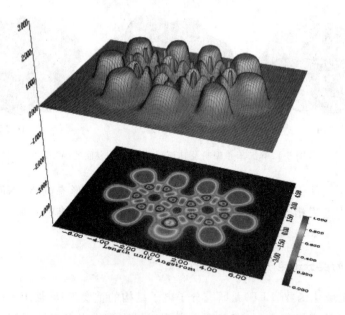

图 6-13 DBT 分子平面 ELF 函数的地形图和投影图

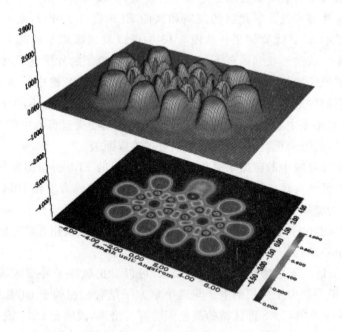

图 6-14 DBT 亚砜分子平面 ELF 函数的地形图和投影图

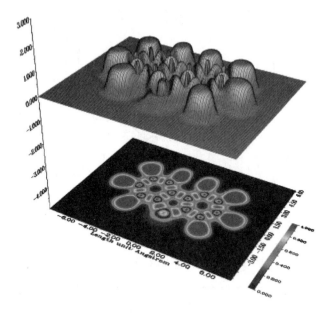

图 6-15　DBT 砜分子平面 ELF 函数的地形图和投影图

6.1.5　微波场对噻吩、硫醚类分子电子密度的影响

（1）噻吩类分子电子密度的影响

为了探讨外加微波场对含硫模型化合物分子电子分布的影响，对外加电场（电场强度为 0.028 a.u.，方向为 C—S 键的方向）情况下分子电子密度的变化规律进行了计算分析。图 6-16 为 DBT 分子在有无电场情况下的电子密度差图，其中实线为加电场后电子密度增加的区域，虚线则为减小的区域。可以发现，外加电场后，DBT 分子中硫原子中孤对电子附近的电子密度出现了明显增加，所以其被氧原子进攻并发生亲电反应的可能性增加，有利于 DBT 中硫原子的氧化。DBT 分子中的氢和碳原子一侧为实线，另一侧则为虚线，呈现出明显的对称性。

在 DBT 中硫原子被氧化为亚砜后，电场对其电子密度的影响见图 6-17。可以看到，其中的硫原子两侧出现了明显的电子密度变化，若氧原子从电子密度增加的区域进攻硫原子，则外加电场有利于亚砜的氧化。分子中其他部分的电子密度的变化，与硫原子类似。

图 6-18 为 DBT 砜的电子密度变化图，其外加电场后分子中硫原子附近区域的电子密度增加程度小于前两者。因为硫原子被氧化后，使硫原子外层电子

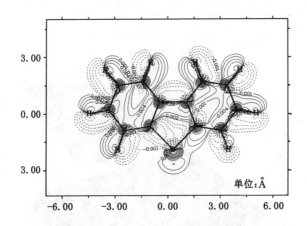

图 6-16　外加电场前后 DBT 中电子分布变化的等值线图

与两个氧原子成键,减弱了随电场偏移的效果。

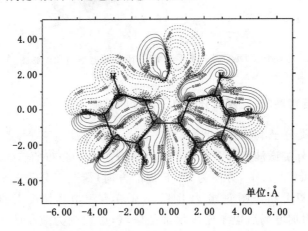

图 6-17　外加电场前后 DBT 亚砜中电子分布变化的等值线图

　　综上所述可见,外加电场可以明显活化 DBT 分子中的硫原子,提高其孤对电子位置发生亲电反应的活性;而受成键氧原子的作用,外加电场对 DBT 亚砜和 DBT 砜分子中硫原子的活化作用较小。

　　(2) 硫醚类分子电子密度的影响

　　将外加不同电场下得到的苯硫醚和二苄基硫醚分子的电子密度分别减去未加电场时原分子的电子密度,再将结果绘制成图像,就可以很直观地得到外加电场对分子密度的影响,结果见图 6-19(图中绿色和蓝色网格分别代表外加电场后分子表面的电子密度增加量和减少量)。

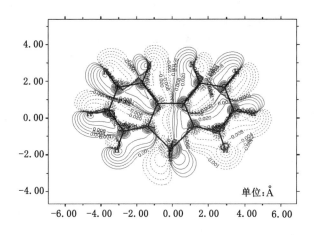

图 6-18　外加电场前后 DBT 砜中电子分布变化的等值线图

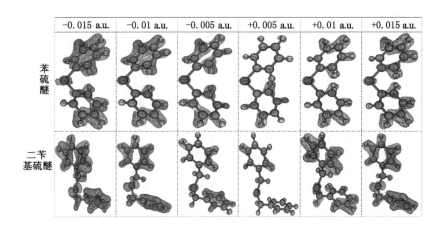

图 6-19　外加电场后模型化合物分子电子密度差的变化

　　从图 6-19 中可以看出,外加正向或反向电场强度越强,分子的电子密度的变化量越大。对于这两种含硫模型化合物,当外加电场的电场强度由 0.005 a.u. 增大到 0.015 a.u. 时,硫原子两侧苯环上的电子密度有很明显的增减变化,而硫原子周围的电子密度变化较小,只是在硫原子的两侧出现相应程度的增加和减少。可以得出结论:如果亲电试剂从电子密度增加的位置进攻硫原子,则亲电反应会更加容易发生。

6.1.6　含硫模型化合物分子中含硫键强度的理论计算

　　化学键的键解离能可以很好地反映化学键的强度,是理解和解释反应机理的基础。键解离能的定义如下[216-217]：

$$A \cdots B \rightarrow A \cdot (g) + B \cdot (g) \tag{6-2}$$

反应的焓变，即：

$$BDE(AB) = H_{298}(A \cdot) + H_{298}(B \cdot) - H_{298}(AB) \tag{6-3}$$

焓值由下式得到：

$$H_{298} = E_{elec} + Z_{ero} + E_t + E_r + E_v + RT \tag{6-4}$$

式中，E_{elec} 为分子的总能量；Z_{ero} 为分子的零点能；E_t、E_r 和 E_v 分别为分子平动、转动和振动的能量。

研究表明，密度泛函理论方法比较适合于 C—S 键 BDE 的量子化学计算，所得到的计算结果和实验结果的一致性最好[218-219]。所以本书采用 M062X 杂化泛函，在 6-31G(d,p) 基组水平上进行几何优化和频率计算。

(1) 氧化作用对含硫键键解离能的影响

对三苯基甲硫醇、苯硫醚和二苯并噻吩及其氧化态的亚砜和砜分子中 C—S 键的键解离能(DBE)进行了计算，结果见图 6-20。

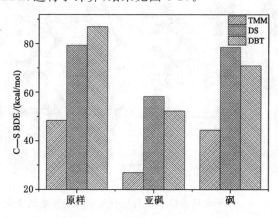

图 6-20　氧化前后分子中 C—S 键解离能变化

由图 6-20 可见，三种模型化合物中以 DBT 分子 C—S 键的键解离能最大，其次是 DS，最小的是 TMM。被氧化为亚砜后，相对于初始状态，TMM、DS 和 DBT 的 C—S 键解离能均出现明显的降低，分别降低了 44％、27％和 40％。当亚砜进一步被氧化为砜后，三种模型化合物分子中的 C—S 键解离能又有所增加，但稍微低于初始状态。

所以适度地氧化煤中有机含硫基团，可以降低含硫基团中 C—S 键的强度，有利于含硫基团的脱除，但要控制不过度氧化。

(2) 微波场对含硫键键解离能的影响

为了探究微波场对含硫基团中 C—S 键强度的影响,外加电场强度分别为 0.001、0.004、0.008、0.012、0.016、0.020、0.024 和 0.028 a. u.,方向沿着 C—S 键的电场,计算分析了三苯基甲硫醇、苯硫醚和二苯并噻吩及其氧化物在这过程中 C—S 键解离能的变化。

图 6-21 是三苯基甲硫醇(TMM)分子中 C—S 键解离能随外加电场的变化情况。由图可见,随着外加电场强度的增加,TMM 分子中 C—S 键的解离能先降低后逐渐上升,当外加电场强度大于 0.008 a. u. 时,C—S 键解离能均高于无电场条件下的值。对于 TMM 氧化态的亚砜和砜,其 C—S 键解离能随着外加电场强度的增加先逐渐下降,并在 0.020 a. u. 达到最小,之后则随着电场强度的增加而略有升高,最大的降幅分别为 26% 和 21%。

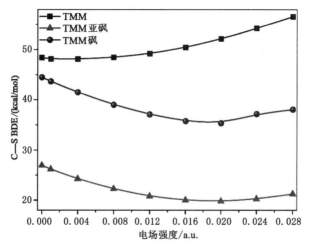

图 6-21 外加电场对三苯基甲硫醇及其氧化物分子中 C—S 键解离能的影响

苯硫醚(DS)分子中 C—S 键解离能受外加电场的影响情况见图 6-22。由图可见,DS 中 C—S 键解离能随着外加电场强度的增加先微弱下降,在 0.008 a. u. 之后又逐渐升高;DS 亚砜 C—S 键解离能随外加电场强度增大先明显下降,并在 0.024 a. u. 降至最小,降低幅度为 29%,之后出现升高,并且高于无电场条件下的 C—S 键解离能;DS 砜在外加电场强度低于 0.016 a. u. 之前,其 C—S 键解离能随外加电场强度增加呈缓慢降低趋势,之后则出现快速升高(观察到 DS 砜分子结构在电场强度 0.016 a. u. 后发生突变,这可能是导致其 C—S 键强度突增的原因)。

二苯并噻吩(DBT)分子中 C—S 键解离能受外加电场的影响情况见图 6-23。由图可见,DBT 及其亚砜和砜中的 C—S 键解离能均随着外加电场强度的增加而逐渐增加,其中 DBT 亚砜分子中的 C—S 键解离能在 0.008 a. u. 后

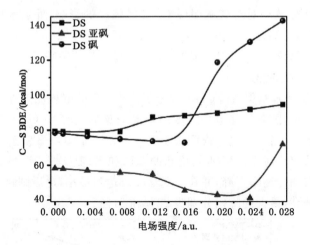

图 6-22　外加电场对苯硫醚及其氧化物分子中 C—S 键解离能的影响

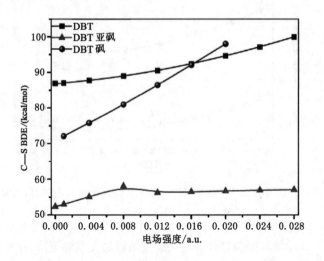

图 6-23　外加电场对二苯并噻吩及其氧化物分子中 C—S 键解离能的影响

趋于稳定。同时,随电场强度增加,DBT 砜分子中 C—S 键解离能较 DBT 分子升高快,并在电场强度达到0.016 a.u. 后高于后者。

综上所述,外加电场后三种含硫模型化合物分子中 C—S 键解离能均出现了明显的变化,其作用效果取决于外加电场的强度,电场强度越大,C—S 键解离能变化越大。其中外加电场强度较小时,硫醇硫醚类的 C—S 键强度略有所降低。

6.1.7　含硫模型化合物极性的理论计算

分子的微波响应强度与分子的极性大小相关,依据 Lu 等[220] 提出的有关于分子表面静电势分布特征的分子极性指数(MPI),可以很好地衡量分子极性,且其普适性较好。MPI 计算公式为:

$$\mathrm{MPI} = (1/t)\sum_{k=1}^{t} |V_{\mathrm{m}}(r_k)| \equiv (1/A_{\mathrm{m}})\iint_S |V(r)|\,\mathrm{d}S \qquad (6\text{-}5)$$

式中,V_{m} 为分子静电势;A_{m} 为分子表面积;S 为积分的分子表面积。

分子极性与电荷分布的不均匀性相对应,而电荷分布得越不均匀则 MPI 较大。因此分子的 MPI 越大,其极性就越大。

图 6-24 是三苯基甲硫醇分子及其氯化物 MPI 随外加电场增加的变化情况。由图可见,在所考察的电场强度条件下三种分子的 MPI 均有如下关系:TMM 砜>TMM 亚砜>TMM。随着外加电场强度的增加,三种分子的 MPI 均先降低后再升高,但是降低和升高的幅度均较小。由此可见总体上外加电场对三苯基甲硫醇及其氧化态分子 MPI 的影响较小。

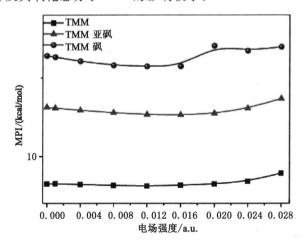

图 6-24　外加电场对三苯基甲硫醇及其氧化物 MPI 的影响

苯硫醚及其氧化态亚砜和砜分子的 MPI 计算结果见图 6-16。对比三种状态分子的 MPI 值,同样是 DS 砜>DS 亚砜>DS。其中随外加电场强度的增加,初始态 DS 和中间氧化态 DS 亚砜分子的 MPI 只出现了微弱的升高,而氧化态的 DS 砜分子的 MPI 值先降低,在 0.016 a.u. 之后迅速升高。这与苯硫醚 C—S 键解离能的分析结果类似,可能是因为外加强度较高的电场使 DS 砜分子整体结构发生突变,导致 MPI 出现较大变化。

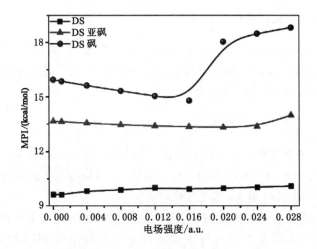

图 6-25　外加电场对苯硫醚及其氧化物 MPI 的影响

图 6-26 为外加电场对二苯并噻吩及其氧化态分子 MPI 的影响。三种状态分子 MPI 的大小关系如下：DBT 砜＞DBT 亚砜＞DBT，其中随着外加电场强度的增加 DBT 分子的 MPI 略有降低，DBT 亚砜和 DBT 砜的则逐渐升高，但 DBT 亚砜的变化幅度较小，DBT 砜的升高较快。

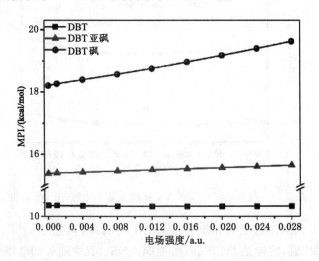

图 6-26　外加电场对二苯并噻吩及其氧化物 MPI 的影响

总体而言，含硫分子极性随着硫原子氧化程度的增加而升高，说明氧化处理有利于提高含硫基团对微波的响应强度，提高含硫基团的升温速率，这与第 5 章中含硫模型化合物介电特性分析结果相对应。不过,外加电场对含硫基团极性的影响较小。

6.2　微波场对脱硫反应的影响

根据亲电反应位点的分析结果,结合第 2 章中检测到的硫形态变化规律,对外加微波场条件下三苯基甲硫醇和二苯并噻吩与过氧乙酸的反应进行了计算分析。为了确保计算的准确性,通过计算内禀反应坐标(IRC)对反应路径进行了验证。采用 PCM 隐式溶剂模型和 M062X 杂化泛函,在 $6-31G(d,p)$ 基组水平和不同外加电场下进行几何结构优化和频率计算,并通过振动分析以确保每一个最优构型没有虚频。然后再在 $6-311++G(2df,2p)$ 基组水平上计算以获得更加准确的零点能,由此获得在不同外加电场条件下各含硫模型化合物氧化反应的相对能量变化图和反应能垒。

6.2.1　微波场对三苯基甲硫醇脱硫反应的影响

对三苯基甲硫醇与过氧乙酸的反应体系进行分子结构优化后,得到的反应体系中反应物、过渡态以及生成物的分子最优几何结构,见图 6-27。

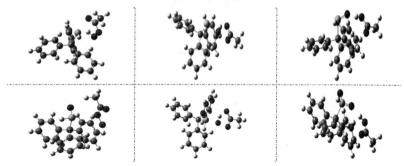

图 6-27　三苯基甲硫醇与过氧乙酸反应物的几何构型

过氧乙酸与 TMM 先形成了稳定的反应聚合物,其中前者位于后者亲电反应位点(硫原子)附近。之后的过渡态中,过氧乙酸分子中活性氧原子沿着亲电活性位点方向进攻硫原子,并发生第一步的氧化反应,生成了 TMM 亚砜和乙酸分子。新的过氧乙酸分子中的活性氧进攻 TMM 分子中另一个亲电反应活性位点,并最终得到 TMM 砜。

对上述稳定的分子结构进行能量分析后,获得了 TMM 与过氧乙酸反应过程的相对能量变化图以及反应能垒,分别见图 6-28 和图 6-29。在无外加电场的情况下,第一步的氧化反应中 TMM 与过氧乙酸分子互相靠近,在释放了 5.60 kcal/mol 的能量后形成了反应聚合物,进而克服了 26.75 kcal/mol 的反应能垒到达过渡态,然后释放了 71.49 kcal/mol 的能量生成了产物聚合物,最后又吸收了 9.05 kcal/mol 的能量后分解为 TMM 亚砜和乙酸。相应的第二步氧化反应中形成了反应聚合物,释放了 5.34 kcal/mol 的能量,需要克服的反应能垒为 30.56 kcal/mol,获得最终的 TMM 砜需要吸收的能量为 8.20 kcal/mol。

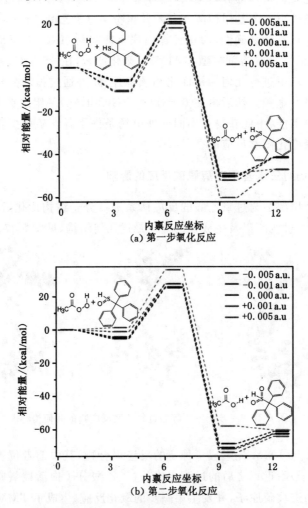

图 6-28　三苯基甲硫醇氧化反应过程能量随外加电场的变化情况

在前面的研究中可知 TMM、TMM 亚砜和 TMM 砜中 C—S 键解离能分别 48.41 kcal/mol、26.93 kcal/mol 和 44.50 kcal/mol。相比于 TMM 与过氧乙酸

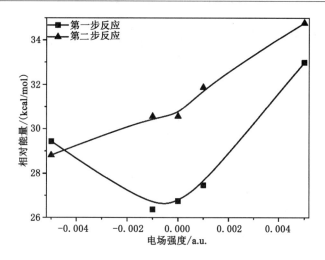

图 6-29　三苯基甲硫醇氧化反应体系能垒随外加电场的变化情况

发生氧化反应的反应能垒,可以发现 TMM 分子中 C—S 键的解离能高于第一步反应的反应能垒(26.75 kcal/mol),而 TMM 亚砜分子中的 C—S 键解离能却低于第二步反应的反应能垒(30.56 kcal/mol)。所以在脱硫体系中,TMM 倾向于优先被氧化为 TMM 亚砜,进而发生 C—S 键的断裂生成含硫自由基,并进一步被氧化为水溶性的硫酸根离子。

　　由图 6-28 可见,在外加电场之后反应体系中分子的能量发生了明显的变化。当外加电场强度为 0.001 a.u. 时,反应体系中的能量变化较小。而当电场强度增加到 0.005 a.u. 时,反应聚合物、过渡态以及产物的能量均发生较大偏移。观察图 6-29 中外加电场对反应能垒影响,发现第一步反应的反应能垒随着电场强度增加而升高,而第二步反应的则随着正向(沿着 S—O 键的方向)电场强度增加而升高,随着反向(沿着 O—S 键的方向)电场强度增加而下降。总体上看,在所考察的电场强度范围内,外加电场后对反应能垒的降低效果较小,反而增强效果较明显。

6.2.2　微波场对二苯并噻吩脱硫反应的影响

　　对二苯并噻吩与过氧乙酸的反应体系进行分子结构优化,得到了反应体系中反应物、过渡态以及生成物的分子最优几何结构,见图 6-30。与三苯基甲硫醇和苯硫醚类似,过氧乙酸也是依次进攻硫原子两侧的亲电活性位点,并分别生成氧化态的 DBT 亚砜和 DBT 砜。

　　进行能量分析后,得到了 DBT 与过氧乙酸反应的相对能量变化图(其他结构与反应物的能量差值)以及反应能垒,见图 6-31 和图 6-32。在无外加电

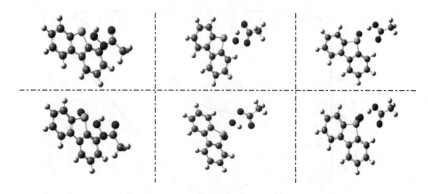

图 6-30　二苯并噻吩与过氧乙酸反应物的几何构型

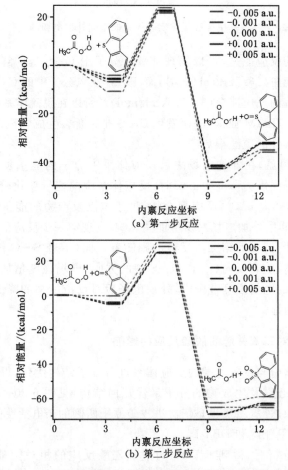

（a）第一步反应

（b）第二步反应

图 6-31　二苯并噻吩氧化反应体系能量随外加电场的变化情况

场情况下,第一步氧化反应过程中,DBT 首先与过氧乙酸分子靠近,并释放了 5.80 kcal/mol 的能量后形成反应聚合物,之后越过了 28.74 kcal/mol 的反应能垒到达过渡态,然后释放 64.66 kcal/mol 的能量并生成产物聚合物,最后吸收 9.66 kcal/mol 的能量后分解为 DBT 亚砜和乙酸。第二步反应中形成新的反应聚合物,释放了 4.91 kcal/mol 的能量,达到过渡态需要克服 29.62 kcal/mol的能量,最终吸收 6.06 kcal/mol 的能量生成了 DBT 砜。前面计算得到的 DBT 及亚砜和砜中 C—S 键解离能分别为 86.88 kcal/mol、52.32 kcal/mol 和 70.90 kcal/mol,均远高于所有的反应能垒(28.74 kcal/mol 和 29.62 kcal/mol)。所以,在微波联合氧化助剂脱硫体系中,DBT 的氧化进程与 DS 相类似,倾向于被氧化为亚砜,进而被氧化为砜,较难发生 C—S 键的断裂。

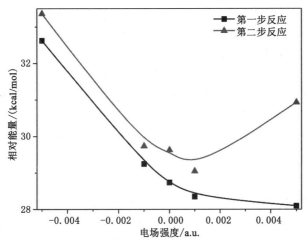

图 6-32　二苯并噻吩氧化反应体系能垒随外加电场的变化情况

由图 6-31 可以发现,在外加电场之后体系中分子的能量发生了明显的变化,当外加电场强度增大时,反应聚合物、过渡态以及产物的能量偏移也增大。观察图 6-32 中外加电场对反应能垒的影响,发现第一步反应的反应能垒随着正向(沿着 S—O 键的方向)电场强度增加而降低,随着反向(沿着 O—S 键的方向)电场强度增加而升高;第二步反应的反应能垒随着电场强度增加而升高。

总体上看,在所考察的电场强度范围内,外加电场对反应能垒的降低效果较小,而增强效果相对较明显。

6.3 微波-氧化脱硫的量子化学模拟

选取苄基硫醇与二苯并噻吩两种含硫模型化合物,采用量子化学方法对煤中有机硫的脱除反应进行模拟。需要说明的是,研究所采用脱硫助剂为 H_2O_2,所以将微波辐照下的有机硫脱除反应简化为外加电场条件下两种类煤含硫模型化合物与 H_2O_2 的反应,以更准确地说明该过程中硫原子的迁移过程。

6.3.1 苄基硫醇的微波-氧化反应

研究发现,在催化剂的作用下,硫醇化合物可以逐步被 H_2O_2 氧化为磺酸,总的反应可以表示为:

$$C_6H_5CH_2SH + 3H_2O_2 \longrightarrow C_6H_5CH_2SO_3H + 3H_2O \tag{6-6}$$

但这一氧化过程较为复杂,通过计算,认为可能的反应通道如下:

$$C_6H_5CH_2SH + H_2O_2 \rightarrow COM_{11} \rightarrow TS_1 \rightarrow COM_{12} \rightarrow IM_1 + H_2O \tag{6-7}$$

$$IM_1 \rightarrow TS_2 \rightarrow C_6H_5CH_2SOH \tag{6-8}$$

$$C_6H_5CH_2SOH + H_2O_2 \rightarrow COM_{21} \rightarrow TS_3 \rightarrow COM_{22} \rightarrow C_6H_5CH_2SO_2H + H_2O \tag{6-9}$$

$$C_6H_5CH_2SO_2H + H_2O_2 \rightarrow COM_{31} \rightarrow TS_4 \rightarrow COM_{32} \rightarrow C_6H_5CH_2SO_3H + H_2O \tag{6-10}$$

(1) 几何构型分析

在 B3LYP/6-311G(d,p)计算水平下,对反应过程中各驻点的振动分析结果表明,该反应的反应物、产物以及反应中间体的力常数矩阵本征值均为正,说明它们是势能面上的稳定点,即这些反应体系是具有相对稳定存在形态的。过渡态 TS_1、TS_2、TS_3、TS_4 均对应唯一虚频,这一虚频所对应的振动形式显示该结构沿其振动方向两边分别趋向对应的反应物和产物,由此确定它们是真实的反应过渡态。反应涉及的各反应体系的构型如图 6-33 所示。

(2) 苄基硫醇与 H_2O_2 反应机理描述

对各个过渡态进行内禀反应坐标(IRC)计算,进一步确定了各过渡态是对应反应通道上的真实过渡态。沿着 IRC 的方向,可以清晰地分析反应的历程。

H_2O_2 对苄基硫醇的氧化分为以下四步:

第一步,一个 H_2O_2 分子和一个 $C_6H_5CH_2SH$ 分子相互靠近,H_2O_2 分子中的一个氧原子会进攻 $C_6H_5CH_2SH$ 中的 S 原子,形成一个初步的络合物,即反应复合物 COM_{11}。随着外部环境的扰动,反应复合物 COM_{11} 由过渡态 TS_1 转化为产物复合物 COM_{12},这个复合物又快速分解为中间体 IM_1 和 H_2O。通过对

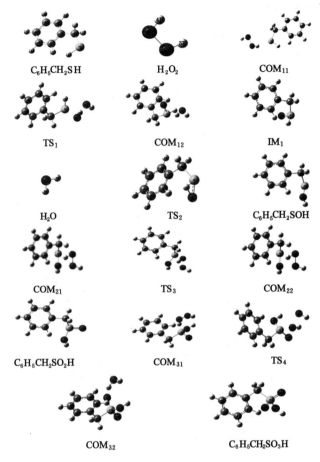

图 6-33　苄基硫醇与 H_2O_2 反应中的反应物、
中间体、过渡态以及反应产物的几何构型

TS_1 的振动分析,发现 H^{19} 原子在 O^{17} 和 O^{18} 之间迁移,其结果就是旧的 H—O 键的断裂和新的 H—O 键的生成;与此同时 O^{17} 在 O^{18} 和 S^7 之间摆动,导致了 O—O 键的断裂和 O—S 键的生成。本步反应中,苄基硫醇中的苯环几乎不受影响,几何构型没有出现明显的变化。也就是说,这第一步的反应主要经历了 O 对 S 的进攻、H 的转移以及 O—O 键的断裂。

　　第二步反应其实就是中间体 IM_1 经由过渡态 TS_2 生成 $C_6H_5CH_2SOH$ 的过程。这是一个异构反应过程,即中间体异构化为能量更低、结构更稳定的产物。观察 TS2 对应的振动形式发现,H^{15} 原子在 S^7 和 O^{17} 之间迁移,导致了 S—H 键的断裂,同时也形成了新的 O—H 键。至此,完成了 H_2O_2 对 $C_6H_5CH_2SH$ 的初步氧化,生成了苄基次磺酸 $C_6H_5CH_2SOH$ 和 H_2O。

第三步的氧化以第二步的氧化产物为反应物,即研究 H_2O_2 对 $C_6H_5CH_2SOH$ 的反应。从 IRC 路径来看,H_2O_2 中的一个 O 原子继续进攻 $C_6H_5CH_2SOH$ 中的 S 原子,先形成反应复合物 COM_{21},然后经过 TS_3 生成产物复合物 COM_{22},复合物再进一步分解为二次氧化产物苄基亚磺酸 $C_6H_5CH_2SO_2H$ 和 H_2O。

第四步,一分子的 $C_6H_5CH_2SO_2H$ 与一分子的 H_2O_2 继续反应,通过产物复合物 COM_{31} 经过渡态 TS_4 得到产物复合物 COM_{32},然后 COM_{32} 分解为 $C_6H_5CH_2SO_3H$ 和 H_2O。

以上是在零外场条件下模拟得到的苄基硫醇与 H_2O_2 的反应机理。而在考虑外加电场时,尽管各阶段反应体系的几何构型出现一定的变化,但总体上来看,考虑外加电场的反应过程与零外加电场条件下的反应过程从原子转移以及物态变化的角度上讲是基本一致的。

(3) 能量分析

在 B3LYP/6－311G(d,p)计算水平上,对上述各阶段的反应体系进行单点能的计算和零点能的校正,并依此初步计算每步元反应的反应能垒。图 6-34～图 6-37 是根据能量计算结果所作出的反应体系相对能量变化图,图中以每一步反应的稳定反应物能量为相对能量零点。

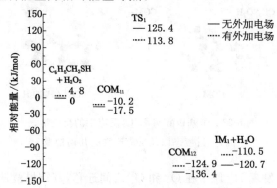

图 6-34　苄基硫醇与 H_2O_2 第一步反应的相对能量变化

从图 6-34 来看,对于 $C_6H_5CH_2SH$ 氧化的第一步,苄基硫醇 $C_6H_5CH_2SH$ 与 H_2O_2 形成反应络合物 COM_{11} 的过程是一个能量降低的过程,相当于一个放热反应,而从反应络合物 COM_{11} 到 TS_1 时体系能量急剧上升。过渡态的体系能量很高,几乎不能稳定存在,但又是反应过程中不得不经历的过程。经历过渡态后,体系能量迅速下降,至生成络合物 COM_{12} 时,体系能量远远低于反应前体系的能量,而由 COM_{12} 裂化的 $IM_1 + H_2O$ 体系的能量也远低于反应前体系的能

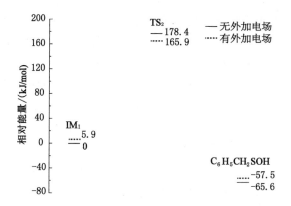

图 6-35　苄基硫醇与 H_2O_2 第二步反应的相对能量变化

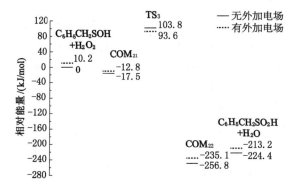

图 6-36　苄基硫醇与 H_2O_2 第三步反应的相对能量变化

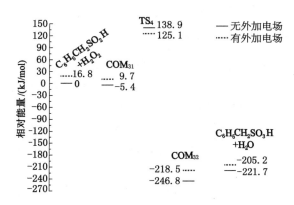

图 6-37　苄基硫醇与 H_2O_2 第四步反应的相对能量变化

量,这表明整个第一步氧化是一个能量降低的反应。

外加电场为 50×10^{-3} a. u. 时,苄基硫醇与 H_2O_2 第一步反应的相对能量变化趋势没有太大改变。但细致比较之下还是能发现外加电场对体系能量的影响。就反应物 $C_6H_5CH_2SH$ 与 H_2O_2 来看，在外加电场的影响下，体系能量略有上升。此外，对于 COM_{11}、COM_{12} 来说，外加电场导致其能量均上升，却使 TS_1 的相对能量降低。为方便讨论，将过渡态与反应络合物的体系能量差视为该步反应的反应势垒。通常认为，反应势垒低的反应是容易进行的反应，而反应势垒很高的反应，一般较难进行。如此来看，外加电场使 $C_6H_5CH_2SH$ 与 H_2O_2 的第一步反应的反应势垒降低，使反应更容易发生。

苄基硫醇与 H_2O_2 的第二步反应是中间体 IM_1 通过 TS_2 异构化为 $C_6H_5CH_2SOH$ 的过程，从图 6-35 中可以看出，一般条件下该步反应的反应势垒为 178.4 kJ/mol，而在外加电场条件下，反应势垒下降到了 160.0 kJ/mol。

没有外加电场的条件下，对于苄基硫醇与 H_2O_2 的第三步反应，即反应途径 $C_6H_5CH_2SOH + H_2O_2 \rightarrow COM_{21} \rightarrow TS_3 \rightarrow COM_{22} \rightarrow C_6H_5CH_2SO_2H + H_2O$ 来说，从反应前驱体 COM_{21} 形成过渡态 TS_3 需要跨越的能量势垒为 121.3 kJ/mol，而从生成络合物 COM_{22} 分解得到第三步反应产物需要吸收的能量为 32.4 kJ/mol。而当外加电场强度为 50×10^{-3} a. u. 时，从反应前驱体 COM_{21} 形成过渡态 TS_3 需要跨越的能量势垒仅为 106.4 kJ/mol，同时络合物 COM_{22} 分解所需要吸收的能量也下降为 21.9 kJ/mol。

如图 6-37 所示，苄基硫醇与 H_2O_2 第四步反应的体系能量变化情况与第三步反应极其类似，外加电场的作用，使 COM_{31} 到 TS_4 的反应势垒从 144.3 kJ/mol 降低到了 115.4 kJ/mol，同时产物络合物 COM_{32} 分解所要克服的能垒从 25.1 kJ/mol 降低到 13.3 kJ/mol。

6.3.2 二苯并噻吩的微波-氧化反应

噻吩硫在有机硫中的占比很高，它们具有类似芳环的结构，性质比较稳定，是有机硫中最难脱除的。一般认为，噻吩硫会先被氧化为亚砜，然后再进一步氧化为砜。通过计算，得到可能的反应通道如下：

$$C_{12}H_8S + H_2O_2 \rightarrow COM_{11} \rightarrow TS_1 \rightarrow COM_{12} \rightarrow C_{12}H_8SO + H_2O \qquad (6-11)$$

$$C_{12}H_8SO + H_2O_2 \rightarrow COM_{21} \rightarrow TS_2 \rightarrow COM_{22} \rightarrow C_{12}H_8SO_2 + H_2O \qquad (6-12)$$

总的反应为：

$$C_{12}H_8S + 2H_2O_2 \rightarrow C_{12}H_8SO_2 + 2H_2O \qquad (6-13)$$

（1）几何构型分析

在 B3LYP/6-311G(d,p) 计算水平下，对 H_2O_2 氧化二苯并噻吩反应中的反应物、产物、过渡态以及反应中间体进行了构型优化，在相同理论水平下进行零点能的计算，并由振动分析确认了过渡态的正确性。反应涉及的各反应体系的构型及部分构型的几何参数见图 6-38。

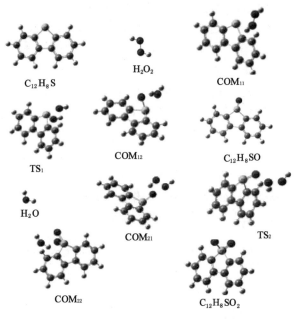

图 6-38　二苯并噻吩与 H_2O_2 反应中的反应物、
中间体、过渡态以及反应产物的几何构型

（2）二苯并噻吩与 H_2O_2 反应机理描述

对各个过渡态进行内禀反应坐标（IRC）计算，沿着 IRC 的方向（IRC 曲线略），可以清晰地分析反应的历程。

对于 $C_{12}H_8S$ 与 H_2O_2 反应的第一步，$C_{12}H_8S$ 分子与 H_2O_2 分子相互接近，得到反应物复合物 COM_{11}，根据前面的研究，猜测这一过程是放热反应。在形成 COM_{11} 后，H_2O_2 结构的对称性遭到破坏，O—O 键伸长。接着 COM_{11} 向过渡态 TS_1 转化，在此过程中，O^{23} 原子进攻 S^{21} 原子，两原子间的距离渐短。同时，H_2O_2 中两个 O 原子之间距离增大，而 H 原子趋向远离 S 原子的那个 O 原子运动。对于过渡态 TS_1，通过振动分析发现 H^{25} 原子在 O^{22} 原子和 O^{23} 原子之间迁移，其迁移结果是 O^{23}—H^{25} 键的断裂和 O^{22}—H^{25} 键的生成；另外，O^{23} 原子在 O^{22} 原子和 S^{21} 原子之间的迁移导致了 O^{22}—O^{23} 键的断裂和 O^{23}—S^{21} 键的形成。也就是说，H_2O_2 对二苯并噻吩的第一步氧化主要经历了 O 原子对 S 原子的进攻、H 原子的转移以及 O—O 间的断裂。此后，TS_1 迅速转化为产物复合物 COM_{12}。COM_{12} 中 O^{22}—O^{23} 键进一步伸长，导致其断裂，同时 O^{22} 和 S^{21} 原子间的距离进一步缩小，形成 S ═O 双键，最终得到初步氧化的产物 $C_{12}H_8SO$ 和

H_2O。

反应的第二步中,第一步反应的产物 $C_{12}H_8SO$ 继续被 H_2O_2 氧化,H_2O_2 中的 O 原子继续进攻 $C_{12}H_8SO$ 中的 S 原子,生成反应前驱体 COM_{21},然后经由过渡态 TS_2,生成产物复合物 COM_{22},COM_{22} 再分解成为最终氧化产物 $C_{12}H_8SO_2$ 和 H_2O。对 TS_2 的振动分析表明,H^{26} 原子在 O^{24} 原子和 O^{23} 原子之间迁移,导致了 $O^{24}-H^{26}$ 键的断裂和 $O^{23}-H^{26}$ 键的生成;同时,O^{24} 原子在 O^{23} 原子和 S^{21} 原子之间摆动,导致了 $O^{24}-O^{23}$ 键的断裂和 $O^{22}-S^{21}$ 键的生成。

(3) 能量分析

在 B3LYP/6-311G(d,p)计算水平上,对上述反应各阶段的反应体系进行单点能的计算和零点能的校正,并依此初步计算每步元反应的反应能垒。图 6-39 和图 6-40 是根据能量计算结果所作出的反应体系相对能量变化图,图中以每一步反应的稳定反应物能量为相对能量零点。

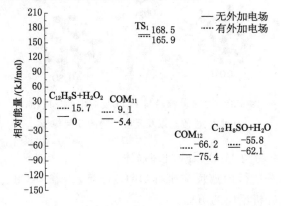

图 6-39 二苯并噻吩与 H_2O_2 第一步反应的相对能量变化

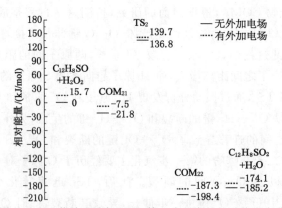

图 6-40 二苯并噻吩与 H_2O_2 第二步反应的相对能量变化

对于二苯并噻吩与 H_2O_2 的第一步反应,在没有外加电场的条件下,从 COM_{11} 转化为过渡态 TS_1 要克服的能垒为 173.9 kJ/mol,COM_{12} 分解为产物要吸收的能量为 13.3 kJ/mol。而当外加电场的强度为 50×10^{-3} a. u. 时,从 COM_{11} 转化为过渡态 TS_1 要克服的能垒变低。通过比较可知从 COM_{11} 到 TS_1 的反应势垒在整个第一步氧化反应中是最大的,也就是说 $COM_{11} \rightarrow TS_1$ 是第一步氧化反应中的决速步。在外加电场的影响下,这步反应的能垒降低了,使反应更容易进行。

对于第二步反应,首先反应物 $C_{12}H_8SO$ 和 H_2O_2 相互靠近,形成反应前驱体 COM_{21},这依旧是一个能量降低的过程,不论有没有外加电场。从 COM_{21} 转化为 TS_2 的过程依旧是一个需要吸收大量能量的过程,零外加电场条件下,这一步的反应势垒为 158.6 kJ/mol;外电场作用下,反应势垒为 147.2 kJ/mol。达到过渡态要求的能垒后,过渡态立刻转化为产物络合物 COM_{22},能量扰动下,产物络合物又分解为最终产物。

比较二苯并噻吩与 H_2O_2 的两步氧化反应过程,发现每一步氧化均有一个过渡态,而每一步氧化的决速步都是反应前驱体向反应过渡态转化的那一步,反应所需的能量也主要是消耗于克服该步的反应能垒,产物体系的能量又均低于反应物的体系能量,属于放热反应。另外,通过比较还发现第一步反应的反应活化能要高于第二步氧化,也就是说,对于二苯并噻吩与 H_2O_2 的反应,第一个氧原子与硫原子的结合是整个氧化过程中最关键的步骤。

6.4　小结

采用量子化学计算的方法,对煤中有机硫的含硫模型化合物(三苯基甲硫醇、苯硫醚和二苯并噻吩)在有无外加电场条件的相关分子性质、脱硫反应和含硫键强度进行了理论计算和分析,并结合介电性质分析结果建立含硫键理论断裂时间评价模型,对微波场中煤中含硫键断裂的规律进行了探究。本章得出的主要结论如下:

(1)在氧化环境中,氧化助剂倾向于进攻三苯基甲硫醇、苯硫醚和二苯并噻吩中硫原子两侧的亲电反应活性位点,并氧化为对应的亚砜和砜,这与前面硫形态迁移变化的分析结果相对应。噻吩类中含有硫原子的五元环为多中心键,且氧化前后其环状的多中心结构无明显变化,表明煤中的噻吩结构较为稳固,这是噻吩硫难以脱除的原因之一。外加一定的电场可以提高噻吩类分子中硫原子附近的电子密度,由此增强其被氧化的可能性,但氧化后噻吩类分子的电子密度受外加电场的影响程度减弱。

（2）三种含硫模型化合物被氧化后，其分子中 C—S 键的键解离能均有所降低，其中亚砜的最低；同时分子的极性随着氧化程度的加深而增加。由此说明适度的氧化不仅能够降低煤中 C—S 键的强度，还可以增强分子极性，进而强化含硫基团对微波能的吸收能力。其次，外加一定强度的电场也能够降低含硫模型化合物分子中 C—S 键解离能，但对分子极性影响较小。

（3）建立了微波场中含硫键的理论断裂时间评价模型，分析结果表明：在煤炭微波脱硫过程中微波场与氧化助剂存在协同作用，即氧化作用在降低煤中硫醚硫醇和噻吩类中 C—S 键强度的同时，可以显著提高其微波加热速率，从而缩短 C—S 键的理论断裂时间。

（4）三苯基甲硫醇亚砜中 C—S 键解离能（26.93 kcal/mol）低于其被氧化为砜的反应势垒（30.56 kcal/mol），所以三苯基甲硫醇在被氧化过程中倾向于在亚砜时发生 C—S 键的断裂。而苯硫醚和二苯并噻吩及其氧化态分子中的 C—S 键解离能均高于反应能垒，所以在氧化反应中较难发生 C—S 键断裂。外加特定电场可以提高含硫基团与过氧乙酸的反应能垒并降低 C—S 键解离能，从而有利于反应中 C—S 键发生断裂。

（5）苄基硫醇与 H_2O_2 的反应共分四步，其中第一、第三以及第四步反应的反应机理类似，主要是氧原子对硫原子的进攻、氢原子的转移以及 O—O 键的断裂，而第二步属于异构化反应，涉及的主要是氢原子的转移，反应势垒最大，是整个反应的决速步。

（6）外加电场增大了苄基硫醇与 H_2O_2 反应中各相对稳定体系的能量，同时减小了反应过渡态的能量，从而降低了各步反应的能垒，也降低了整个系列反应的活化能，使 H_2O_2 对苄基硫醇的氧化更彻底。

（7）二苯并噻吩与 H_2O_2 的反应分两步，主要经历氧原子对硫原子的进攻、氢原子的转移以及 O—O 键的断裂，类似于苄基硫醇与 H_2O_2 的反应。两步氧化中，第一步反应是该系列反应的决速步。外加电场降低了二苯并噻吩与 H_2O_2 各步反应的反应势垒，将该反应的活化能从 173.9 kJ/mol 降低到 156.8 kJ/mol。

（8）不论有无外加电场，二苯并噻吩与 H_2O_2 反应的活化能都高于苄基硫醇与 H_2O_2 的反应活化能。

7 煤炭微波脱硫中的微波非热效应研究

微波辐照作为一种辅助手段,已经被广泛用于有机化学研究中,可以有效地加快反应并提高产率[221]。微波光量子由于能量太低,不能通过直接作用于化学键而使其断裂。但是在化学反应过程中的旧键断裂和新键生成期间,在微波非热效应作用下某些化学键的强度变弱,从而可以在微波场中发生断裂[222];此外,在微波电磁场与反应中分子相互作用下,微波非热效应可以改变反应活化能。

为了探究煤微波脱硫中的微波非热效应,对外加微波场条件下含硫模型化合物与过氧乙酸反应过程中含硫键强度的变化规律进行了计算分析,并运用分析程序 KiSThelP[223] 对外加电场条件下各含硫模型化合物与过氧乙酸反应的热力学量、反应平衡常数、反应速率常数以及反应活化能进行了计算分析。

7.1 微波场对脱硫反应过程中含硫键强度的影响

为了研究外加微波场对脱硫反应过程中含硫键强度的影响,对内禀反应坐标(IRC)中各分子结构的能量和含硫键的拉布拉斯键级进行了计算分析。拉普拉斯键级(LBO)与化学键的键解离能呈很好的正相关,其数值的大小可以很好地反映化学键的强度[224],定义如下:

$$\text{LBO}_{A,B} = -10 \int_{\nabla^2 \rho < 0} \omega_A(r) \omega_B(r) \nabla^2 \rho(r) dr \qquad (7-1)$$

式中,$\rho(r)$ 为点 r 处的电子密度;$\omega_A(r)$ 和 $\omega_B(r)$ 为原子加权函数;LBO 是模糊重叠空间中 $\nabla^2 \rho < 0$ 部分的积分。

7.1.1 微波场对三苯基甲硫醇中含硫键强度的影响

图 7-1 是三苯基甲硫醇(TMM)中硫原子被氧化为亚砜过程中,外加电场

对其含硫键和分子相对能量的影响,其中在(a)图中标注了该氧化过程中主要考察的原子。无外加电场情况下,图 7-1 中 $S^{35}—O^{45}$ 的 LBO 由反应开始时的 0.00 逐步增加到反应结束后的 0.56,该过程是过氧乙酸分子中的氧原子朝着亲电反应活性位点逐渐靠近 TMM 分子中的硫原子,并最终形成稳定的 S—O 键。

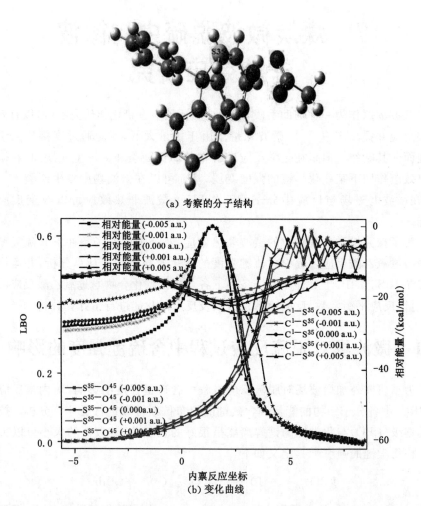

(a) 考察的分子结构

(b) 变化曲线

图 7-1　三苯基甲硫醇氧化过程中外加电场对含硫键 LBO 和分子相对能量的影响

对于 TMM 分子中的 $C^1—S^{35}$ 来说,随着氧化反应的进行,其 LBO 值由最初的 0.50 先降低至 0.41 再升高至 0.47,最小值出现在过渡态附近。而此过程中

IRC能量变化与前面反应能量的分析结果一致。当外加电场时，S^{35}—O^{45}的LBO曲线偏移较少，而C^1—S^{35}的LBO曲线则随着负向电场强度的增强而向上偏移的幅度增大、随着正向电场强度增强而向下偏移的幅度增大。其中，当外加电场为+0.005 a. u.时，C^1—S^{35}的LBO最小值由无电场条件下的0.41降低为0.37。外加电场后，IRC能量曲线有所偏移，与外加电场对反应能垒的影响相对应。

在TMM亚砜分子中S^{35}被一个新的氧原子（O^{46}）进攻，并最终形成新键S^{35}—O^{46}和产物TMM砜。在该过程中，含硫键LBO和能量的变化如图7-2所示。在无外加电场条件下，当TMM亚砜被进一步氧化为TMM砜时，分子中S^{35}—O^{46}的LBO由0.00逐渐升高至0.83，其在过渡态附近迅速升高，这个时间是S^{35}—O^{46}形成的阶段。而之前形成的S^{35}—O^{45}的LBO则由0.60缓慢上升至0.87。对于C^1—S^{35}，其LBO由0.48降低为0.36，之后又逐渐升高为0.56，最小值也是出现在反应过渡态附近。外加电场后，S^{45}—O^{46}的LBO曲线偏移较小；S^{45}—O^{45}的整体变化也较小，只是在过渡态附近有所偏移；而C^1—S^{35}的LBO受外加电场影响变化较大，且外加电场强度越大偏移幅度越大，尤其是在+0.005 a. u.电场下，其最小值由0.36降低为0.30。IRC能量曲线的偏移幅度随着外加电场强度增加而增大。

7.1.2 微波场对苯硫醚中含硫键强度的影响

图7-3是苯硫醚（DS）中硫原子被氧化为亚砜过程中，外加电场对其含硫键和分子相对能量的影响，其中在（a）图中标注了该氧化过程中主要考察的原子。无外加电场情况下，S^{21}—O^{30}的LBO由反应开始时的0.00逐步增加到反应结束后的0.55，该过程是过氧乙酸分子中的氧原子逐渐靠近DS分子中的硫原子，并最终与后者形成S^{21}—O^{30}键。对于DS分子中的C^4—S^{21}和C^{11}—S^{21}来说，随着氧化反应的进行，其LBO值分别由最初的0.77和0.78波动升高至0.78和0.82，其中前者在过渡态附近出现最小值（0.75），后者没有明显的降低。此过程中IRC能量变化与前面反应能量的分析结果一致。当外加电场时，S^{21}—O^{30}的LBO曲线偏移较小，而C^4—S^{21}和C^{11}—S^{21}的LBO曲线受电场影响偏移幅度较大，其中外加电场为+0.005 a. u.时其向下偏移最明显，二者的LBO最小值分别由未加电场时的0.75和0.78降低为0.74和0.76。

DS亚砜分子中S^{21}被进一步氧化，并形成了新键S^{21}—O^{31}和产物DS砜。在无外加电场条件下，DS亚砜被进一步氧化为砜时，S^{21}—O^{31}的LBO由0.00逐渐升高至0.81。对于C^4—S^{21}和C^{11}—S^{21}的LBO，则分别由0.78降低为0.76和0.75，之后又都逐渐升高为0.90，最小值出现在反应过渡态附近。而之前形

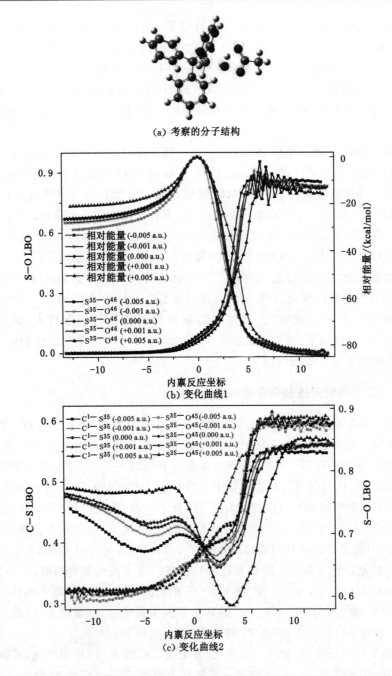

(a) 考察的分子结构

(b) 变化曲线1

(c) 变化曲线2

图 7-2　三苯基甲硫醇亚砜氧化过程中外加电场对含硫键 LBO 和分子相对能量的影响

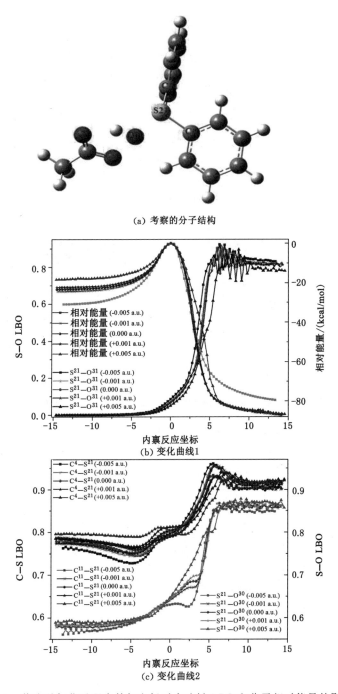

(a) 考察的分子结构

(b) 变化曲线1

(c) 变化曲线2

图 7-3 苯硫醚氧化过程中外加电场对含硫键 LBO 和分子相对能量的影响

（a）考察的分子结构

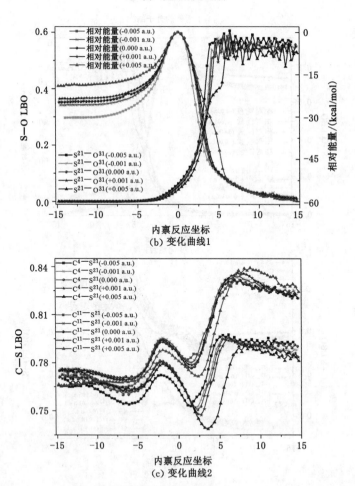

（b）变化曲线1

（c）变化曲线2

图 7-4　苯硫醚亚砜氧化过程中外加电场对含硫键 LBO 和分子相对能量的影响

成的 S^{21}—O^{30} 的 LBO 则由 0.58 缓慢上升至 0.85。外加电场后，S^{21}—O^{30} 和 S^{21}—O^{31} 的 LBO 曲线偏移较小，而 C^4—S^{21} 和 C^{11}—S^{21} 的 LBO 曲线变化较大，并且偏移幅度随外加电场强度增大而增加，尤其是在 -0.005 a. u. 电场下，其最小值分别由未加电场时的 0.76 和 0.75 降低为 0.73 和 0.74。

由以上研究可见，苯硫醚氧化反应时，外加电场能够在一定程度上降低过渡态分子中含硫键的强度，而且外加电场强度越大，降低效果越明显。

7.1.3 微波场对二苯并噻吩中含硫键强度的影响

图 7-5 所示为二苯并噻吩（DBT）中硫原子被氧化为亚砜过程中含硫键 LBO 和分子相对能量变化情况，其中在图（a）中标注了主要考察的原子。无外加电场情况下，图 7-5 中 S^{21}—O^{30} 的 LBO 由反应开始时的 0 逐步增加到反应结束后的 0.56，该过程为 S^{21}—O^{30} 新键的形成过程。随着氧化反应的进行，分子中的 C^4—S^{21} 和 C^{11}—S^{21} 的 LBO 值由最初的 0.83 先分别升高为 0.88 和 0.86，之后又分别降低至 0.83 和 0.80，最终两者稳定在 0.83 左右，最小值出现在过渡态附近。当外加电场时，S^{21}—O^{30} 的 LBO 曲线偏移较小，而 C^4—S^{21} 和 C^{11}—S^{21} 的 LBO 曲线偏移幅度较大，其中外加电场为 $+0.005$ a. u. 时其向下偏移最明显，两者的 LBO 最小值分别由未加电场时的 0.83 和 0.80 降低为 0.80 和 0.75。外加电场也导致反应的 IRC 能量曲线发生了一定的偏移。

图 7-6 所示为 DBT 亚砜被氧化为 DBT 砜过程中含硫键 LBO 和分子相对能量变化情况。在无外加电场条件下，DBT 亚砜被进一步氧化为砜时，S^{21}—O^{31} 的 LBO 由 0 逐渐升高至 0.82，而已经存在的 S^{21}—O^{30} 的 LBO 则由 0.58 缓慢上升至 0.87。对于 C^4—S^{21} 和 C^{11}—S^{21}，其 LBO 均由 0.82 经过中间的波动升高至 0.91，其中 C^{11}—S^{21} 在过渡态附近出现了最小值 0.70。外加电场后，S—O 键的 LBO 曲线偏移较小，而 C^4—S^{21} 和 C^{11}—S^{21} 的 LBO 曲线变化较大，而且外加电场强度越大偏移幅度越大，尤其是在 $+0.005$ a. u. 电场下，C^{11}—S^{21} LBO 获得最小值 0.65。

综上所述，硫醇、硫醚和噻吩类有机含硫基团与过氧乙酸反生氧化反应的整个过程中，在反应过渡态附近其 C—S 键的强度最弱。当外加电场时，反应过渡态附近的 C—S 键强度会进一步降低，且外加电场强度越大降低效果越明显。因此在微波联合过氧乙酸脱除煤中有机硫基团过程中，氧化和微波的联合作用可以促进 C—S 键的断裂，提高煤中有机含硫基团的脱除率。

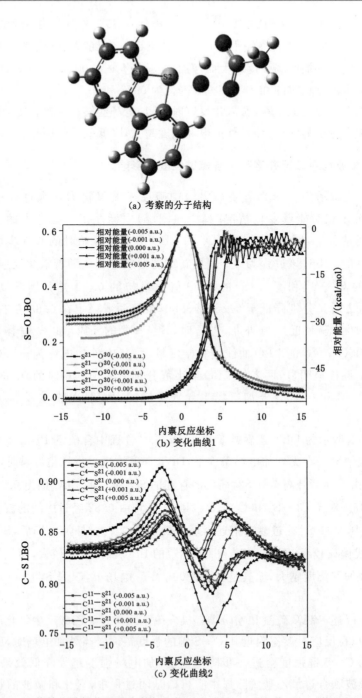

(a) 考察的分子结构

(b) 变化曲线1

(c) 变化曲线2

图 7-5 二苯并噻吩氧化过程中外加电场对含硫键 LBO 和分子相对能量的影响

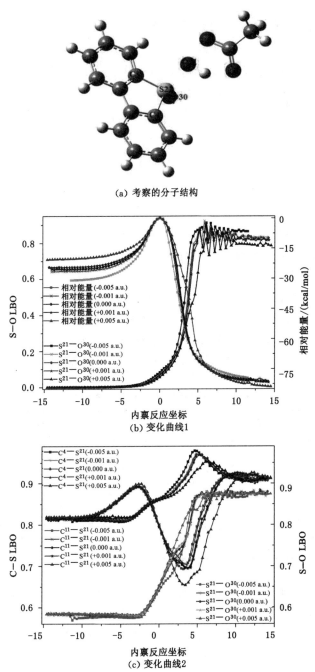

(a) 考察的分子结构

(b) 变化曲线1

(c) 变化曲线2

图 7-6 二苯并噻吩亚砜氧化过程中外加电场对含硫键 LBO 和分子相对能量的影响

7.2 脱硫反应的热力学分析

化学反应过程中的热力学量摩尔反应焓变($\Delta_r H_m^{\ominus}$)、熵变($\Delta_r S_m^{\ominus}$)和吉布斯自由能变($\Delta_r G_m^{\ominus}$)存在如下关系：

$$\Delta_r H_m^{\ominus} = \Delta(E_{elec} + H_m^{\ominus}) = \sum_{产物}(E_{elec} + H_m^{\ominus}) - \sum_{反应物}(E_{elec} + H_m^{\ominus}) \tag{7-2}$$

$$\Delta_r S_m^{\ominus} = \Delta(S_m^{\ominus}) = \sum_{产物} S_m^{\ominus} - \sum_{反应物} S_m^{\ominus} \tag{7-3}$$

$$\Delta_r G_m^{\ominus} = \Delta H_m^{\ominus} - T\Delta_r S_m^{\ominus} \tag{7-4}$$

$$K = e^{-\frac{\Delta_r G_m^{\ominus}}{RT}} \tag{7-5}$$

式中，E_{elec}为分子的电子能量；$H_m^{\ominus}$和$S_m^{\ominus}$分别为标准状况下分子的统计焓和统计熵；T为温度；R为理想气体常数，数值为 8.314 J/(mol·K)。由此可以根据计算得到反应平衡常数 K[225]。

在无外加电场的标准状况下，三苯基甲硫醇、苯硫醚和二苯并噻吩与过氧乙酸的脱硫反应热力学数据见表 7-1。由表可见，三种物质六步反应的热力学量 $\Delta_r H_m^{\ominus}$、$\Delta_r S_m^{\ominus}$ 和 $\Delta_r G_m^{\ominus}$ 均小于零，说明所考察的反应为可以自发进行的放热反应；各反应的反应平衡常数 K 均较大，所以反应倾向于朝向产物的方向进行。

表 7-1 脱硫反应过程中热力学参数

模型化合物	反应	$\Delta_r H_m^{\ominus}$/(kJ/mol)	$\Delta_r S_m^{\ominus}$/[J/(mol·K)]	$\Delta_r G_m^{\ominus}$/(kJ/mol)	K
三苯基甲硫醇	第一步	−113.83	−20.64	−107.67	7.47×10^{18}
	第二步	−208.32	−15.63	−203.66	4.98×10^{35}
苯硫醚	第一步	−122.87	−12.11	−119.26	8.03×10^{20}
	第二步	−234.6	−24.64	−227.26	6.82×10^{39}
二苯并噻吩	第一步	−71.02	−5.83	−69.28	1.39×10^{12}
	第二步	−217.01	−18.68	−211.45	1.15×10^{37}

对比发现，三种含硫模型化合物被氧化过程中的第一步反应的 $\Delta_r H_m^{\ominus}$、$\Delta_r G_m^{\ominus}$ 和 K 大小关系为苯硫醚＞三苯基甲硫醇＞二苯并噻吩，说明三者中苯硫醚最容易被氧化为亚砜，而二苯并噻吩则相对难以被氧化为亚砜。同时，三者第一步反应的 $\Delta_r H_m^{\ominus}$ 和 $\Delta_r G_m^{\ominus}$ 均大于对应的第二步反应，而第一步反应的 K 均远小于第二步反应，所以第二步反应较第一步反应的自发趋势更大，并会放出更多的热量，且后者的正反应趋势更强。这说明亚砜非常容易被氧化为砜，所以在第 5 章

中模型物脱硫实验中,脱硫后样品中的亚砜含量先增加后降低,最终砜的含量最多。

为了研究微波场在热力学方面对脱硫反应的影响,对三种模型化合物在外加不同电场下和298~798 K温度范围内脱硫反应过程中热力学参数和反应平衡常数进行了计算。

7.2.1 硫醇类脱硫反应的热力学分析

三苯基甲硫醇与过氧乙酸反应的热力学分析结果如图7-7~图7-10所示。

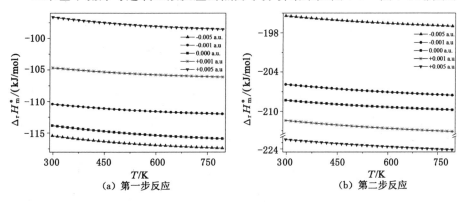

图7-7 外加电场对三苯基甲硫醇与过氧乙酸反应焓变的影响

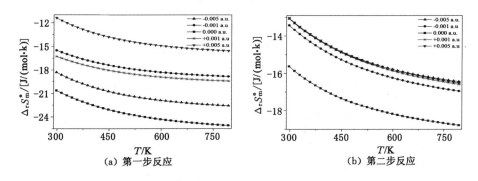

图7-8 外加电场对三苯基甲硫醇与过氧乙酸反应熵变的影响

图7-7为三苯基甲硫醇与过氧乙酸反应焓变在外加不同电场情况下的计算结果。由图可见,随着温度由298 K升高至798 K,两步反应的焓变都出现小幅降低,说明升温会导致反应放热量出现微弱增加,而且两者呈现了较好的负相关。其中无外加电场下两步反应的焓变分别由−113.83 kJ/mol和−208.32 kJ/mol降低至−115.90 kJ/mol和−209.79 kJ/mol。其次,外加电场后两步反

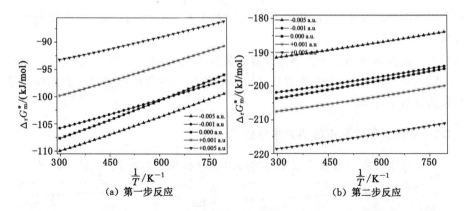

（a）第一步反应　　　　　（b）第二步反应

图 7-9　外加电场对三苯基甲硫醇与过氧乙酸反应吉布斯自由能变的影响

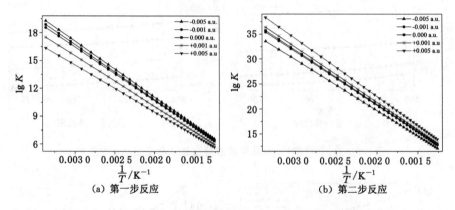

（a）第一步反应　　　　　（b）第二步反应

图 7-10　外加电场对三苯基甲硫醇与过氧乙酸反应平衡常数的影响

应的焓变出现明显偏移。其中外加正向电场条件下，第二步反应焓变向下偏移，反之负向电场向上偏移，同时外加电场强度越高偏移越大。所以外加电场可以整体上降低或者增加反应焓变，改变效果取决于外加电场的强度与方向。

如图 7-8 所示，反应的熵变随着温度升高而出现明显降低，其中在无外加电场条件下，两步反应的熵变分别由 −20.64 kJ/mol 和 −15.63 kJ/mol 降低至 −25.12 kJ/mol 和 −18.79 kJ/mol。而外加电场后，反应熵变随温度的变化曲线整体出现明显的向上偏移，即外加电场可以整体提高反应熵变。

如图 7-9 所示，反应的吉布斯自由能变随着温度升高而增加，并呈正相关。无外加电场条件下，随着温度由 298 K 升高至 798 K，两步反应的吉布斯自由能变分别由 −107.67 kJ/mol 和 −203.66 kJ/mol 升高至 −95.86 kJ/mol 和 −194.80 kJ/mol，说明温度升高不利于三苯基甲硫醇氧化反应进行。究其原因，此反应是放热反应，升温后反应焓变降低，导致反应放出的热量增加，从而导致反应自发趋势降低。其次,外加电场后反应的吉布斯自由能变出现明显偏移,偏移趋势与反应焓变类似。所以外加电场可以整体上降低或者增加吉布斯自由能变,从而影响氧化反应发生趋势的大小。

图 7-10 为外加电场下反应的平衡常数随温度的变化情况。由图可以发现随着温度的升高,两步反应的 lg K 均呈直线降低,在无电场条件下分别由18.87 和 35.70 降低至 6.27 和 12.75。因此升高温度不利于该反应朝向产物方向进行。外加电场后 lg K 出现较小的偏移,且偏移距离随着外加电场强度增加而增大。

7.2.2 硫醚类脱硫反应的热力学分析

苯硫醚与过氧乙酸反应的热力学分析结果如图 7-11~图 7-14 所示。

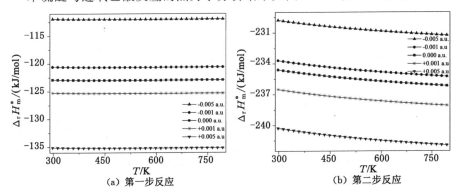

图 7-11 外加电场对苯硫醚与过氧乙酸反应焓变的影响

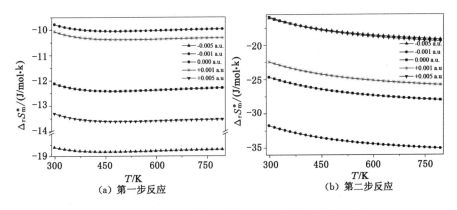

图 7-12 外加电场对苯硫醚与过氧乙酸反应熵变的影响

由图 7-11 可以看出,随着温度由 298 K 升高至 798 K,第一步反应的焓变几

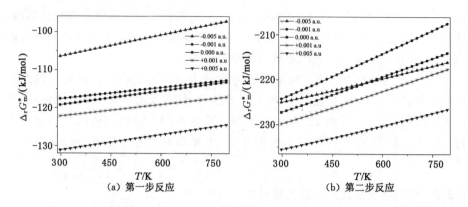

图 7-13 外加电场对苯硫醚与过氧乙酸反应吉布斯自由能变的影响

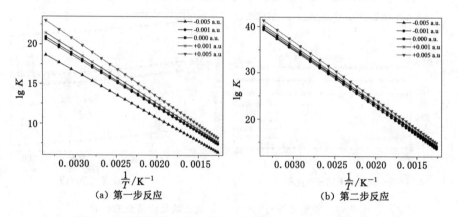

图 7-14 外加电场对苯硫醚与过氧乙酸反应平衡常数的影响

乎没有变化,而第二步反应的焓变则出现了小幅降低,说明第一步反应对温度改变不敏感,而升高温度后第二步反应会放出更多的热量。无外加电场下第二步反应的焓变由 -234.60 kJ/mol 降低至 -236.17 kJ/mol,降低幅度较小。外加电场后,两步反应焓变随温度的变化线均出现明显偏移,且变化趋势一致:外加正向电场条件下反应焓变向下偏移,反之外加负向电场其向上偏移,而且外加电场强度越大偏移越大。

由图 7-12 可见,随着温度升高,第一步反应的熵变出现微小的降低后又稍微升高,而第二步反应的熵变则出现相对明显的降低。在无外加电场条件下,第二步反应的熵变由 -24.64 J/mol/K 降低至 -27.99 kJ/mol。外加电场后,反应熵变曲线随温度的变化整体出现明显的偏移,但没有明显的规律。

在图 7-13 中,可以发现两步反应的吉布斯自由能变均随着温度升高而增加。无外加电场条件下,随着温度由 298 K 升高至 798 K,两步反应的吉布斯自由能变分别由 −119.26 kJ/mol 和 −227.26 kJ/mol 升高至 −113.09 kJ/mol 和 −213.84 kJ/mol,说明温度升高不利于反应的自发进行,这是由于反应本身为放热反应。外加电场后,反应的吉布斯自由能变出现明显偏移,其中加正向电场导致吉布斯自由能变增大,加反向电场则降低吉布斯自由能。所以外加电场可以改变反应的吉布斯自由能变,从而影响苯硫醚氧化反应的发生趋势。

由图 7-14 可以发现,随着温度的升高,两步反应的 lg K 均呈直线降低,在无外加电场条件下分别由 20.90 和 39.83 降低至 7.40 和 14.00,所以升高温度不利于正反应的进行。外加电场后,第一步反应中 lg K 出现偏移,第二步反应的偏移较小,但两者的偏移趋势相同:加正向电场增大,加反向电场则降低,且其偏移距离随着外加电场强度增加而增大。

7.2.3 噻吩硫类脱硫反应的热力学分析

二苯并噻吩与过氧乙酸反应的热力学分析结果如图 7-15~图 7-18 所示。

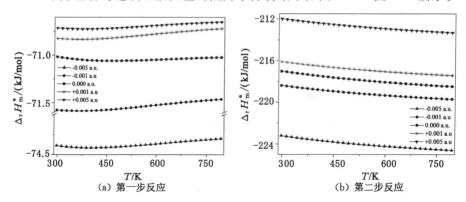

图 7-15 外加电场对二苯并噻吩与过氧乙酸反应焓变的影响

由图 7-15 可见,随着温度由 298 K 升高至 798 K,第一步反应的焓变出现了微弱的波动,第二步反应的焓变则出现较小的降低,说明第一步反应对温度不敏感,而升高温度会导致第二步反应放热量有所增加。其中无外加电场下第二步反应的焓变由 −217.01 kJ/mol 降低至 −218.49 kJ/mol。当外加电场后,两步反应焓变随温度的变化曲线均出现明显偏移,且变化趋势一致:外加正向电场条件下反应焓变向上偏移,反之外加负向电场向下偏移,而且外加电场强度越大偏移越大。

由图 7-16 可以发现,随着温度升高,第一步反应的熵变几乎保持不变,而第二步反应的熵变则出现了明显的降低。在无外加电场条件下,第二步反应的熵

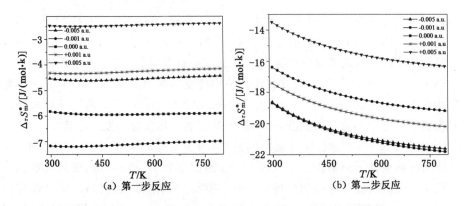

图 7-16　外加电场对二苯并噻吩与过氧乙酸反应熵变的影响

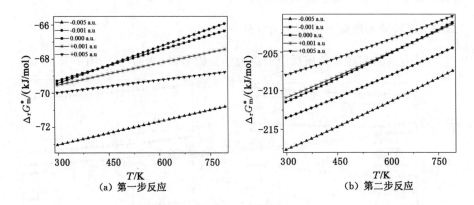

图 7-17　外加电场对二苯并噻吩与过氧乙酸反应吉布斯自由能变的影响

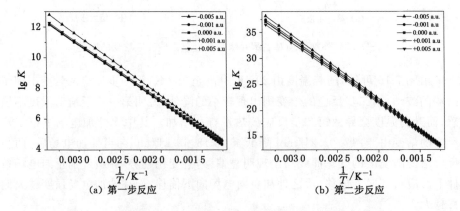

图 7-18　外加电场对二苯并噻吩与过氧乙酸反应平衡常数的影响

变由-18.68 J/(mol·K)降低至-21.83 J/(mol·K)。外加电场后,反应熵变随温度的变化曲线整体出现明显的偏移,但没有规律。

在图 7-17 中,可以发现两步反应的吉布斯自由能变均随着温度升高而增加,并呈现明显的正相关。无外加电场条件下,随着温度由 298 K 升高至 798 K,两步反应的吉布斯自由能变分别由-69.28 kJ/mol 和-211.45 kJ/mol 升高至-66.32 kJ/mol 和-201.07 kJ/mol,说明温度升高也不利于反应的自发进行。外加电场后,反应的吉布斯自由能变出现明显偏移。

图 7-18 为外加电场下反应的平衡常数随温度的变化情况,可以发现随着温度的升高,两步反应的 lg$K$ 均呈直线降低,在无电场条件分别由 12.14 和 37.06 降低至 4.34 和 13.16,所以升高温度不利于正反应的进行。外加电场后两步反应中 lg$K$ 出现微小的偏移,其偏移距离随着外加电场强度增加而增大。

7.3 脱硫反应的动力学分析

7.3.1 反应速率常数的计算分析

基于本研究中脱硫反应的特性,选用过渡态理论对反应动力学中的反应速率常数 k 进行了计算分析。根据过渡态理论[226-227],过渡态位于势能面中一阶鞍点的位置,所以运用过渡态理论来计算反应速率常数需要鞍点和反应物的信息,其基于配分函数的表达式为:

$$k^{TST}(T) = \sigma \frac{k_b T}{h} \frac{Q^{TS}(T)}{N_A Q^R(T)} e^{-\frac{V^{\neq}}{k_b T}} \tag{7-6}$$

式中,σ 为反应路径简并度;k_b 为玻尔兹曼(Boltzmann)常数;T 为反应温度;h 为普朗克(Planck)常量;N_A 为阿伏伽德罗(Avogadro)常数;$Q^{TS}(T)$ 和$Q^R(T)$分别为温度为 T 时过渡态和反应物的总配分函数;$V^{\neq}$ 为过渡态与反应物的零点能差。当反应为双分子反应时,可将上式转换为:

$$k^{TST}(T) = \sigma \frac{k_b T}{h} \left(\frac{RT}{P^{\ominus}}\right) e^{-\frac{\Delta G^{\ominus, \neq}(T)}{k_b T}} \tag{7-7}$$

式中,$P^{\ominus}$ 为标准大气压;$\Delta G^{\ominus, \neq}(T)$ 为标准态活化自由能。反应路径简并度由下式得到

$$\sigma = \frac{n(R) \times \sigma^{\neq}(R)}{n^{\neq}(TS) \times \sigma(TS)} \tag{7-8}$$

式中,$n(R)$ 和 $n^{\neq}(TS)$ 分别为反应物和过渡态结构的转动对称数;$\sigma^{\neq}(R)$ 和 $\sigma(TS)$ 分别为反应物和过渡态结构的手性异构体数目。

考虑到量子效应对反应的影响,采用 Wigner 校正方法,引入透射系数 $X(T)$,基于虚频 $\mathrm{lm}(v^{\neq})$ 对反应速率常数 $k^{\mathrm{TS}}(T)$ 进行校正:

$$k(T) = X(T) \times k^{\mathrm{TS}}(T) \tag{7-9}$$

$$X(T) = 1 + \frac{1}{24}\left[\frac{h\mathrm{lm}(v^{\neq})}{k_b T}\right]^2 \tag{7-10}$$

外加不同电场的条件下,对含硫模型化合物与过氧乙酸的反应平衡常数在 $298 \sim 798$ K 温度范围内的变化情况进行了计算分析,结果见图 7-19、图 7-20 和图 7-21。

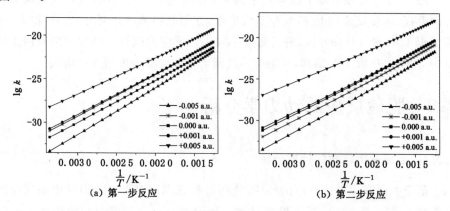

图 7-19　外加电场条件下三苯基甲硫醇与过氧乙酸的反应速率常数随温度的变化情况

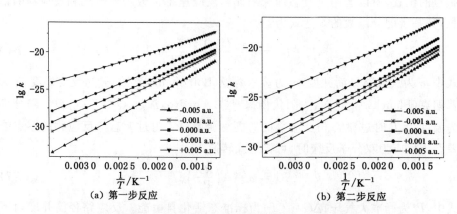

图 7-20　外加电场条件下苯硫醚与过氧乙酸的反应速率常数随温度的变化情况

随着温度的升高,三种含硫模型化合物的各步反应速率常数的对数 $\lg k$ 均呈直线增加,说明各反应的反应速率常数随温度呈指数增加,升高温度有利于加快各步反应的反应速率。在无外加场条件下,当温度由 298 K 升高至 798 K

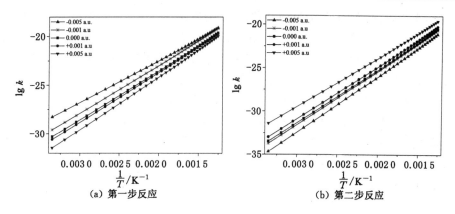

图 7-21 外加电场条件下二苯并噻吩与过氧乙酸的反应速率常数随温度的变化情况

时,三苯基甲硫醇两步反应的 $\lg k$ 分别由 -31.73 和 -31.21 上升到 -21.32 和 -20.27;苯硫醚的 $\lg k$ 分别由 -29.38 和 -29.05 上升到 -19.65 和 -19.84;二苯并噻吩的 $\lg k$ 则分别由 -33.47 和 -30.29 上升到 -20.53 和 -19.58。

对比分析,可以发现三者第一步反应的 $\lg k$ 值均低于第二步反应,说明在微波联合氧化助剂处理的过程中煤的低价态有机含硫基团被氧化为亚砜的速度低于其亚砜被进一步氧化为砜的反应速率,由此也能侧面解释前面硫形态分析结果中处理后样品中亚砜类的含量明显低于砜类含量的现象。其次,在反应温度范围内苯硫醚的 $\lg k$ 明显高于二苯并噻吩,这也与前面实验结果中发现硫醚类较噻吩类更加易于被氧化为亚砜或砜类的结论相对应。

外加电场后,三种含硫模型化合物的 $\lg k$ 与温度倒数的关系曲线均出现了明显偏移:当外加电场为正向电场时,整体向上偏移;而当外加负向电场时,整体向下偏移。除此之外,外加电场的强度越高,曲线偏移距离越大,这反映了外加电场的强度越大,反应速率受到的影响就越大。究其原因是因为外加电场的方向沿着过氧乙酸分子中氧原子进攻含硫分子中硫原子的方向,而外加电场主要作用于包含氧原子的强极性基团,加快或减弱氧原子进攻硫原子的速率。对比三者曲线偏移情况,可以发现三苯基甲硫醇与苯硫醚的偏移较二苯并噻吩更加明显,说明外加电场对噻吩类脱硫反应速率的影响较小,而对硫醇硫醚类的影响较大,这与前面分析的脱硫效果和介电性质结论相对应。

7.3.2 反应活化能的计算分析

化学反应速率 k 可用阿伦尼乌斯(Arrhenius)公式来表述,即:

$$k(T) = Ae^{\frac{E_a}{RT}}$$

(7-11)

式中,A 为指前因子;E_a 为反应活化能;R 为摩尔气体常量;T 为热力学温度。

在微波非热效应的研究中,有研究者认为微波是通过改变反应活化能和指前因子来作用于化学反应。为了深入探究外加电场对含硫模型化合物氧化反应的作用机理,依据阿伦尼乌斯公式对 7.3.1 中计算得到的反应速率常数进行拟合,从而得到不同外加电场条件下的指前因子和反应活化能。

无外加电场和标准状况下的拟合结果见表 7-2。拟合后的反应速率常数与原始的反应速率常数非常接近,说明拟合结果较为理想。三种含硫模型化合物的反应速率常数中,苯硫醚两步反应的 k 值明显高于另外两者,而二苯并噻吩被氧化为二苯并噻吩亚砜的 k 值远低于其他反应。

表 7-2　拟 合 结 果

模型化合物	反应	$k/$ [cm³/(molec/s)]	A	$E_a/$(kJ/mol)	拟合后 k /[cm³/(molec/s)]
三苯基甲硫醇	第一步	1.87×10^{-32}	1.33×10^{-16}	90.35	1.94×10^{-32}
	第二步	6.21×10^{-32}	2.56×10^{-15}	94.69	6.48×10^{-32}
苯硫醚	第一步	4.13×10^{-30}	2.18×10^{-15}	83.90	4.30×10^{-30}
	第二步	8.76×10^{-30}	7.34×10^{-16}	79.34	9.09×10^{-30}
二苯并噻吩	第一步	3.36×10^{-34}	2.40×10^{-14}	113.16	3.51×10^{-34}
	第二步	5.07×10^{-31}	1.01×10^{-14}	92.89	5.28×10^{-31}

对于拟合得到的活化能 E_a,三苯基甲硫醇第一步反应的稍微低于第二步,分别为 90.35 kJ/mol 和 94.69 kJ/mol,说明其第一步反应相对容易进行;苯硫醚和二苯并噻吩则相反,第一步反应的均高于第二步,其中二苯并噻吩第一步反应的 E_a 远高于其他反应,这与其 k 值远低于其他反应的分析结果相类似。综合 k 和 E_a 的分析结果,可以发现煤中硫醚硫醇类基团相对容易被氧化亚砜和砜类,而噻吩类则较难被氧化为亚砜,但噻吩的亚砜较容易被氧化为噻吩砜类。这也在动力学方面解释了前面含硫模型化合物脱硫实验中硫醇硫醚类较易于被氧化而噻吩类较难被氧化的现象。

对外加不同电场下反应速率常数进行拟合后,得到了指前因子和反应活化能随外加电场变化图,见图 7-22 和图 7-23。

从图 7-22 中可以发现,当外加电场从 -0.005 a. u. 逐渐转变为 $+0.005$ a. u. 的过程中,三苯基甲硫醇和苯硫醚第二步反应以及二苯并噻吩第一步反应的 A 分别由 5.29×10^{-16}、3.33×10^{-15} 和 1.76×10^{-14} 增加至 4.92×10^{-14}、3.00×10^{-14} 和 4.49×10^{-14}。同时相对而言,图中外加电场对三苯基甲硫醇和苯硫醚第一步反应

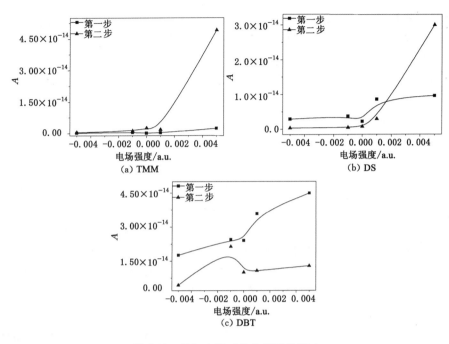

图 7-22　外加电场对指前因子的影响

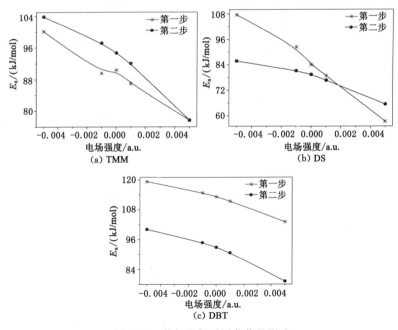

图 7-23　外加电场对活化能的影响

以及二苯并噻吩第二步反应指前因子的影响较小。由此可以说明,外加电场可以在一定程度上改变特定反应的指前因子。

从图 7-23 中可以发现,在外加电场由 -0.005 a. u. 增加至 $+0.005$ a. u. 的过程中,三苯基甲硫醇、苯硫醚和二苯并噻吩各步反应的活化能均有明显下降,其中苯硫醚的降低幅度最大,其次是三苯基甲硫醇,而二苯并噻吩的活化能受外加电场的作用相对较小。这也解释了微波联合氧化助剂条件下,二苯并噻吩模型化合物和煤中噻吩类硫脱硫效果较差的原因。

7.4　小结

本章分别从热力学和动力学方面,对外加电场下的硫醇、硫醚和噻吩类的三种含硫模型化合物与氧化助剂过氧乙酸的反应进行了计算分析,探究了外加电场和温度变化对热力学量、反应平衡常数、反应速率常数和反应活化能的作用规律,揭示了微波场通过影响脱硫反应的热力学和动力学量来改变煤炭脱硫效果的规律。得出的主要结论如下:

(1) 三苯基甲硫醇、苯硫醚和二苯并噻吩在被过氧乙酸氧化为亚砜/砜的反应过程中,分子中 C—S 键的拉普拉斯键级在反应过渡态附近出现明显的降低,而且外加电场可以进一步增强降低效果。所以在微波联合过氧乙酸脱硫的反应过程中,氧化作用和微波场可以促进反应分子中间态中 C—S 键发生断裂,进而提高脱硫效果。

(2) 升高反应温度,对各含硫模型化合物与过氧乙酸反应的焓变有微弱的减小作用,从而可以较为明显地降低熵变和反应平衡常数,提高吉布斯自由能变;但各反应速率常数却随着反应温度升高而呈指数级增加,所以各反应在热力学上具有低温优势,而在动力学上具有高温优势。虽然热力学上的平衡常数随着温度升高呈指数级下降,但即使在所考察的最高温度下(798 K),其数值也依然较大(lg $K>4$)。可见各反应在热力学上具有较强的反应自发性,而在动力学上则是较为容易实现的反应。

(3) 动力学分析中发现,在三种含硫模型化合物被氧化的进程中,其被氧化为亚砜的反应速率常数均低于其对应的亚砜被氧化为砜的反应速率常数。因为这个特性,导致煤炭和含硫模型物脱硫后亚砜含量较低,而砜却成为了主要的硫形态。

(4) 外加电场对脱硫反应热力学和动力学量的作用效果取决于外加电场的强度和方向。当外加正向电场时,可以明显提高反应速率常数,降低反应活化能;外加负向电场时,则明显降低反应速率常数,提高反应活化能。这展现了微波场非热效应的两面性：既能加快脱硫反应的进行，又可以抑制脱硫反应的发生。外加电场强度越大，对热力学和动力学量影响越显著。外加电场强度越大，反应速率常数和反应活化能的增加和降低效果越明显。究其原因，是外加电场的方向为氧原子进攻硫原子的方向，正向电场可以加快极性过氧乙酸分子进攻硫原子的速度。

（5）无外加电场条件下，二苯并噻吩脱硫反应速率常数和反应活化能低于三苯基甲硫醇和苯硫醚；外加电场后，二苯并噻吩脱硫反应速率常数和反应活化能的改善效果弱于另外两者。这也在动力学上解释了微波联合过氧乙酸脱除煤中噻吩类硫的效果较差，而煤中硫醇硫醚类硫的脱除效果却较好的原因。

参 考 文 献

[1] 中华人民共和国生态环境部. 2016—2019 年全国生态环境统计公报[EB/OL]. [2020-12-14]. http://www. mee. gov. cn/hjzl/sthjzk/sthjtjnb/202012/P020201214580320276493. pdf.

[2] 高晋生,鲁军,王杰. 煤化工过程中的污染与控制[M]. 北京:化学工业出版社,2010.

[3] CALKINS W H. The chemical forms of sulfur in coal:a review[J]. Fuel,1994,73(4):475-484.

[4] 郝吉明,王书肖,陆永琪. 燃煤二氧化硫污染控制技术手册[M]. 北京:化学工业出版社,2001.

[5] 罗陨飞,李文华,姜英,等. 中国煤中硫的分布特征研究[J]. 煤炭转化,2005,28(3):14-18.

[6] SAHINOGLU E,USLU T. Use of ultrasonic emulsification in oil agglomeration for coal cleaning[J]. Fuel,2013,113:719-725.

[7] ZHANG B,ZHU G Q,SUN Z S,et al. Fine coal desulfurization and modeling based on high-gradient magnetic separation by microwave energy[J]. Fuel,2018,217:434-443.

[8] TAO Y J,LUO Z F,ZHAO Y M,et al. Experimental research on desulfurization of fine coal using an enhanced centrifugal gravity separator[J]. Journal of China University of Mining and Technology,2006,16(4):399-403.

[9] ALAM H G,MOGHADDAM A Z,OMIDKHAH M R. The influence of process parameters on desulfurization of Mezino coal by HNO_3/HCl leaching[J]. Fuel processing technology,2009,90(1):1-7.

[10] MURSITO A T,HIRAJIMA T,SASAKI K. Alkaline hydrothermal de-ashing and desulfurization of low quality coal and its application to hydrogen-rich gas generation[J]. Energy conversion and management,2011,52(1):762-769.

[11] RATANAKANDILOK S,NGAMPRASERTSITH S,PRASASSARAKICH P. Coal desulfurization with methanol/water and methanol/KOH[J]. Fuel,2001,80(13):1937-1942.

[12] LIU K C,YANG J,JIA J P,et al. Desulphurization of coal via low temperature atmospheric alkaline oxidation[J]. Chemosphere,2008,71(1):183-188.

[13] TAO X X,XU N,XIE M H,et al. Progress of the technique of coal microwave desulfu-

rization[J]. International journal of coal science & technology,2014,1(1):113-128.

[14] AL-HARAHSHEH M,KINGMAN S W. Microwave-assisted leaching:a review[J]. Hy-drometallurgy,2004,73(3/4):189-203.

[15] REMYA N,LIN J G. Current status of microwave application in wastewater treatment:a review[J]. Chemical engineering journal,2011,166(3):797-813.

[16] JONES D A,LELYVELD T P,MAVROFIDIS S D,et al. Microwave heating applications in environmental engineering:a review[J]. Resources,conservation and recycling,2002, 34(2):75-90.

[17] MUTYALA S,FAIRBRIDGE C,PARÉ J R J,et al. Microwave applications to oil sands and petroleum:a review[J]. Fuel processing technology,2010,91(2):127-135.

[18] ROYAEI M M,JORJANI E,CHELGANI S C. Combination of microwave and ultrasonic irradiations as a pretreatment method to produce ultraclean coal[J]. International journal of coal preparation and utilization,2012,32(3):143-155.

[19] KALRAA. Dewatering of fine coal slurries by selective heating with microwaves[D]. Morgantown:West Virginia University,2006.

[20] XIA W C,YANG J G,LIANG C. Effect of microwave pretreatment on oxidized coal flo-tation[J]. Powder technology,2013,233:186-189.

[21] SAHOO B K,DE S,MEIKAP B C. Improvement of grinding characteristics of Indian coal by microwave pre-treatment [J]. Fuel processing technology, 2011, 92 (10): 1920-1928.

[22] GE L C,ZHANG Y W,WANG Z H,et al. Effects of microwave irradiation treatment on physicochemical characteristics of Chinese low-rank coals[J]. Energy conversion and management,2013,71:84-91.

[23] MEIKAP B C,PUROHIT N K,MAHADEVAN V. Effect of microwave pretreatment of coal for improvement of rheological characteristics of coal-water slurries[J]. Journal of colloid and interface science,2005,281(1):225-235.

[24] ZAVITION P D, BLRILER K W. Process for coal desulphurization: US4076607 [P]. 1978.

[25] CHEHREH CHELGANI S,JORJANI E. Microwave irradiation pretreatment and per-oxyacetic acid desulfurization of coal and application of GRNN simultaneous predictor [J]. Fuel,2011,90(11):3156-3163.

[26] SAIKIA B K,DALMORA A C,CHOUDHURY R,et al. Effective removal of sulfur components from Brazilian power-coals by ultrasonication (40 kHz) in presence of H_2O_2 [J]. Ultrasonics sonochemistry,2016,32:147-157.

[27] 夏祖学,刘长军,闫丽萍,等. 微波化学的应用研究进展[J]. 化学研究与应用,2004,16 (4):441-444.

[28] ARNAUD C H. Microwave chemistry's thermal effect[J]. Chemical & engineering

news,2009,87(41):43.

[29] HORIKOSHI S,SERPONE N. Microwave frequency effect(s) in organic chemistry[J]. Mini-reviews in organic chemistry,2011,8(3):299-305.

[30] SUN X J,SU Y Z,JIN F M. A study on non-thermal efficiency of microwave chemicalreaction[J]. Jiangsu institute of petrochemical technology,2000,12(3):42-45.

[31] 陈新秀,徐盼,夏之宁. 微波辅助有机合成中"非热效应"的研究方法[J]. 化学通报, 2009,72(8):674-680.

[32] HUANG K M,YANG X Q. Advanced of non-thermal effect of microwave accelerating chemical reaction[J]. Prog Nat Sci,2006,16:273-279.

[33] HUANG K M,YANG X Q,HUA W,et al. Experimental evidence of a microwave non-thermal effect in electrolyte aqueous solutions[J]. New journal of chemistry,2009,33 (7):1486-1489.

[34] DE LA HOZ A,DÍAZ-ORTIZ Á,MORENO A. Microwaves in organic synthesis. Thermal and non-thermal microwave effects[J]. Chemical society reviews,2005,34(2): 164-178.

[35] KAPPE C O,STADLER A,DALLINGER D. Microwaves in organic and medicinal chemistry[M]. Weinheim:Wiley-VCH Verlag GmbH & Co. KGaA,2012.

[36] STUERGA DIDIER. Microwaves in organic synthesis[M]. 2th ed. Weinheim:Wiley-VCH,2006.

[37] 马双忱,姚娟娟,金鑫,等. 微波化学中微波的热与非热效应研究进展[J]. 化学通报, 2011,74(1):41-46.

[38] THOSTENSON E T,CHOU T W. Microwave processing:fundamentals and applications [J]. Composites part A:applied science and manufacturing,1999,30(9):1055-1071.

[39] CLARK D E,FOLZ D C,WEST J K. Processing materials with microwave energy[J]. Materials science and engineering:A,2000,287(2):153-158.

[40] USLU T,ATALAY Ü. Microwave heating of coal for enhanced magnetic removal of pyrite[J]. Fuel processing technology,2004,85(1):21-29.

[41] WENG S H,WANG J. Exploration on the mechanism of coal desulfurization using microwave irradiation/acid washing method[J]. Fuel processing technology,1992,31(3): 233-240.

[42] USLU T,ATALAY Ü,AROL A I. Effect of microwave heating on magnetic separation of pyrite[J]. Colloids and surfaces A:physicochemical and engineering aspects,2003,225 (1/2/3):161-167.

[43] WATERS K E,ROWSON N A,GREENWOOD R W,et al. Characterising the effect of microwave radiation on the magnetic properties of pyrite[J]. Separation and purification technology,2007,56(1):9-17.

[44] JORJANI E,REZAI B,VOSSOUGHI M,et al. Desulfurization of Tabas coal with micro-

wave irradiation/peroxyacetic acid washing at 25,55 and 85 ℃[J]. Fuel,2004,83(7/8): 943-949.

[45] ZHAO H X,LI Y,QU Y H,et al. Experimental study on microwave desulfurization of coal[C] //2011 International Conference on Materials for Renewable Energy & Environment,2011,Shanghai,China. IEEE,2011:1706-1710.

[46] 赵景联,张银元,陈庆云,等. 微波辐射氧化法联合脱除煤中有机硫的研究[J]. 微波学报,2002,18(2):80-84.

[47] HAYASHI J I,OKU K,KUSAKABE K,et al. The role of microwave irradiation in coal desulphurization with molten caustics[J]. Fuel,1990,69(6):739-742.

[48] 孙晓娟,苏跃增,金凤明. 微波化学非热效应初探[J]. 江苏石油化工学院学报,2000,12(3):42-45.

[49] 黄卡玛,杨晓庆. 微波加快化学反应中非热效应研究的新进展[J]. 自然科学进展,2006,16(3):273-279.

[50] 赵晶,陈津,张猛,等. 微波低温加热过程中的非热效应[J]. 材料导报,2007,21(增刊2):4-6.

[51] 唐伟强,卢俊杰,张海. 硫化胶微波脱硫过程中的非热效应[J]. 橡胶工业,2006,53(8):453-456.

[52] KIRKBRIDE C G. Sulphur removal from coal:US4123230[P]. 1978.

[53] 杜传梅. 煤中有机硫脱除机理的密度泛函研究[D]. 淮南:安徽理工大学,2014.

[54] 杜传梅,高山,王飞帆. 微波场作用下煤中有机硫结构特性变化[J]. 量子电子学报,2015,32(2):137-143.

[55] 张明旭,杜传梅,闵凡飞,等. 外加能量场对煤中有机硫结构特性影响规律的量子化学研究[J]. 煤炭学报,2014,39(8):1478-1484.

[56] 谢茂华. 炼焦煤和含硫模型化合物的介电特性及微波脱硫试验研究[D]. 徐州:中国矿业大学,2015.

[57] 唐龙飞. 煤炭微波脱硫中有机硫形态迁移规律及微波非热效应研究[D]. 徐州:中国矿业大学,2020.

[58] 张华莲,胡希明,赖声礼. 微波对化学反应作用的动力学原理研究[J]. 华南理工大学学报(自然科学版),1997,25(9):46-50.

[59] XIE H D,SONG S M,WANG Y M. Application of microwave technology in the catalytic field[J]. Chemical industry times,2001,15(8):1-3.

[60] 李丽川. 微波催化在化学中的应用[J]. 泸天化科技,2004(2):163-165.

[61] SINGH K P,KAKATI M C. Effect of atomic(OC) ratio and hellum density on microwave desulfurization efficiencies and correlations for their predictions[J]. Research and industry,1994,39(3):198-201.

[62] SINGH K P,KAKATI M C. Effect of atomic O/S ratio,H/C ratio and nitrogen-content in coal on microwave desulfurization efficiencies and models for their predictions[J]. Re-

search and industry,1993,38(4):260-263.

［63］杨晓庆,黄卡玛. 微波与化学反应相互作用中的关键问题讨论[J]. 电波科学学报,2006,
21(5):802-809.

［64］DE LA HOZ A,DÍAZ-ORTIZ A,MORENO A. Review on non-thermal effects of micro-
wave irradiation in organic synthesis[J]. The journal of microwave power and electro-
magnetic energy,2007,41(1):44-64.

［65］ANTONIO C,DEAM R T. Can "microwave effects" be explained by enhanced diffusion? [J].
Physical chemistry chemical physics,2007,9(23):2976-2982.

［66］REDDY P M,HUANG Y S,CHEN C T,et al. Evaluating the potential nonthermal mi-
crowave effects of microwave-assisted proteolytic reactions[J]. Journal of proteomics,
2013,80:160-170.

［67］SCHMINK J R,LEADBEATER N E. Probing "microwave effects" using Raman spec-
troscopy[J]. Organic & biomolecular chemistry,2009,7(18):3842-3846.

［68］GOMAA A I,SEDMAN J,ISMAIL A A. An investigation of the effect of microwave
treatment on the structure and unfolding pathways of β-lactoglobulin using FTIR spec-
troscopy with the application of two-dimensional correlation spectroscopy(2D-COS)[J].
Vibrational spectroscopy,2013,65:101-109.

［69］WANG J,YANG J K. Behaviour of coal pyrolysis desulfurization with microwave energy
[J]. Fuel,1994,73(2):155-159.

［70］AL-HARAHSHEH M,KINGMAN S,BRADSHAW S. The reality of non-thermal effects in
microwave assisted leaching systems? [J]. Hydrometallurgy,2006,84(1/2):1-13.

［71］ELSAMAK G G,ÖZTAŞ N A,YÜRÜM Y. Chemical desulfurization of Turkish Cay-
irhan lignite with HI using microwave and thermal energy[J]. Fuel,2003,82(5):
531-537.

［72］卞贺. 用量子化学方法研究石油中含硫化合物的氧化机理[D]. 青岛:中国石油大
学,2009.

［73］唐龙飞. 微波联合氧化助剂脱除煤中硫醚类硫的实验研究与分子模拟计算[D]. 徐州:中
国矿业大学,2016.

［74］王宝俊. 煤结构与反应性的量子化学研究[D]. 太原:太原理工大学,2006.

［75］SU Y,GAO X F,ZHAO J J. Reaction mechanisms of graphene oxide chemical reduction
by sulfur-containing compounds[J]. Carbon,2014,67:146-155.

［76］DANG J,SHI X L,ZHANG Q Z,et al. Mechanism and kinetic properties for the OH-ini-
tiated atmospheric oxidation degradation of 9,10-Dichlorophenanthrene[J]. Science of th-
etotal environment,2015,505:787-794.

［77］KUMAR A A P,BANERJEE T. Thiophene separation with ionic liquids for desulphuri-
zation:a quantum chemical approach[J]. Fluid phase equilibria,2009,278(1/2):1-8.

［78］HUANG X Y,CHENG D G,CHEN F Q,et al. The decomposition of aromatic hydrocarbons during coal pyrolysis in hydrogen plasma:a density functional theory study[J]. International journal of hydrogen energy,2012,37(23):18040-18049.

[79] HUANG X Y,GU J M,CHENG D G,et al. Pathways of liquefied petroleum gas pyrolysis in hydrogen plasma:a density functional theory study[J]. Journal of energy chemistry,2013,22(3):484-492.

[80] LUO Y,MAEDA S,OHNO K. Water-catalyzed gas-phase reaction of formic acid with hydroxyl radical:a computational investigation[J]. Chemical physics letters,2009,469(1/2/3):57-61.

[81] LIU J W,MOHAMED F,SAUER J. Selective oxidation of propene by vanadium oxide monomers supported on silica[J]. Journal of catalysis,2014,317:75-82.

[82] 陈晓州,庄思永,张大德,等. 微波照射下的卤化银感光材料[J]. 信息记录材料,2004,5(2):35-39.

[83] COELHO R R,HOVELL I,RAJAGOPAL K. Elucidation of the functional sulphur chemical structure in asphaltenes using first principles and deconvolution of mid-infrared vibrational spectra[J]. Fuel processing technology,2012,97:85-92.

[84] 王宝俊,凌丽霞,章日光,等. 煤热化学性质的量子化学研究[J]. 煤炭学报,2009,34(9):1239-1243.

[85] LING L X,ZHANG R G,WANG B J,et al. Density functional theory study on the pyrolysis mechanism of thiophene in coal[J]. Journal of molecular structure:THEOCHEM,2009,905(1/2/3):8-12.

[86] LING L X,ZHANG R G,WANG B J,et al. DFT study on the sulfur migration during benzenethiol pyrolysis in coal[J]. Journal of molecular structure:THEOCHEM,2010,952(1/2/3):31-35.

[87] 黄充. 煤中有机硫热解机理的量子化学和热解脱硫实验研究[D]. 武汉:华中科技大学,2005.

[88] FARMANZADEH D,TABARI L. Electric field effects on the adsorption of formaldehyde molecule on the ZnO nanotube surface:a theoretical investigation[J]. Computational and theoretical chemistry,2013,1016:1-7.

[89] 黄多辉,王藩侯,朱正和. 外电场下氮化铝分子结构和光谱研究[J]. 化学学报,2008,66(13):1599-1603.

[90] DU C M,ZHANG M X,MIN F F,et al. Vibrational and quantum chemical investigations of 4.6-dimethyldibenzothiophene[J]. International journal of oil gas and coal technology,2014,7(3):322-334.

[91] TANG L F,LONG K Y,CHEN S J,et al. Removal of thiophene sulfur model compound for coal by microwave with peroxyacetic acid[J]. Fuel,2020,272:117748.

[92] ZHANG Y,ZHANG W,ZHANG T L,et al. A computational study on the reaction mechanism of C_2H_5S with HO_2[J]. Computational and theoretical chemistry,2012,994:

65-72.

[93] FENG J,LI J,LI W Y. Influences of chemical structure and physical properties of coal macerals on coal liquefaction by quantum chemistry calculation[J]. Fuel processing technology,2013,109:19-26.

[94] SAHEB V,ALIZADEH M,REZAEI F,et al. Quantum chemical and theoretical kinetics studies on the reaction of carbonyl sulfide with H,OH and O(^{3}P)[J]. Computational and theoretical chemistry,2012,994:25-33.

[95] LÜ R,LIN J,QU Z Q. Theoretical study on interactions between ionic liquids and organosulfur compounds[J]. Computational and theoretical chemistry,2012,1002:49-58.

[96] LÜ R Q,LIN J,QU Z Q. Theoretical study on the interactions between dibenzothiophene/dibenzothiophene sulfone and ionic liquids[J]. Journal of fuel chemistry and technology,2012,40(12):1444-1453.

[97] 凌昊,沈本贤,周晓龙,等. 含硫化合物的量子化学性质及选择性氧化动力学[J]. 华东理工大学学报(自然科学版),2005,31(1):48-51.

[98] OTSUKI S,NONAKA T,TAKASHIMA N,et al. Oxidative desulfurization of light gas oil and vacuum gas oil by oxidation and solvent extraction[J]. Energy & fuels,2000,14(6):1232-1239.

[99] MARTÍNEZ-MAGADÁNJ M,OVIEDO-ROA R,GARCÍA P,et al. DFT study of the interaction between ethanethiol and Fe-containing ionic liquids for desulfuration of natural gasoline[J]. Fuel processing technology,2012,97:24-29.

[100] MESROGHLI S,YPERMAN J,JORJANI E,et al. Changes and removal of different sulfur forms after chemical desulfurization by peroxyacetic acid on microwave treated coals[J]. Fuel,2015,154:59-70.

[101] AL-HARAHSHEHM,KINGMAN S. The influence of microwaves on the leaching of sphalerite in ferric chloride[J]. Chemical engineering and processing-process intensification,2007,46(10):883-888.

[102] 竹怀礼,王西明,王兴军,等. FT-IR 和 SEM 用于煤阶对煤催化加氢气化影响的研究[J]. 燃料化学学报,2014,42(10):1197-1204.

[103] MESROGHLI S,YPERMAN J,JORJANI E,et al. Evaluation of microwave treatment on coal structure and sulfur species by reductive pyrolysis-mass spectrometry method[J]. Fuel processing technology,2015,131:193-202.

[104] MA X M,ZHANG M X,MIN F F,et al. Fundamental study on removal of organic sulfur from coal by microwave irradiation[J]. International journal of mineral processing,2015,139:31-35.

[105] CHEN J J,WU M M,WU Z Z,et al. Effects of microwave irradiation on H$_2$S removal activity from hot coal gas by modified semicoke-supported ZnO sorbents[J]. Journal of materials science,2016,51(6):2850-2858.

[106] 许宁,陶秀祥,谢茂华,等.基于 XPS 的微波脱硫前后煤中硫形态的变化研究[J].煤炭工程,2014,46(12):111-113.

[107] 崔才喜,徐龙君.正丙醇脱煤中有机硫的机理分析[J].煤炭转化,2008,31(3):55-58.

[108] YANG Y C,TAO X X,HE H,et al. X-ray photoelectron spectroscopy study on the chemical forms of S,C and O in coal before and after microwave desulphurization[J]. International journal of oil gas and coal technology,2017,10(3):267-286.

[109] TANG L F,CHEN S J,WANG S W,et al. Exploration on the action mechanism of microwave with peroxyacetic acid in the process of coal desulfurization[J]. Fuel,2018,214:554-560.

[110] TANG L F,WANG S W,GUO J F,et al. Exploration on the removal mechanism of sulfur ether model compounds for coal by microwave irradiation with peroxyacetic acid[J]. Fuel processing technology,2017,159:442-447.

[111] MUROVÁ INGRID,LOVÁS MICHAL,TURČÁNIOVÁ L'UDMILA. The influence of microwave radiation on decrease of sulphur content in slovak brown coal[J]. Acta montanistica slovaca,1998(3):401-404.

[112] LESTERE,KINGMAN S,DODDS C,et al. The potential for rapid coke making using microwave energy[J]. Fuel,2006,85(14/15):2057-2063.

[113] SEEHRA M S,KALRA A,MANIVANNAN A. Dewatering of fine coal slurries by selective heating with microwaves[J]. Fuel,2007,86(5/6):829-834.

[114] 翁斯灏.烟煤中黄铁矿夹杂物的原位微波化学反应[J].华东师范大学学报(自然科学版),1996(3):46-51.

[115] 翁斯灏,王杰.微波辐照增强原煤磁分离脱硫机理探讨[J].燃料化学学报,1992,20(4):368-374.

[116] 赵爱武.煤的微波辅助脱硫试验研究[J].煤炭科学技术,2002,30(3):45-46.

[117] LOVÁS MICHAL,ZNAMENÁČKOVÁ INGRID,ZUBRIK ANTON,et al. The application of microwave energy in mineral processing-a review[J]. Acta montanistica slovaca,2011,16(2):137-148.

[118] 王杰,杨箓康,翁斯灏.煤微波法脱硫过程中铁-硫化合物的变化[J].华东化工学院学报,1990,16(1):45-49.

[119] 赵庆玲,郑晋梅.煤的微波脱硫[J].煤炭转化,1996(3):9-13.

[120] 蔡川川,张明旭,闵凡飞.微波和硝酸处理后炼焦煤中硫形态变化的 XPS 研究[J].选煤技术,2013(3):1-3.

[121] ZAVITSANOS P D,BLEILER K W,GOLDEN J A. Coal desulfurization using alkali metal or alkaline earth compounds and electromagnetic irradiation:US4152120[P]. 1979-05-01.

[122] WAANDERS F B,MOHAMED W,WAGNER N J. Changes of pyrite and pyrrhotite in coal upon microwave treatment[J]. Journal of physics:Conference series,2010,217(1):

1-4.

[123] MUKHERJEE S. Demineralization and desulfurization of high-sulfur Assam coal with alkali treatment[J]. Energy & fuels,2003,17(3):559-564.

[124] 盛宇航,陶秀祥,许宁.煤炭微波脱硫影响因素的试验研究[J].中国煤炭,2012,38(4): 80-82.

[125] 许宁,陶秀祥,谢茂华.基于XANES分析煤炭微波脱硫前后硫形态的变化[J].中国煤炭,2014,40(2):82-84.

[126] 杨笺康,吴元民.介电性质与煤微波脱硫的关系[J].煤炭科学技术,1985,13(7):25-27.

[127] 杨笺康,任皆利.煤微波脱硫及其与试样介电性质的关系[J].华东化工学院学报, 1988,14(6):713-718.

[128] 赵景联,张银元,陈庆云,等.冰醋酸-过氧化氢氧化法脱除煤中有机硫的研究[J].化工环保,2002,22(5):249-253.

[129] FERRANDO A C,ANDRÉS J M,MEMBRADO L. Coal desulphurization with hydro-iodic acid and microwaves[J]. Coal science and technology,1995,24:1729-1732.

[130] TANG L F,CHEN S J,GUI D J,et al. Effect of removal organic sulfur from coal mac-romolecular on the properties of high organic sulfur coal[J]. Fuel,2020,259:116264.

[131] TANG L F,WANG S W,ZHU X N,et al. Feasibility study of reduction removal of thi-ophene sulfur in coal[J]. Fuel,2018,234:1367-1372.

[132] 米杰,任军,王建成,等.超声波和微波联合加强氧化脱除煤中有机硫[J].煤炭学报, 2008,33(4):435-438.

[133] 魏蕊娣,米杰.微波氧化脱除煤中有机硫[J].山西化工,2011,31(2):1-3.

[134] TANG L F,FAN H D,CHEN S J,et al. Investigation on the synergistic mechanism of coal desulfurization by ultrasonic with microwave[J]. Energy sources,part A:recovery, utilization,and environmental effects,2020,42(20):2516-2525.

[135] 曾维晨.炼焦煤微波与超声波联合脱硫研究[D].徐州:中国矿业大学,2015.

[136] MISHRA S,PANDA S,PRADHAN N,et al. Insights into DBT biodegradation by a native Rhodococcus strain and its sulphur removal efficacy for two Indian coals and cal-cined pet coke[J]. International biodeterioration & biodegradation,2017,120:124-134.

[137] MISHRA S,PRADHAN N,PANDA S,et al. Biodegradation of dibenzothiophene and its application in the production of clean coal[J]. Fuel processing technology,2016,152: 325-342.

[138] GUPTA N,ROYCHOUDHURY P K,DEB J K. Biotechnology of desulfurization of diesel:prospects and challenges[J]. Applied microbiology and biotechnology,2005,66 (4):356-366.

[139] 程刚,王向东,蒋文举,等.微波预处理和微生物联合煤炭脱硫技术初探[J].环境工程学报,2008,2(3):408-412.

[140] 叶云辉,王向东,蒋文举,等.微波辅助白腐真菌煤炭脱硫试验研究[J].环境工程学报,

2009,3(7):1303-1306.

[141] KAATZE U. Measuring the dielectric properties of materials. Ninety-year development from low-frequency techniques to broadband spectroscopy and high-frequency imaging [J]. Measurement science and technology,2013,24(1):012005.

[142] HAN L C,LI E,GUO G F,et al. Application of transmission/reflection method for permittivity measurement in coal desulfurization[J]. Progress in electromagnetics research letters,2013,37:177-187.

[143] KONDRAT S,KORNYSHEV A,STOECKLI F,et al. The effect of dielectric permittivity on the capacitance of nanoporous electrodes[J]. Electro chemistry communications, 2013,34:348-350.

[144] KRUPKA J. Frequency domain complex permittivity measurements at microwave frequencies[J]. Measurement science and technology,2006,17(6):R55-R70.

[145] 刘松. 高硫炼焦煤微波介电特性及脱硫机理研究[D]. 淮南:安徽理工大学,2016.

[146] MARLAND S,MERCHANT A,ROWSON N. Dielectric properties of coal[J]. Fuel, 2001,80(13):1839-1849.

[147] FORNIÉS-MARQUINA J M,MARTÍN J C,MARTÍNEZ J P,et al. Dielectric characterization of coals[J]. Canadian journal of physics,2003,81(3):599-610.

[148] 褚建萍. 煤化程度与其高压电选关系的研究[J]. 煤炭工程,2011,43(7):100-101.

[149] CHATTERJEE I,MISRA M. Dielectric properties of various ranks of coal[J]. Journal of microwave power and electromagnetic energy,1990,25(4):224-229.

[150] MISRA M,KUMAR S,CHATTERJEE I. Flotability and dielectric characterization of the intrinsic moisture of coals of different ranks[J]. Coal preparation,1991,9(3/4): 131-140.

[151] 徐龙君,鲜学福,李晓红,等. 交变电场下白皎煤介电常数的实验研究[J]. 重庆大学学报(自然科学版),1998,21(3):6-10.

[152] 万琼芝. 煤的电阻率和相对介电常数[J]. 煤矿安全技术,1982,9(1):17-24.

[153] BALANIS C A,SHEPARD P W,TING F T C,et al. Anisotropic electrical properties of coal[J]. IEEE transactions on geoscience and remote sensing,1980,18(3):250-256.

[154] 孟磊. 煤电性参数的实验研究[D]. 焦作:河南理工大学,2010.

[155] 徐宏武. 煤层电性参数测试及其与煤岩特性关系的研究[J]. 煤炭科学技术,2005,33 (3):42-46.

[156] 肖金凯. 矿物的成分和结构对其介电常数的影响[J]. 矿物学报,1985,5(4):331-337.

[157] 肖金凯. 矿物和岩石的介电性质研究及其遥感意义[J]. 环境遥感,1988(2):135-146.

[158] 蔡川川. 高有机硫炼焦煤对微波响应规律研究[D]. 淮南:安徽理工大学,2013.

[159] 蔡川川,张明旭,闵凡飞,等. 高硫炼焦煤介电性质研究[J]. 煤炭学报,2013,38(9): 1656-1661.

[160] LI X C,LIU W B,NIE B S,et al. Experimental study on the impact of temperature on

coal electric parameter[J]. Advanced materials research,2012,524/525/526/527: 431-435.

[161] PENG Z W,HWANG J Y,KIM B G,et al. Microwave absorption capability of high volatile bituminous coal during pyrolysis[J]. Energy &fuels,2012,26(8):5146-5151.

[162] BOYKOV N D. Measurements of the electrical properties of coal measure rocks[D]. Morgantown:West Virginia University,2006.

[163] HAKALA J A,STANCHINA W,SOONG Y,et al. Influence of frequency,grade,moisture and temperature on Green River oil shale dielectric properties and electromagnetic heating processes[J]. Fuel processing technology,2011,92(1):1-12.

[164] 冯秀梅,陈津,李宁,等. 微波场中无烟煤和烟煤电磁性能研究[J]. 太原理工大学学报, 2007,38(5):405-407.

[165] 章新喜,何京敏,钱海军,等. 煤粉及伴生矿物颗粒的介电性质研究[J]. 过程工程学报, 2004,4(增刊1):95-101.

[166] 高孟华,章新喜,陈清如. 煤系伴生矿物介电常数和摩擦带电实验研究[J]. 中国矿业, 2007,16(8):106-109.

[167] TAO X X,TANG L F,XIE M H,et al. Dielectric properties analysis of sulfur-containing models in coal and energy evaluation of their sulfur-containing bond dissociation in microwave field[J]. Fuel,2016,181:1027-1033

[168] 马玲玲,秦志宏,张露,等. 煤有机硫分析中 XPS 分峰拟合方法及参数设置[J]. 燃料化学学报,2014,42(3):277-283.

[169] 马礼敦. X 射线吸收光谱及发展[J]. 上海计量测试,2007,34(6):2-11.

[170] HUFFMAN G P,MITRA S,HUGGINS F E,et al. Quantitative analysis of all major forms of sulfur in coal by X-ray absorption fine structure spectroscopy[J]. Energy &fuels,1991,5(4):574-581.

[171] VAIRAVAMURTHY A. Using X-ray absorption to probe sulfur oxidation states in complex molecules[J]. Spectrochimica acta part A:molecular and biomolecular spectroscopy,1998,54(12):2009-2017.

[172] PRIETZEL J,BOTZAKI A,TYUFEKCHIEVA N,et al. Sulfur speciation in soil by S K-Edge XANES spectroscopy:comparison of spectral deconvolution and linear combination fitting[J]. Environmental science & technology,2011,45(7):2878-2886.

[173] 朱珍平,崔洪,李允梅,等. 二种高硫煤中硫氮化学形态的研究[J]. 环境化学,1995,14 (6):483-488.

[174] HUFFMAN G P,HUGGINS F E,MITRA S,et al. Investigation of the molecular structure of organic sulfur in coal by XAFS spectroscopy[J]. Energy & fuels,1989,3(2): 200-205.

[175] MARTÍNEZ C E,MCBRIDE M B,KANDIANIS M T,et al. Zinc-Sulfur and Cadmium-Sulfur association in metalliferous peats:evidence from spectroscopy,distribution coeffi-

cients,and phytoavailability[J]. Environmental science & technology,2002,36(17):
3683-3689.

[176] WANG M J,LIU L J,WANG J C,et al. Sulfur K-edge XANES study of sulfur transfor-
mation during pyrolysis of four coals with different ranks[J]. Fuel processing technolo-
gy,2015,131:262-269.

[177] RAVEL B,NEWVILLE M. ATHENA,ARTEMIS,HEPHAESTUS:data analysis for
X-ray absorption spectroscopy using IFEFFIT[J]. Journal of synchrotron radiation,
2005,12(4):537-541.

[178] SHEN Y F,WANG M J,HU Y F,et al. Transformation and regulation of sulfur during
pyrolysis of coal blend with high organic-sulfur fat coal[J]. Fuel,2019,249:427-433.

[179] LIU L J,FEI J X,CUI M Q,et al. XANES spectroscopic study of sulfur transformations
during co-pyrolysis of a calcium-rich lignite and a high-sulfur bituminous coal[J]. Fuel-
processing technology,2014,121:56-62.

[180] 钱晨. 基于同轴线法的射频材料介电参数测试研究[D]. 南昌:南昌大学,2011.

[181] 姜山. 电磁参数测试系统研究[D]. 北京:北京交通大学,2007.

[182] 黄志洵. 关于空气的相对介电常数与折射率的理论[J]. 北京广播学院学报(自然科学
版),1996(3):3-12.

[183] 赵孔双. 介电谱方法及应用[M]. 北京:化学工业出版社,2008.

[184] 张国义. 键解离能的计算[J]. 科学通报,1980(23):1075-1078.

[185] 陶秀祥,谢茂华,唐龙飞,等. 一种高硫煤与含硫模型化合物的微波响应特性试验分析
方法:CN104931547A[P]. 2015-09-23.

[186] 张晨,张晞. 烟煤奥阿膨胀度测定仪的设计与实现[J]. 煤炭工程,2009,41(1):99-100.

[187] 杨彦成,陶秀祥,许宁. 基于 XRD,SEM 与 FTIR 分析微波脱硫前后煤质的变化[J]. 煤
炭技术,2014,33(9):261-263.

[188] LI W,ZHU Y M,CHEN S B,et al. Research on the structural characteristics of vitrinite
in different coal ranks[J]. Fuel,2013,107:647-652.

[189] ALSTADT K N,KATTI D R,KATTI K S. An in situ FTIR step-scan photoacoustic in-
vestigation of kerogen and minerals in oil shale[J]. Spectrochimica acta part A:molecu-
lar and biomolecular spectroscopy,2012,89:105-113.

[190] 冯杰,李文英,谢克昌. 傅立叶红外光谱法对煤结构的研究[J]. 中国矿业大学学报,
2002,31(5):362-366.

[191] 杨彦成,陶秀祥,许宁,等. 煤中含硫基团 FTIR 表征的可行性分析[J]. 中国科技论文,
2015,10(18):2110-2116.

[192] 朱学栋,朱子彬. 红外光谱定量分析煤中脂肪碳和芳香碳[J]. 曲阜师范大学学报(自然
科学版),2001,27(4):64-67.

[193] 朱学栋,朱子彬,韩崇家,等. 煤中含氧官能团的红外光谱定量分析[J]. 燃料化学学报,
1999,27(4):335-339.

[194] GRZYBEK T, PIETRZAK R, WACHOWSKA H. X-ray photoelectron spectroscopy study of oxidized coals with different sulphur content[J]. Fuel processing technology, 2002,77/78:1-7.

[195] 段旭琴,王祖讷.煤显微组分表面含氧官能团的 XPS 分析[J].辽宁工程技术大学学报(自然科学版),2010,29(3):498-501.

[196] PALMER S R, HIPPO E J, DORAI X A. Chemical coal cleaning using selective oxidation[J]. Fuel,1994,73(2):161-169.

[197] SÖNMEZ Ö, GIRAY E S. The influence of process parameters on desulfurization of two Turkish lignites by selective oxidation[J]. Fuel processing technology,2001,70(3): 159-169.

[198] WU Y H, PRIETZEL J, ZHOU J, et al. Soil phosphorus bioavailability assessed by XANES and Hedley sequential fractionation technique in a glacier foreland chronosequence in Gongga Mountain, Southwestern China[J]. Science China earth sciences, 2014,57(8):1860-1868.

[199] HENDERSON G S, DE GROOT F M F, MOULTON B J A. X-ray absorption near-edge structure (XANES) spectroscopy[J]. Reviews in mineralogy and geochemistry,2014, 78(1):75-138.

[200] XU N, TAO X X, SHENG Y H. Analysis on influencing factors during coal desulfurization with microwave[J]. Journal of chemical & pharmaceutical research,2014,6(4): 898-904.

[201] PALMER S R, HIPPO E J, DORAI X A. Selective oxidation pretreatments for the enhanced desulfurization of coal[J]. Fuel,1995,74(2):193-200.

[202] BORAH D, BARUAH M K, HAQUE I. Oxidation of high sulphur coal. Part 2. Desulphurisation of organic sulphur by hydrogen peroxide in presence of metal ions[J]. Fuel, 2001,80(10):1475-1488.

[203] PERREUX L, LOUPY A. A tentative rationalization of microwave effects in organic synthesis according to the reaction medium, and mechanistic considerations[J]. Tetrahedron,2001,57(45):9199-9223.

[204] 陶秀祥,曾维晨,许宁,等.微波联合助剂煤炭脱硫过程含硫组分的分离与检测方法: CN103995070A[P].2014-08-20.

[205] BORAH D. Desulfurization of organic sulfur from a subbituminous coal by electron-transfer process with $K_4[Fe(CN)_6]$ [J]. Energy & fuels,2006,20(1):287-294.

[206] BORAH D, BARUAH M K, HAQUE I. Oxidation of high sulphur coal. 9 3. Desulphurisation of organic sulphur by peroxyacetic acid (produced in situ) in presence of metal ions[J]. Fuel processing technology,2005,86(9):959-976.

[207] YANG J K, WU Y M. Relation between dielectric property and desulphurization of coal by microwaves[J]. Fuel,1987,66(12):1745-1747.

[208] ZHANG D K,YANI S. Sulphur transformation during pyrolysis of an Australian lignite [J]. Proceedings of the combustion institute,2011,33(2):1747-1753.

[209] WANG M J,HU Y F,WANG J C,et al. Transformation of sulfur during pyrolysis of inertinite-rich coals and correlation with their characteristics[J]. Journal of analytical and applied pyrolysis,2013,104:585-592.

[210] 马祥梅.炼焦煤中硫醚/硫醇类有机硫的微波响应研究[D].淮南:安徽理工大学,2015.

[211] 罗来芹,陶秀祥,亢旭,等.微波脱硫对炼焦煤黏结特性的影响[J].中国科技论文,2016,11(12):1334-1339.

[212] 杨彦成.煤中有机硫微波脱除的量子化学模拟与实验研究[D].徐州:中国矿业大学,2016.

[213] 付蓉,卢天,陈飞武.亲电取代反应中活性位点预测方法的比较[J].物理化学学报,2014,30(4):628-639.

[214] 卢天,陈飞武.电子定域化函数的含义与函数形式[J].物理化学学报,2011,27(12):2786-2792.

[215] HUANG J B,WU S B,CHENG H,et al. Theoretical study of bond dissociation energies for lignin model compounds[J]. Journal of fuel chemistry and technology,2015,43(4):429-436.

[216] 李敏杰,傅尧,王华静,等.精确计算化学键解离能的 ONIOM-G3B3 方法及其在抗氧化剂研究中的应用[J].化学学报,2007,65(13):1243-1252.

[217] SHI J,HU X R,LIANG S. A computational study of C-S bond dissociation enthalpies in petroleum chemistry[J]. Heteroatom chemistry,2010,22(2):97-105.

[218] ZHENG W R,FU Y,GUO Q X. G3//BMK and its application to calculation of bond dissociation enthalpies[J]. Journal of chemical theory and computation,2008,4(8):1324-1331.

[219] LU T. Multiwfn manual,version 3.7(dev)[EB/OL].(2019-10-15)[2020-04-08]. http://sobereva.com/multiwfn.

[220] LU T,CHEN F. Bond order analysis based on the Laplacian of electron density in fuzzy overlap space[J]. The journal of physical chemistry A,2013,117(14):3100-3108.

[221] DE LA HOZA,DÍAZ-ORTIZ Á,MORENO A. Microwaves in organic synthesis. Thermal and non-thermal microwave effects[J]. Chemical society reviews,2005,34(2):164-178.

[222] BENASSI R,TADDEI F. A theoretical ab initio approach to the S—S bond breaking process in hydrogen disulfide and in its radical anion[J]. The journal of physical chemistry A,1998,102(30):6173-6180.

[223] CANNEAUX S,BOHR F,HENON E. KiSThelP:a program to predict thermodynamic properties and rate constants from quantum chemistry results[J]. Journal of computational chemistry,2014,35(1):82-93.

[224] 周峰,张淑梅,马会霞,等. MTBE 裂解制异丁烯反应热力学分析[J]. 石油学报(石油加工),2016,32(2):382-387.

[225] EYRING H. The activated complex and the absolute rate of chemical reactions[J]. Chemical reviews,1935,17(1):65-77.

[226] TRUHLAR D G,HASE W L,HYNES J T. Current status of transition-state theory [J]. The journal of physical chemistry,1983,87(26):5523.

[227] FERNÁNDEZ-RAMOS A,ELLINGSON B A,MEANA-PAÑEDA R,et al. Symmetry numbers and chemical reaction rates[J]. Theoretical chemistry accounts,2007,118(4): 813-826.